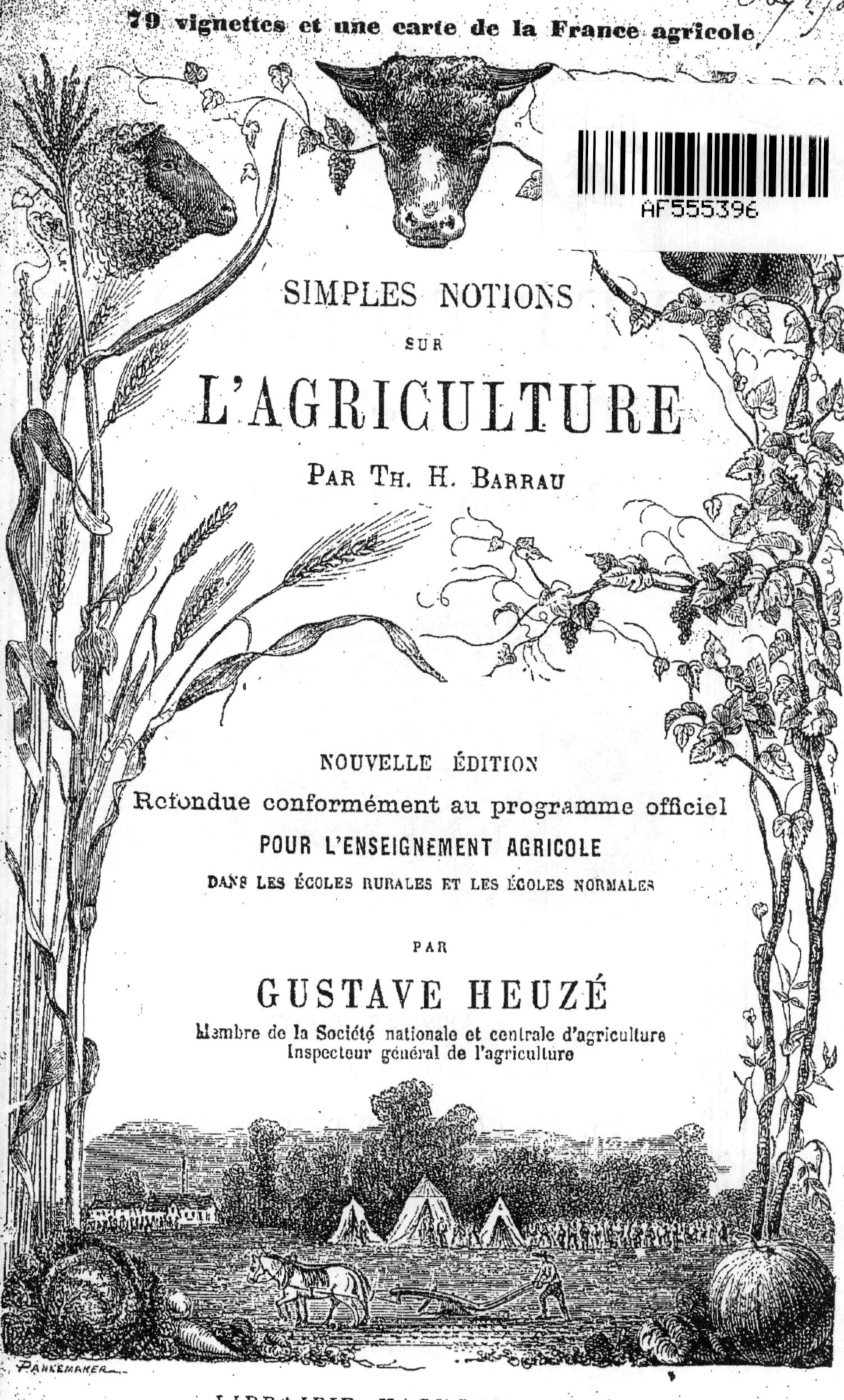

79 vignettes et une carte de la France agricole

SIMPLES NOTIONS SUR L'AGRICULTURE

PAR TH. H. BARRAU

NOUVELLE ÉDITION

Refondue conformément au programme officiel POUR L'ENSEIGNEMENT AGRICOLE DANS LES ÉCOLES RURALES ET LES ÉCOLES NORMALES

PAR

GUSTAVE HEUZÉ

Membre de la Société nationale et centrale d'agriculture
Inspecteur général de l'agriculture

LIBRAIRIE HACHETTE ET Cie

A LA MÊME LIBRAIRIE

PETIT-PIERRE

OU

LE BON CULTIVATEUR

NOUVELLE ÉDITION

Contenant 27 vignettes dans le texte

Par Ch. CALEMARD DE LA FAYETTE

1 VOLUME IN-12 CARTONNÉ, 1 FR. 10 C.

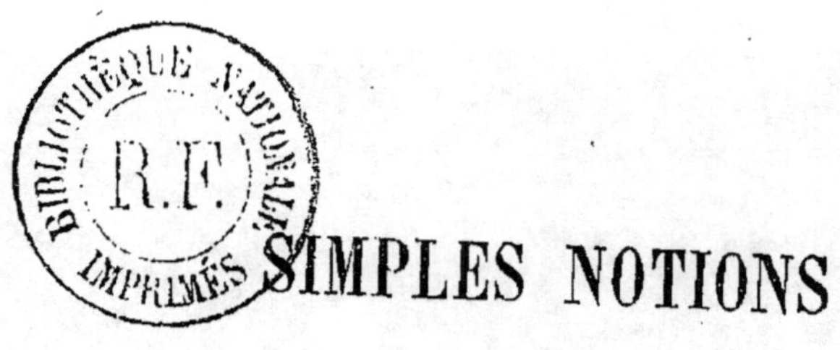

SIMPLES NOTIONS

SUR

L'AGRICULTURE

Râteau à cheval (*Voir* p. 100).

SIMPLES NOTIONS

SUR

L'AGRICULTURE

LES ANIMAUX DOMESTIQUES

L'ÉCONOMIE AGRICOLE ET LA CULTURE DES JARDINS

PAR TH.-H. BARRAU

NOUVELLE ÉDITION

Refondue conformément au programme officiel

POUR L'ENSEIGNEMENT AGRICOLE

DAN LES ÉCOLES RURALES ET LES ÉCOLES NORMALES

ET CONTENANT 78 VIGNETTES ET UNE CARTE DE LA FRANCE AGRICOLE

PAR

GUSTAVE HEUZÉ

Membre de la Société impériale et centrale d'agriculture
Inspecteur général de l'agriculture

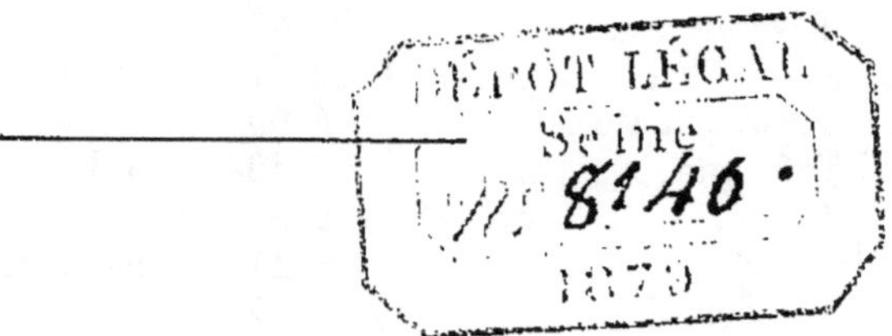

PARIS

LIBRAIRIE HACHETTE ET Cie

BOULEVARD SAINT-GERMAIN, N° 79

1879

Poids de l'hectolitre de graines et quantité moyenne à répandre par hectare.

	Plantes.	Poids des graines.		Quantité à répandre.
PLANTES FOURRAGÈRES.	Betterave.	24 à 27 kil.	en lignes	5 à 7 kil.
	Carotte.	23 à 25	»	3 à 4
	Panais.	18 à 20	»	3 à 5
	Navet.	65 à 70	à la volée	4 à 6
	—	—	en lignes	2 à 3
	Luzerne.	76 à 78	à la volée	18 à 25
	Sainfoin.	32 à 34	»	120 à 150
	Trèfle rouge.	78 à 80	»	15 à 20
	Trèfle incarnat. . .	80 à 82	»	20 à 25
	Lupuline.	80 à 82	»	12 à 15
	Vesce ou Javolle. . .	78 à 80	»	250 à 300 litres.
	Moha de Hongrie. . .	63 à 65	»	10 à 12 kil.
	Maïs.	70 à 78	»	150 à 200
	Ray-grass anglais. . .	40 à 42	»	40 à 50
PLANTES ALIMENTAIRES	Blé ou froment. . . .	76 à 80	à la volée	220 à 250 litres.
	—	—	en lignes	140 à 175
	Seigle.	72 à 76	à la volée	200 à 250
	Escourgeon.	63 à 65	»	230 à 260
	Orge de printemps. .	63 à 65	»	250 à 300
	Avoine.	46 à 50		250 à 300
	Maïs.	70 à 78	en lignes	80 à 100.
	Millet.	70 à 72	»	30 à 40
	Sarrazin.	64 à 65	à la volée	50 à 60
	Féverole.	78 à 80	»	250 à 300
PLANTES INDUSTRIELLES	Colza.	68 à 72	en lignes	6 à 8 litres.
	Pavot œillette.	60 à 65	»	3 à 4
	Cameline.	68 à 70	à la volée	6 à 10
	Gaude.	60 à 62	à la volée	3 à 4 kil.
	Pastel.	20 à 25	en lignes.	100 à 120 litres.
	Garance.	50 à 52	»	120 à 130 kil.
	Chicorée à café. . . .	36 à 40	»	3 à 4
	Cardère.	35 à 40	»	4 à 5
	Lin.	68 à 72	à la volée	200 à 300 litres.
	Chanvre.	52 à 53	»	200 à 250

Quantité de tubercules à planter par hectare.

Pommes de terre. . . . . 18 à 22 hectolitres.
Topinambour. . . . . 10 à 15 »

PRÉFACE

Ce livre de M. Barrau, de regrettable mémoire, dont nous offrons au public une nouvelle édition, n'a plus aujourd'hui besoin d'éloges, et de fréquentes réimpressions en ont fait assez connaître le mérite.

Il est destiné aux écoles primaires rurales ; il l'est aussi aux écoles urbaines, surtout à celles des grandes cités, où les enfants n'étant pas, comme dans les campagnes, associés aux travaux agricoles, n'ont point de notions exactes sur le plus important de tous les arts.

Et le remaniant pour le compléter, nous avons taché d'être, comme M. Barrau lui-même, clair, élémentaire, pratique.

Et nous avons cru en cela répondre à une nécessité pressante de notre enseignement populaire.

Déjà la loi de 1850 sur l'instruction publique avait placé les notions d'agriculture parmi les objets dont l'enseignement peut être introduit dans les écoles rurales et les écoles normales.

Mais dans ces derniers temps l'administration supérieure de l'instruction publique, suivant la voie que lui indiquaient les révélations de l'enquête agricole, a ouvert plus largement encore la porte des écoles à l'enseignement cultural.

Suivant le rapport adressé à l'Empereur le 27 août 1867, par les ministres de l'instruction publique et de l'agriculture, les instituteurs levront désormais, pour le choix des dictées, des lectures, des roblèmes, etc., se proposer principalement de donner aux diverses prties de leur enseignement une direction agricole, soit pour leurs cisses du jour, soit pour leurs classes d'adultes ; ils devront, autant qe possible, exercer leurs élèves, dans le jardin de l'école, à la prtique de l'horticulture, et instituer des promenades agricoles, avec unobjet d'étude correspondant aux travaux de la saison

Aux termes d'un arrêté du ministre de l'instruction publique en date du 29 décembre 1867, les conseils départementaux sont autorisés à modifier les règlements des écoles primaires, quant à la fixation des heures de travail et de l'époque des vacances, dans le but de concilier les exercices classiques avec les travaux des champs.

A la même époque, une instruction ministérielle a constitué l'organisation de l'enseignement agricole dans les écoles primaires.

Enfin, un programme détaillé de l'enseignement agricole à l'usage des écoles primaires rurales et des écoles normales a été arrêté par le ministre de l'instruction publique le 30 décembre dernier.

C'est cet ensemble de documents officiels, montrant assez quelle importance s'attache aujourd'hui à l'enseignement agricole primaire, c'est surtout le programme du 30 décembre, que nous avons pris pour base dans la rédaction de cette nouvelle édition.

Les *notions générales* contenues dans ce petit livre auront pour complément divers volumes sur l'agriculture des RÉGIONS AGRICOLES DE LA FRANCE : 1° *région du Sud*; 2° *région du Sud-Ouest*; 3° *région de l'Ouest*; 4° *région des montagnes du Centre*; 5° *région des plaines du Centre*; 6° *région du Sud-Est*; 7° *région du Nord-Est*; 8° *région des plaines du Nord*; 9° *région du Nord-Ouest*.

Chaque volume renfermera des détails concernant l'aspect de la région, la configuration et la nature du sol, le climat de chaque département, les dessèchements et les irrigations, la population agricole, les constructions rurales, les matières fertilisantes, les instruments, les procédés culturaux, les plantes nuisibles, les prairies naturelles et artificielles, les plantes alimentaires et industrielles, les cultures fruitières, les animaux domestiques, les cultures forestières, les cultures horticoles, les assolements, les agriculteurs célèbres, les lauréats de la prime d'honneur et les fermes-écoles.

Puissent ces *Simples Notions* redoubler dans le jeune habitant des campagnes le goût et l'estime pour la vie rurale, et inspirer à celui des villes le désir de s'initier à des connaissances devenues aujourd'hui nécessaires pour tous et de chercher, au besoin, dans la culture des arbres fruitiers, des légumes et des fleurs un usage aussi doux qu'innocent de ses récréations et de ses loisirs !

Paris, le 26 février 1868.

GUSTAVE HEUZÉ.

PROGRAMME

DE L'ENSEIGNEMENT AGRICOLE POUR LES ÉCOLES PRIMAIRES RURALES ET LES ÉCOLES NORMALES

Le ministre secrétaire d'État au département de l'instruction publique,

Vu les articles 5 et 35 de la loi du 15 mars 1850 ;

Vu le décret du 2 juillet 1855 ;

Le Conseil impérial de l'Instruction publique entendu,

ARRÊTE :

ART. Ier. Le programme de l'enseignement agricole dans les écoles primaires rurales et dans les écoles normales primaires est adopté ainsi qu'il suit :

1° *Végétation, terres, climats.*

1 Aperçu général sur la végétation ; durée des végétaux, modes divers de reproduction, par graines, boutures, etc.
2. Des terres, leur nature et leurs propriétés physiques.
3. Régions agricoles ; influence du climat.

2° *Opérations principales de l'agriculture.*

4. Substances fertilisantes, amendements, engrais. Écobuage.
5. Culture du sol ; instruments de culture.
6. Enlèvement des eaux nuisibles à la culture. Drainage.
7. Irrigation et arrosage.
8. Semailles et transplantations.
9. Récoltes, conservation des divers produits.
10. Influence de la chaleur et de la lumière sur les végétaux cultivés. Exposition Abris.
11. Défrichements.
12. Clôture, chemins vicinaux, voitures.
13. Constructions rurales.

3° *Végétaux qui intéressent la culture française*

14. Céréales.
15. Légumes secs ou verts.
16. Plantes oléagineuses, textiles, tinctoriales, à produits divers.
17. Plantes fourragères ; prairies naturelles et artificielles, fenaison.

18. Racines alimentaires ou industrielles; sucre et alcools.
19. Plantes parasites et animaux nuisibles aux récoltes; moyens préservatifs; animaux destructeurs des animaux nuisibles.
20. Végétaux ligneux; notions générales.
21. Multiplication, pépinières, greffe, éducation, plantation et entretien des arbres.
22. Arbres fruitiers, conduite et taille; variétés principales cultivées en France.
23. Arbres à produits industriels; vignes et vins; pommiers et cidre, mûriers, etc.
24. Plantation, conduite, exploitation des arbres destinés à fournir des bois d'œuvre ou de chauffage.

4° *Animaux domestiques utiles à l'agriculture.*

25. Économie du bétail; principes généraux.
26. Espèces bovine, chevaline, ovine, porcine, etc.
27. Oiseaux de basse-cour.
28. Vers à soie, abeilles.

5° *Économie agricole.*

29. Capitaux agricoles, fermier, métayer, propriétaire; achat et location d'un domaine.
30. Assolement ou succession des cultures; jachère, repos, organisation des travaux agricoles.
31. Influence de diverses circonstances sur les systèmes agricoles : début de l'entreprise; comptabilité agricole.

6° *Culture des jardins.*

32. Division de l'horticulture en trois parties.
33. Jardin fruitier.
34. Jardin potager.
35. Jardin d'agrément.
36. Végétaux parasites des plantes de jardin; animaux nuisibles à l'horticulture et moyens de les détruire.

Fait à Paris, le 30 décembre 1867.

V. Duruy.

SIMPLES NOTIONS

SUR L'AGRICULTURE

PREMIÈRE PARTIE

VÉGÉTATION, TERRAINS ET CLIMATS

PREMIÈRE LECTURE

DÉFINITIONS. — LES PLANTES. — LA VIE DES PLANTES.

Définitions. — 1. Les *champs* sont des terrains que l'on cultive au moyen de la charrue, et qui produisent les grains nécessaires à la nourriture de l'homme, ou les plantes indispensables à l'alimentation des animaux et d'autres plantes utiles à l'industrie.

Les *prés* ou *prairies* sont des terres où croît l'herbe dont les animaux se nourrissent.

Les *vignes* sont des terrains consacrés à la production du raisin dont on fait le vin.

Les *bois* ou *forêts* sont des terrains garnis d'arbres et d'arbrisseaux destinés ou à être brûlés, ou à servir à différents usages dans les arts.

Les *jardins* sont des enclos de peu d'étendue que l'on cultive au moyen de la bêche et de la houe, et qui produisent des légumes, des fruits et des fleurs.

Dieu, qui a soumis la terre à l'homme, lui a imposé la loi de la féconder par le travail.

L'homme doit donc soigner les terres labourables et les prés, cultiver les vignes, les bois et les jardins.

La culture des champs se nomme *agriculture.*

La culture des jardins se nomme *jardinage* ou *horticulture.*

Le mot *agriculture*, dans le sens le plus général, comprend les travaux et les opérations de toute nature appliqués aux champs, aux prés, aux vignes et même aux jardins et aux bois.

Les plantes. — 2. Les plantes sont des êtres organisés, fixés et insensibles ; ils croissent dans tous les sens, vivent et meurent.

Lorsqu'on examine une *ronce* à l'époque où elle est couverte de fleurs, on reconnaît, quand on détaille les parties qui la composent, qu'elle a des *racines*, des *tiges*, des *feuilles*, des *bourgeons*, des *fleurs* et des *fruits.*

Chacune de ces parties a une organisation particulière et des fonctions spéciales.

3. La *racine* se développe toujours dans le sens opposé à la tige ; elle a pour mission de fixer la plante dans le sol et d'y puiser les matériaux nécessaires à la nourriture du végétal.

Elle n'a point de bourgeons et ne prend jamais la couleur verte sous l'influence de la lumière.

On connaît quatre sortes de racines : 1° les *racines fibreuses* (fig. 1), qui sont composées de filaments longs, simples ou ramifiés ; exemple : les racines de froment ; 2° les *racines pivotantes* (fig. 2), qui sont simples, longues et coniques ; exemple : la racine de la betterave ; 3° les *racines traçantes* ou *rampantes* qui se répandent près de la surface de la terre ; exemple : les racines du chiendent et de l'orme ; 4° les *racines charnues*, qui présentent des renflements considérables ; exemple : les racines de la betterave et du navet.

On distingue dans la racine le *collet*, qui est la séparation entre la tige et la racine, le *pivot* ou corps de la racine et les *radicelles* ou les parties grêles, déliées, dont l'ensemble est appelé *chevelu*.

4. La *tige* est la partie du végétal qui croît en sens inverse de

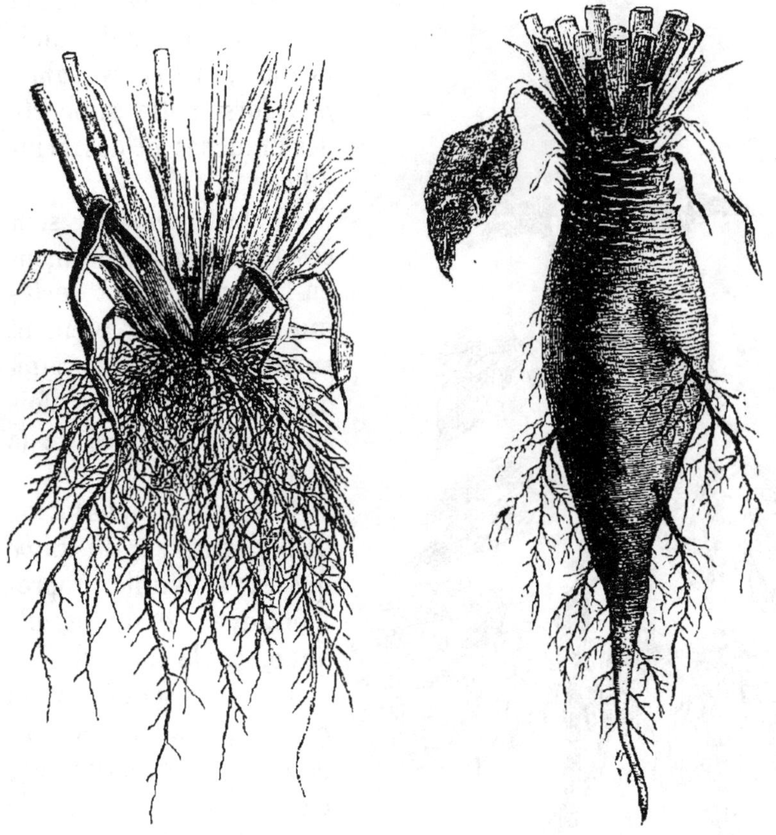

Fig. 1. Racine fibreuse. Fig. 2. Racine pivotante.

la racine. Elle sert de support aux feuilles, aux fleurs et aux fruits.

Elle constitue une *plante herbacée* si elle reste verte, une *plante ligneuse* si elle se convertit en bois.

Les tiges sont *fistuleuses* si elles sont creuses intérieurement; *solides* ou *pleines* si elles n'ont pas de cavité intérieure ; *grimpantes* quand elles montent et s'attachent aux murs et aux arbres (le lierre); *volubiles* (fig. 3) si elles s'entortillent autour d'un échalas ou d'un arbre ; *rampantes* si elles s'étendent sur le sol; *traçantes* si les jets qu'elles produisent s'enracinent et produisent de nouveaux pieds (le fraisier).

Fig. 3. Tige volubile.

La *tige est simple* quand elle ne porte pas de ramification ; la *tige est ramifiée* lorsqu'elle supporte des branches et des brindilles.

5. Les *feuilles* sont ces organes ordinairement en lames minces et vertes qui naissent généralement sur les tiges ou les ramifications et quelquefois aussi sur le collet de la racine.

Elles se composent de deux parties : 1° du *limbe* qui est la feuille proprement dite ; 2° du *pétiole* qui en est le support.

Les unes sont *lisses* ou *glabres*, les autres sont *velues* ou *cotonneuses*, c'est-à-dire couvertes de poils plus ou moins mous; enfin, quelques-unes sont *épineuses* ou munies d'aiguillons.

6. Les *bourgeons* ont été divisés en quatre classes : 1° le *bourgeon proprement dit* ou *bouton* est un petit corps arrondi qui se développe sur les branches dans l'aisselle des feuilles et à l'extrémité des rameaux et produit une pousse (fig. 4). Le *bouton à feuilles* est allongé et un peu pointu; le *bouton à*

fleurs ou *bouton à fruits* est arrondi et gonflé. On appelle *bouton adventif* celui qui se développe sur un point où il n'existe pas ordinairement de boutons; *bourgeon axillaire* celui qui est situé à l'aisselle d'une feuille et *bourgeon terminal* celui qui est situé à l'extrémité d'une ramification.

2° Le *bulbe* est un bourgeon composé d'écailles charnues ; on le désigne ordinairement sous le nom d'*oignon*.

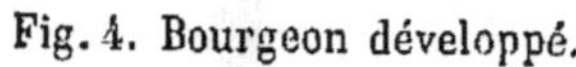

Fig. 4. Bourgeon développé.

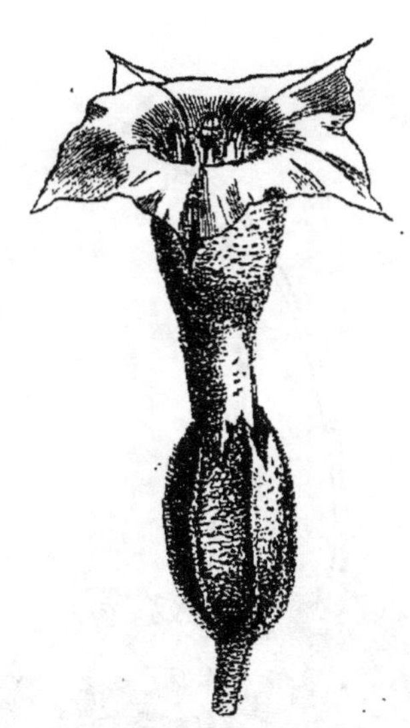

Fig. 5. Calice et corolle.

3° Le *turion* est un bourgeon souterrain qui en se développant produit une tige; exemple : la partie comestible de l'asperge.

4° Le *tubercule* est un rameau souterrain parsemé d'yeux qui sont des bourgeons. Il verdit quand il reste exposé à l'action de la lumière, exemple : le tubercule de la pomme de terre.

7. La *fleur* (fig. 5) est l'organe de la reproduction ; elle comprend le *calice*, ou enveloppe externe de couleur ordinairement verte ; la *corolle*, ou enveloppe intérieure qui offre les nuances les plus variées et les plus éclatantes; les *organes* nécessaires à la production des graines et qui sont toujours situés au centre de la corolle.

8. Le *fruit* est la production qui résulte de la fécondation. Il se compose de l'enveloppe et de la graine.

Les uns sont *charnus* ou *pulpeux*, comme la poire, la pêche, la cerise (fig. 6), et renferment intérieurement des pepins ou un noyau; les autres sont *secs*, de formes très-diverses et ils renferment une ou plusieurs graines; exemple : le *cosse* du haricot, la *silique* du colza, la *tête* ou *capsule* du coquelicot ou du pavot (fig. 7).

Fig. 6. Cerises.

Fig. 7. Tête de pavot.

9. La *graine* est la semence qui sert à la reproduction de la plupart des plantes; elle comprend une partie plus ou moins dure, tantôt farineuse, tantôt oléagineuse, tantôt cornée et à l'intérieur de laquelle est situé le *germe* ou *embryon*.

La vie des plantes. — 10. Quand on confie une graine de haricot à une terre qui a suffisamment d'*humidité*, d'*air* et de *chaleur*, elle se gonfle, se ramollit en absorbant de l'eau, et son enveloppe ne tarde pas à se déchirer ; alors sa radicule ou jeune racine s'allonge, s'enfonce dans la terre, tandis que sa *tigelle* ou jeune tige se développe en soulevant hors de terre les deux lobes appelés *cotylédons* qui ont pour destination de

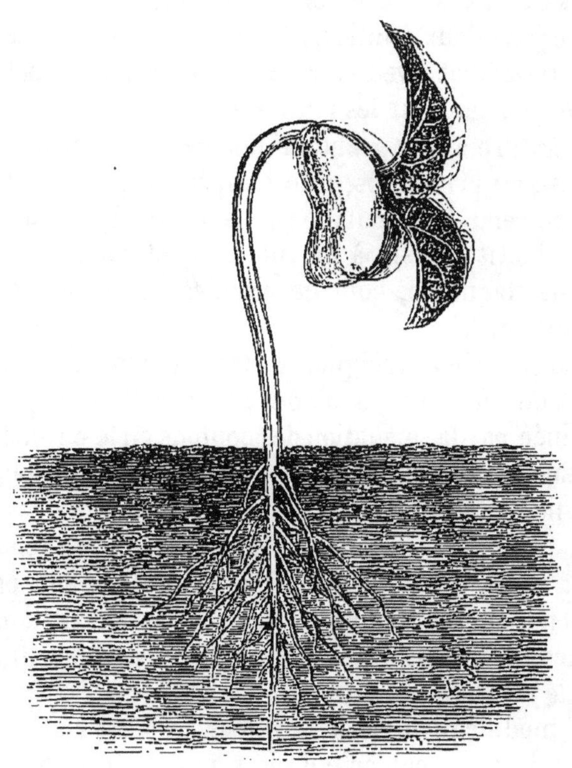

Fig. 8. Germination du haricot.

nourrir la *plantule* ou jeune plante dès qu'elle commence à croître (fig. 8).

Quand la racine est un peu développée, les cotylédons se flétrissent et tombent, alors la *germination* est terminée.

Les semences du froment, du seigle, de l'oignon, etc., ne développent en germant qu'un seul cotylédon.

11. Les végétaux ne se nourrissent que de substances li-

quides et gazeuses. C'est dans la terre qu'ils puisent l'eau ainsi que les sels et les gaz qu'elle tient en dissolution.

L'absorption de ces liquides se fait par les extrémités des racines. La force avec laquelle s'opère cette absorption est considérable. L'eau qui a pénétré dans le végétal après être chargée de matières solubles alimentaires prend le nom de *séve.*

12. La séve est incolore; elle se répand dans tout le végétal et s'élève jusqu'aux feuilles, où elle ne tarde pas à se trouver en contact immédiat avec l'air par le concours de petites ouvertures qui existent sur les feuilles et qu'on nomme *stomates.*

La température a une grande influence sur le mouvement de la séve. Ainsi, au printemps, une température à la fois chaude et humide en rend la circulation plus active. Le froid, au contraire, la ralentit; ainsi, à la fin de l'automne, elle devient épaisse, reste stagnante, pour ne circuler de nouveau qu'au retour du printemps.

On remarque chez quelques arbres et arbustes un second mouvement de *séve* au mois d'*août ;* mais cette circulation, qui est déterminée par la formation des boutons ou le développement des bourgeons qui se sont formés au printemps, est moindre que celle qui a lieu après l'hiver.

La séve, parvenue à l'extrémité des rameaux, se répand dans les feuilles. Après avoir été modifiée favorablement par l'air, elle redescend vers les racines et concourt essentiellement à la vie et à l'accroissement du végétal. On la nomme alors *séve descendante* ou *cambium.*

13. La modification de la séve par l'air est connue sous le nom de *respiration;* cet acte de la vie végétale a lieu sous l'influence de la chaleur et de la lumière.

Pendant le jour, les feuilles, les écorces décomposent l'air, retiennent son carbone et laissent échapper l'oxygène qui y est combiné. Durant la nuit, le contraire a lieu. Ainsi, dans l'obscurité les plantes fixent l'oxygène et dégagent de l'acide carbonique, gaz qui n'est pas respirable. Ces phénomènes expliquent pourquoi il y a danger de laisser une certaine quantité de fleurs et de fruits dans un appartement habité et fermé pendant la nuit.

QUESTIONNAIRE.

1. Qu'est-ce que les champs? — Les prés ? — Les vignes? — Les bois ou forêts ? — Les jardins? — Quels devoirs Dieu a-t-il imposés à l'homme, relativement à la terre? — Qu'entend-on par agriculture et par jardinage?

2. Les plantes sont-elles des êtres vivants?

3-5. Quelles sont les parties qui les composent?

6. Comment divise-t-on les bourgeons? — Qu'appelle-t-on bouton à feuille, bouton à fruit, bourgeon axillaire, bourgeon terminal?

10. Comment a lieu la germination?

11. D'où les plantes tirent-elles leur nourriture?

12. Comment a lieu la marche de la sève?

13. Les plantes respirent-elles? — Est-il prudent de conserver des fleurs ou des fruits dans une chambre habitée pendant la nuit?

DEUXIÈME LECTURE

DURÉE DES VÉGÉTAUX.

MULTIPLICATION PAR GRAINES. — PAR BOUTURES. — PAR MARCOTTE PAR REJETONS ET ÉCLATS DE PIEDS.

Durée des végétaux. — 14. Tous les végétaux n'ont pas la même durée d'existence.

Les uns ne vivent que l'espace d'une année; on les appelle *plantes annuelles :* le maïs, l'avoine, le lin, les pois, les haricots, etc.

Les autres ne meurent qu'après dix-huit mois ou deux années d'existence; on les nomme *plantes bisannuelles :* le colza, le chardon, le blé, l'oignon, la betterave, etc.

Enfin d'autres vivent un nombre d'années plus ou moins considérable; on les appelle *plantes vivaces :* la luzerne, le chiendent, le chêne, le fraisier, etc.

En général, les plantes annuelles cultivées sont plus exigeantes, plus délicates, moins rustiques que les végétaux bisannuels et les plantes vivaces.

On connaît quatre moyens de multiplier les végétaux : le semis, la bouture, la marcotte, les rejetons et éclats de pieds.

Multiplication par graines. — 15. La plupart des plantes agricoles et horticoles se propagent par graines. Ainsi, c'est en semant les graines qu'ils fournissent qu'on multiplie le blé, le colza, le pavot, le trèfle, la sainfoin, les haricots, etc.

Semer une graine, c'est la confier à une époque déterminée à un sol bien préparé.

Les graines ne germent facilement que lorsqu'elles ont été recoltées à parfaite maturité et qu'on a eu soin de les bien conserver. Les semences de mauvaise qualité, qu'on a déposées dans des locaux très-humides ou très-chauds perdent promptement leur faculté germinative.

Certaines graines germent encore facilement à la quatrième ou sixième année, comme les semences de chou, de colza, de navet, de citrouille, de melon, etc. Par contre, d'autres perdent à la seconde année leur faculté de germer, comme les graines de panais, d'angélique, de bouleau.

Certaines graines, comme les semences de chou, de colza, de sarrasin, de seigle, montrent leurs cotylédons vers le huitième ou le dixième jour. D'autres,comme le froment, la betterave,etc. ne germent que quinze jours après qu'elles ont été enterrées. Enfin, les fruits de l'épine blanche et le noyau de l'olive ne germent que l'année qui suit celle où ils ont été semés.

On enterre les graines plus ou moins selon leur volume. Les petites graines doivent être couvertes de très-peu de terre ; les semences volumineuses peuvent être enterrées jusqu'à $0^m,10$.

Les époques où les semis doivent être faits varient suivant le mode de végétation des plantes et leur rusticité, selon aussi la nature du sol qu'on cultive et le climat qu'on habite.

Multiplication par boutures. — 16. Si toutes les plantes annuelles et bisannuelles sont toujours reproduites par les semis, plusieurs arbustes fruitiers et arbres forestiers sont ordinairement propagés à l'aide de la *bouture*.

Faire une *bouture*, c'est détacher d'un végétal, soit un rameau, soit une partie de la tige, et mettre en terre l'extrémité inférieure de cette bouture. Cette extrémité inférieure pousse des racines, et la partie de la bouture qui est hors de terre pousse des bourgeons et des feuilles, et ensuite des fleurs et des fruits. C'est ainsi qu'en plantant un rameau de saule, de peuplier d'Italie ou une pousse d'un an de la vigne ou du groseillier, on obtient un autre saule, un autre peuplier, une autre vigne, ou un autre groseillier.

Les boutures se font toujours à la fin de l'hiver ou au com-

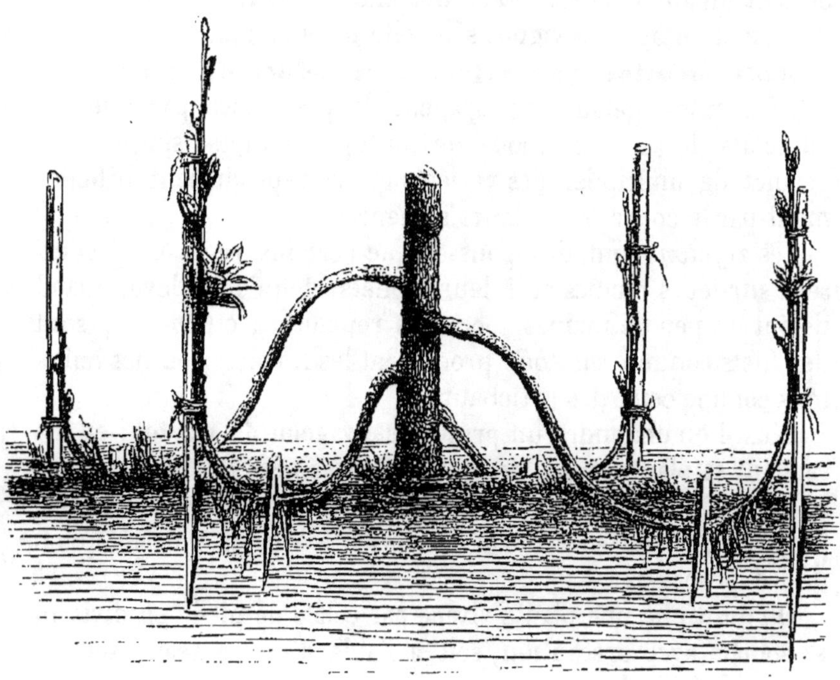

Fig. 9. Marcottes.

mencement du printemps. Dans les jardins et les pépinières on les plante de préférence dans une terre un peu fraîche.

On connaît deux sortes de boutures : 1° la *bouture simple*, qui est la plus usitée ; 2° la *bouture à talon*, que l'on opère en plantant en terre une pousse d'un an ayant à sa base un empatement ou une petite portion d'une branche ancienne.

Cette dernière bouture est celle qu'il faut préférer quand les circonstances le permettent, parce qu'elle a toujours à la fin de la première année un plus grand nombre de jeunes racines.

Multiplication par marcotte. — 17. On multiplie aussi certains végétaux herbacés et ligneux à l'aide de la *marcotte*.

Marcotter, c'est courber dans la terre un rameau d'un végétal sans l'en détacher; quand ce rameau a poussé des racines, on le sépare du végétal auquel il appartenait et on le plante à part (fig. 9). C'est ainsi qu'en couchant en terre la pousse d'un œillet de manière que le bout de cette pousse sorte de terre, on obtient un autre œillet, qu'on détache ensuite.

Le marcottage des vignes s'appelle *provignage*.

Multiplication par rejetons et éclats de pieds. — 18. Certains végétaux se propagent de préférence par rejetons ou éclats de pied; ce mode de multiplication est simple et il permet de multiplier des variétés qui se reproduisent difficilement par le concours de leurs semences.

Les *rejetons* sont des pousses que certains végétaux produisent sur leurs racines ou à leurs collets et qu'on enlève, quand ils ont un peu de racines, pour les replanter ; ou bien ce sont des filets comme ceux que produisent les fraisiers, ou des œilletons comme ceux des artichauts.

Ainsi l'on obtiendra un prunier sauvageon de rejeton, en arrachant et plantant une des pousses enracinées qui apparaissent au pied. Ce sujet sera planté dans un endroit donné pour être, plus tard, greffé en écusson ou en fente avec la variété qu'on désire propager.

On multiplie une plante vivace par éclats de pied, en divisant sa souche avec précaution, soit à l'aide d'un couteau, soit au moyen de la bêche.

L'oseille, la ciboulette, le lilas, la julienne, les phlox, etc., se propagent souvent par éclats de pieds.

QUESTIONNAIRE.

14. Qu'appelle-t-on plantes annuelles? — Plantes bisannuelles? — Plantes vivaces?

15. Quels sont les différents moyens de multiplier les végétaux? — Qu'est-ce que le semis?

16. Qu'entend-t-on par la multiplication par boutures?

17. Qu'est-ce que la marcotte?

18. Qu'est-ce que la multiplication par rejetons et éclats de pieds?

TROISIÈME LECTURE

TERRE ARABLE ET SOUS-SOL.

ÉLÉMENTS CONSTITUTIFS DU SOL. — ESPÈCES DE TERRES. — PROPRIÉTÉS PHYSIQUES DES TERRAINS AGRICOLES.

Terre arable et sous-sol. — 19. On appelle *terre arable*, *couche végétale* ou *terre végétale* celle qui est propre à la culture, c'est-à-dire qui, étant travaillée par les soins de l'homme, est capable de produire des substances utiles à son alimentation ou à ses autres besoins.

La terre arable est d'autant plus féconde qu'elle contient plus d'humus. On appelle *humus* une sorte de terreau non acide, d'un aspect généralement onctueux et noirâtre, qui provient de la décomposition des matières végétales et animales qui se sont trouvées mêlées à la terre ou que l'on a ajoutées au sol.

La profondeur de la terre arable varie ; dans quelques endroits, elle ne dépasse point dix à quinze centimètres : sur d'autres points elle a jusqu'à cinquante centimètres et même un mètre d'épaisseur.

Au-dessous du sol végétal s'étend le *sous-sol*, couche de terre plus ou moins utile à la vie des plantes.

Le sous-sol est *perméable* quand il est formé d'une couche terreuse ou caillouteuse que les eaux pluviales traversent aisément ; il est *imperméable* lorsqu'il est très-argileux ou formé par une roche compacte.

Éléments constitutifs du sol. — 20. Trois sortes principales d'éléments terreux d'une nature différente concourent avec l'humus à la composition du sol arable. Ces trois substances sont l'argile, la silice et le carbonate de chaux.

On appelle *argile* ou *glaise* une terre onctueuse, susceptible de se mouler sous toutes les formes, retenant l'eau, ne la laissant point passer, se fendillant et se séparant en fragments plus ou moins durs lorsqu'elle se dessèche.

On appelle *silice* le sable pur, les petits cailloux quartzeux. Le sable siliceux ne forme jamais une pâte avec l'eau et celle-ci le traverse facilement.

On appelle *carbonate de chaux* des matières pierreuses et terreuses dont on peut extraire de la chaux.

Aucun sol agricole n'est exclusivement composé d'une de ces trois sortes de terre.

L'argile pure, la silice pure, le carbonate de chaux pur sont pour ainsi dire improductifs; mélangées ensemble, ces substances constituent de bons terrains.

Espèces de terres. — 21. On appelle *terre argileuse* celle où l'argile domine, terre *siliceuse* celle dont le sable quartzeux forme la partie principale, et terre *calcaire* celle dans laquelle domine le carbonate de chaux.

On appelle généralement *terres fortes* celles qui sont très-argileuses et compactes, *terres légères* celles qui sont surtout composées de silice et qui sont naturellement très-divisées et sans consistance et *terres de moyenne consistance* celles qui renferment du sable et de l'argile ou de la silice et du calcaire.

La terre qui contient 70 à 90 pour 100 de carbonate de chaux, est appelée *terre crayeuse;* elle est pauvre et toujours blanchâtre.

Les *terres schisteuses* appartiennent à la classe des terres argileuses, et les *sols granitiques* et les *terres volcaniques* à celles des terres siliceuses.

Les terrains noirâtres qui renferment beaucoup de débris acides de végétaux sont désignés sous le nom de *terrains tourbeux.*

Les *terres de bruyère* ou *de landes* contiennent une forte proportion de sable et de terreau acide; leur couleur est grisâtre ou noirâtre. Ces terres produisent naturellement des bruyères et de la fougère.

De toutes les terres arables la meilleure est celle qu'on appelle *terre franche*. Cette terre est un composé des trois autres, mélangées avec environ un quinzième ou un vingtième d'humus; sur 100 parties, elle doit contenir 8 à 15 parties de calcaire.

En général, la terre franche n'est ni trop friable, ni trop compacte; son aspect est généralement jaune brunâtre; elle est assez douce au toucher; elle est également perméable à l'eau, à l'air et à la chaleur.

Les *terres d'alluvion* sont celles que les eaux ont déposées;

elles sont un peu légères et souvent fertiles. C'est par exception que les terres des marais du Poitou, de Dunkerque, etc., sont très-argileuses.

Tous ces terrains sont plus ou moins caillouteux ou pierreux. Les pierres d'un volume moyen et qui ne nuisent pas à la marche des travaux aratoires, sont très-utiles sur les sols perméables, de fertilité moyenne, en ce qu'elles fixent plus d'humidité dans la couche arable pendant les temps de sécheresse.

Les terres fortes, compactes ou argileuses s'échauffent tardivement au printemps et elles se refroidissent vite en automne, parce qu'elles absorbent facilement l'eau et qu'elles l'abandonnent très-lentement; on les appelle *terres froides, terres tardives*.

Les terrains sablonneux perméables s'échauffent aisément à la fin de l'hiver et ils conservent tardivement en automne la chaleur qu'ils ont absorbée pendant l'été. On les nomme *terrains chauds* ou *terres hâtives* ou *précoces*.

Les terres calcaires et siliceuses plus ou moins rougeâtres doivent leur coloration à une quantité plus ou moins grande de parties ferrugineuses. Les terres calcaires rougeâtres à sous-sol perméable sont favorables à la culture de la vigne, de l'olivier, etc., mais les sols sablonneux fortement colorés par l'oxyde de fer sont de très-mauvais terrains agricoles.

Propriétés physiques des terrains agricoles. — 22. Tous les terrains agricoles jouissent de propriétés physiques qui les rendent plus ou moins favorables à la culture des plantes.

Les sols siliceux, graveleux, granitiques et schisteux à sous-sols imperméables possèdent les propriétés physiques qui caractérisent les terres argileuses.

Les sols qui contiennent beaucoup d'humus, comme les terres de jardins ou les sols tourbeux, sont toujours plus frais pendant l'été que les terrains pauvres ou les sols sablonneux ou calcaires, parce que les matières organiques ont la propriété de retenir l'eau avec facilité.

En général, les terres légères situées sur un versant exposé au nord ou ombragées par des plantations ou des haies vives sont moins sèches pendant les mois de juin, juillet et août que les mêmes sols situés sur un plateau, sur un coteau exposé au midi et n'ayant aucun arbre.

Les terres blanches argileuses ou calcaires sont ordinairement froides et tardives, parce que la couleur blanche réfléchit les rayons solaires, et que cette réflexion ne permet pas à la chaleur atmosphérique d'évaporer promptement l'eau dont la terre est saturée ; les terres noirâtres, au contraire, sont plus chaudes quand elles sont perméables, parce qu'elles absorbent facilement les rayons solaires et conservent la chaleur.

QUESTIONNAIRE.

19. Qu'est-ce que la terre arable ou terre végétale ? — Qu'est-ce que l'humus?

20. Quels sont les éléments constitutifs des sols? — Qu'est-ce que l'argile? — Qu'est-ce que la silice? — Qu'est-ce que le carbonate de chaux? — Que faut-il pour que ces trois sortes de terre soient productives?

21. Qu'appelle-t-on terres argileuse, siliceuse, calcaire? — Qu'est-ce que les terres fortes ou légères? — A quelle classe appartiennent les terres schisteuses, granitiques ou volcaniques? — Parlez de la terre franche, des terres d'alluvion.

22. Qu'appelle-t-on terres précoces, tardives, chaudes, froides? — Les terres riches en humus sont-elles plus fraîches en été que les sols qui n'en contiennent pas? — Parlez des propriétés physiques des terres blanches et noires

---

QUATRIÈME LECTURE

RÉGIONS AGRICOLES. — INFLUENCE DU CLIMAT

Régions agricoles. — 23. La France agricole doit être divisée en plusieurs régions ayant pour base le climat, la configuration du sol, les procédés culturaux, les plantes cultivées et les animaux domestiques qu'on y élève, entretient ou engraisse.

Ces régions sont au nombre de neuf, savoir :

24. La *région du Sud ou de l'olivier* qui comprend le Roussillon, le bas Languedoc, le Vivarais, le bas Dauphiné, le comtat d'Avignon. la Provence et le comté de Nice.

Cette région offre des plaines étendues limitées par des montagnes très-accidentées A cause de la douceur de l'hiver et de la grande chaleur de l'été, on y cultive très en grand l'olivier, l'amandier, le pistachier, la vigne et le mûrier. Sur le bord de la Méditerranée, on y voit croître en pleine terre le palmier, l'oranger, le citronnier et le caroubier.

Les parties accidentées sont occupées par le chêne vert, le chêne-liége, le pin d'Alep, arbres qui dominent toujours des arbrisseaux spéciaux à la région, tels que le lentisque, le grenadier, la lavande, la sauge et le thym.

Cette région possède peu de bêtes à cornes, mais elle multiplie très en grand les bêtes à laine, les vers à soie et les abeilles.

25. La *région du Sud-Ouest* est très-étendue; elle renferme le haut Languedoc, le comté de Foix, le Lauraguais, le Béarn, la Navarre, le Bigorre, l'Armagnac, l'Agenais, le Bordelais, le Quercy, le Périgord et la Saintonge. Ses immenses plaines sont limitées, d'une part par l'Océan, de l'autre par les montagnes des Pyrénées, et sur la ligne opposée aux rives de l'Océan par la région des montagnes du Centre.

Cette vaste région cultive la vigne très en grand dans les plaines du Bordelais et du Languedoc. Elle est traversée du sud à l'ouest par la vallée de la Garonne, dans laquelle on cultive le tabac, le chanvre et le sorgho à balais. Le maïs est très-cultivé dans la partie sud de la région.

On y possède de très-belles races bovines et on y élève le cheval dans les départements des Landes et des Basses-Pyrénées.

Les dunes, qui longent la mer depuis l'embouchure de la Garonne jusqu'à Bayonne, sont couvertes de très-belles forêts de pin maritime et quelquefois de chêne-liége.

Cette région ne connaît ni les froids excessifs de la région du Nord-Est, ni les chaleurs brûlantes de la région du Sud.

26. La *région des montagnes du Centre* comprend le Cé-

vaudan, l'Auvergne, le Rouergue, le Forez, le Limousin et la Marche, contrées où le maïs mûrit difficilement son grain, et où la vigne ne croît que sur les versants exposés au sud-est et garantis des vents du nord par des élévations.

Cette région spécule très en grand sur l'élevage, l'entretien et l'engraissement des bêtes bovines. Les nombreux animaux qu'elle possède vivent pendant la belle saison sur les montagnes; ils quittent les pâturages pour redescendre dans les vallées, lorsque la neige commence à tomber.

C'est dans cette région que sont situés les centres de production des races bovines de Salers et d'Aubrac.

Généralement, le climat de la région des montagnes du Centre est froid, mais l'air y est pur est sain.

27. La *région Sud-Est* est plus froide encore pendant l'hiver que la région des montagnes du centre. Elle comprend le haut Dauphiné, la Dombes, la Savoie, le Lyonnais, le Mâconnais, le Beaujolais, le Bugey et la Bourgogne.

Cette grande région renferme deux parties bien distinctes : les plaines de la Dombes, de la Bourgogne et du Mâconnais: les montagnes du Dauphiné, du Lyonnais, du Bugey et de la Savoie.

C'est dans les plaines que la vigne occupe de grandes surfaces et qu'elle fournit des vins de première qualité. Les parties montagneuses offrent de beaux pâturages et de nombreuses forêts d'arbres verts résineux.

Cette région multiplie très en grand l'espèce bovine dans les parties accidentées; elle possède, en outre, de grands troupeaux de chèvres dans le Lyonnais.

Si la température est favorable, dans les plaines et les vallées, à la végétation de la vigne, du maïs et à l'existence des prairies naturelles, par contre, dans les montagnes, elle est froide et parfois très-glaciale, à cause des glaciers et des neiges qui y séjournent pendant quatre à cinq mois.

28. La *région du Nord-Est* comprend la Franche-Comté, l'Alsace, les Vosges, le Pays Messin, la Lorraine et le Barrois.

Les montagnes y sont des contrées froides pendant l'hiver, mais les plaines sont d'excellentes contrées agricoles pendant l'été et l'automne. Les parties accidentées offrent de très-belles forêts d'essences résineuses, d'excellents pâturages et des prairies bien irriguées. Les plaines sont occupées par le froment, le maïs, le tabac, la vigne et le houblon.

On y élève des chèvres, des bêtes à cornes et des bêtes à laine, et on y fabrique beaucoup de fromages.

29. La *région des plaines du Nord* est très-étendue. Elle comprend l'Ile-de-France, la Beauce, la Brie, l'Orléanais, le Gâtinois, le Vexin, la Champagne et la basse Bourgogne, contrées qui, pour la plupart, sont riches et bien cultivées.

Si la vigne n'y produit de bons vins que dans la Champagne et la basse Bourgogne, le froment, l'avoine, le colza y donnent des récoltes satisfaisantes.

L'étendue considérable que les prairies artificielles y occupent annuellement a permis depuis longtemps d'y multiplier très en grand les bêtes à laine appartenant à la race mérinos et de spéculer sur la production du lait.

Cette région renferme la Champagne Pouilleuse, qui perd d'année en année son aspect triste et monotone par suite des progrès qu'y fait l'agriculture et des semis de pin sylvestre qu'on ne cesse d'opérer sur les parties très-crayeuses et arides.

La région des plaines du Nord renferme de grandes exploitations et de nombreuses distilleries de betterave.

30. La *région des plaines du Centre* renferme la Sologne, le Perche, le Maine, le Berry, le Nivernais, le Charolais, le Puisaie, le Morvan et la Touraine, c'est-à-dire les contrées qui, dans le centre de la France, ont des terres sablonneuses, granitiques encore pauvres ou couvertes en partie de bruyères et d'ajoncs.

Si les vallées offrent parfois de riches cultures, si les bords de la Loire sont souvent ornés de beaux vignobles, si les parties calcaires sont de bonnes contrées agricoles, les sables de la Sologne, les terres blanches du Berry sont encore de mauvais terrains. C'est par la culture du pin maritime et les marnages qu'on est parvenu, sur divers points de la région, à les améliorer.

Cette région possède un grand nombre de bêtes à laine, elle élève avec succès la race bovine charolaise et durham et elle spécule très-avantageusement sur la multiplication du cheval percheron

31. La *région de l'Ouest* offre des plaines et des parties accidentées; elle est limitée par l'Océan et la Manche et les régions du Nord-Ouest, des plaines du Centre et du Sud-Ouest. Elle comprend la Bretagne, l'Anjou, la Vendée et le Poitou. Son climat est doux et humide; on y voit croître en pleine terre divers végétaux appartenant à la région du Sud.

Sauf dans la plaine du Poitou, les terres labourables sont de fertilité ordinaire et divisées en champs des quelques hectares entourés de haies vives qui donnent à la région un aspect très-boisé.

On y élève et engraisse les bœufs et les moutons et on y multiplie l'espèce chevaline. Ces spéculations y sont favorisées par les pâturages qu'on observe sur les terres arables.

Le blé noir ou sarrasin y est très-cultivé, surtout sur les terrains de landes qu'on défriche dans le but de les transformer en terres arables.

Cette région est principalement exploitée par des métayers.

32. La *région du Nord-Ouest* est la plus riche et la mieux cultivée. Elle comprend la Normandie, le Merlerault, le Cotentin, la Picardie, le Santerre, le Boulonais, l'Artois et la Flandre.

La partie comprise entre le département de la Manche et la Belgique offre, à une faible distance du littoral, de nombreux herbages ou prairies sur lesquels on engraisse des bêtes à cornes, on entretient des vaches laitières et on élève des chevaux.

On y cultive le blé, le pavot, le tabac, le lin, le cameline, le houblon et la betterave comme plante industrielle. C'est avec cette racine qu'on alimente annuellement les nombreuses sucreries qui existent dans la Picardie et la Flandre.

Le climat de cette région est assez doux, mais il est brumeux et humide une grande partie de l'année. Il n'y a que la Flandre et l'Artois qui subissent pendant l'hiver les influences de froids un peu intenses.

Influence du climat. — 33. Les climats déterminent toujours les systèmes de culture qu'on doit suivre et les plantes qu'on peut cultiver.

Ainsi, le climat brûlant ou très-tempéré des rives de la Méditerranée permet à Hyères, Cannes, Nice et Port-Vendres, la culture en pleine terre de l'oranger et du citronnier; le climat tempéré des départements de l'Hérault, Gard, Vaucluse, Bouches-du-Rhône, Var, etc., favorise, depuis quinze siècles, la végétation de l'olivier et de l'amandier; ainsi encore le maïs qui mûrit très-bien ses semences dans les plaines du Languedoc, de la Bourgogne, de la Lorraine et de l'Alsace, ne peut accomplir toute sa végétation sur les plateaux de l'Auvergne, au milieu des plaines de la Normandie et de la Flandre; enfin, le vin que produit la vigne dans le Languedoc, la Bourgogne, l'Anjou, l'Alsace et la Lorraine, est remplacé dans la Normandie, la Picardie, la Flandre et la Bretagne par le cidre ou la bière, parce que le climat de ces localités ne permet pas aux raisins d'y arriver à maturité.

Si les contrées sèches, comme les plaines de la Beauce, de la Brie, du Berry, du Languedoc, de la Provence, etc., ont intérêt à adopter la culture céréale, la Bretagne, le Bourbonnais, le Limousin, le Dauphiné, etc., doivent conserver le système pastoral mixte qu'elles ont adopté depuis longtemps. Ce système comprend la culture des plantes alimentaires alliées à des pâturages naturels ou artificiels, c'est-à-dire à l'élevage des bêtes bovines et ovines.

Ce système cultural est aussi celui qu'ont adopté depuis longtemps les agriculteurs de la Normandie, contrée où l'herbe croît avec autant de facilité que dans les localités les plus froides : les montagnes des Vosges, de la Franche-Comté, des Hautes-Alpes et de la Provence.

L'influence que le climat exerce sur les plantes agricoles est telle, que le blé, le seigle et l'orge arrivent toujours à maturité vingt à vingt-cinq jours plus tôt dans les plaines du Midi que dans celles de la Brie et de la Picardie.

QUESTIONNAIRE.

23. Combien de régions agricoles observe-t-on en France ? — 24. Parlez de la région du Sud. — 25. Parlez de la région du Sud-Ouest. — 26. Parlez de la région des montagnes du Centre. — 27. Parlez de la région du Sud-Est. — 28. Parlez de la région du Nord-Est. — 29. Parlez de la région des plaines du Nord. — 30. Parlez de la région des plaines du Centre. — 31. Parlez de la région de l'Ouest. — 32. Parlez de la région du Nord-Ouest.

33. Quelles influences le climat exerce-t-il sur les systèmes de culture et la végétation des plantes agricoles ?

DEUXIÈME PARTIE

OPÉRATIONS PRINCIPALES DE L'AGRICULTURE

CINQUIÈME LECTURE

AMENDEMENTS. — MATIÈRES FERTILISANTES. — ENGRAIS MINÉRAUX.

On améliore les terrains agricoles en y appliquant des amendements, des engrais, et en les assainissant lorsqu'ils sont humides.

Amendements. — 34. *Amender* le sol, c'est y mélanger des substances qui le rendent meuble s'il est trop compacte, ou qui le rendent plus consistant s'il est trop meuble.

On peut améliorer un sol argileux en y mêlant du sable, et un sol sablonneux en y mêlant de l'argile. Ces opérations sont souvent difficiles et toujours coûteuses.

Matières fertilisantes. — 35. Fumer ou fertiliser le sol, c'est y mélanger des engrais ou matières fertilisantes.

Il est indispensable de *fumer* les champs, parce que chaque récolte enlève à la terre une partie de sa fécondité ; si on ne lui rendait pas sa fécondité absorbée au moyen des engrais, elle serait bientôt épuisée.

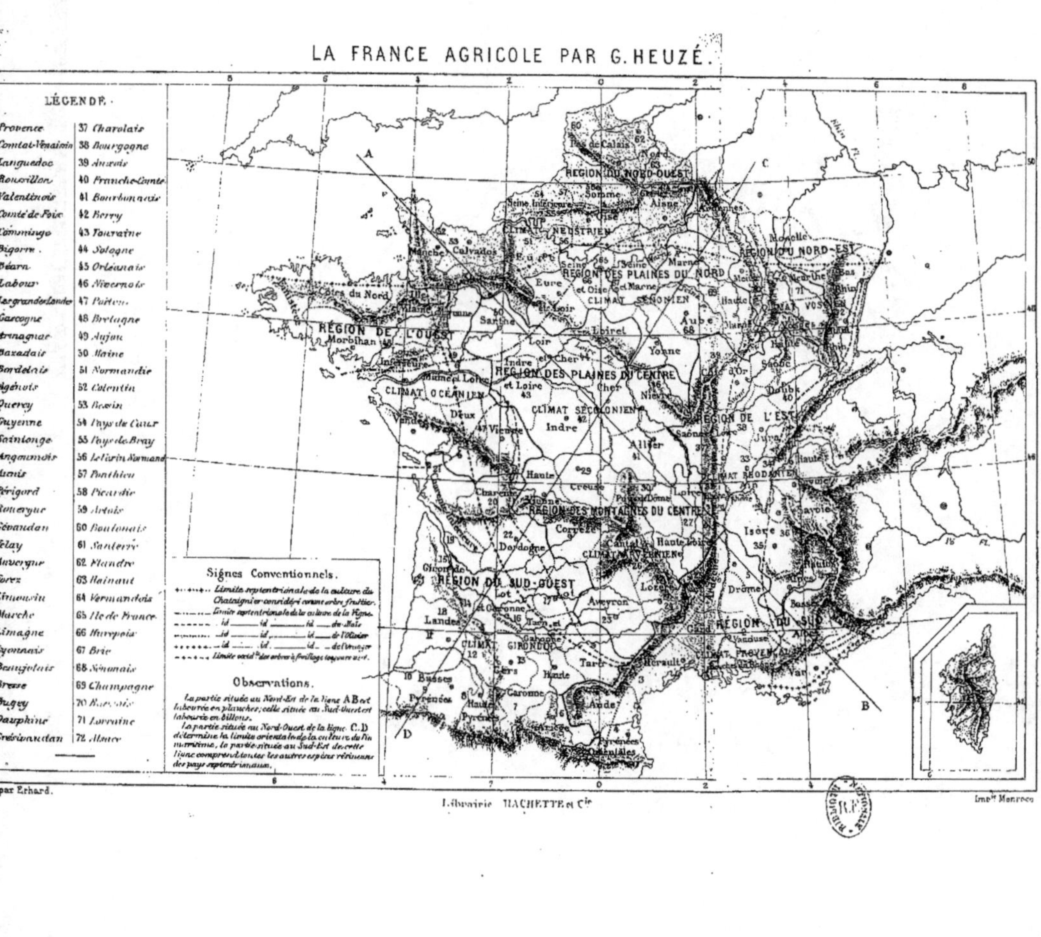

LA FRANCE AGRICOLE PAR G. HEUZÉ.
LÉGENDE.
Provence
Comtat-Venaissin
Languedoc
Rousillon
Valentinois
Comté de Foix
Comminge
Bigorre.
Béarn
Labour
Les grandes Landes
Gascogne
Armagnac
Bazadais
Bordelais
Agénois
Quercy
Guyenne
Saintonge
Angoumois
Aunis
Périgord
Rouergue
Gévaudan
Velay
Auvergne
Forez
Limousin
Marche
Limagne
Lyonnais
Beaujolais
Bresse
Bugey
Dauphiné
Grésivaudan
37 Charolais
38 Bourgogne
39 Auxois
40 Franche-Comté
41 Bourbonnais
42 Berry
43 Touraine
44 Sologne
45 Orléanais
46 Nivernois
47 Poitou
48 Bretagne
49 Anjou
50 Maine
51 Normandie
52 Cotentin
53 Bessin
54 Pays de Caux
55 Pays de Bray
56 Le Vexin Normand
57 Ponthieu
58 Picardie
59 Artois
60 Boulonais
61 Santerre
62 Flandre
63 Hainaut
64 Vermandois
65 Ile de France
66 Hurepoix
67 Brie
68 Sénonais
69 Champagne
70 Bassigny
71 Lorraine
72 Alsace
RÉGION DU NORD-OUEST
CLIMAT NEUSTRIEN
RÉGION DES PLAINES DU NORD
CLIMAT SÉNONIEN
RÉGION DU NORD-EST
CLIMAT VOSGIEN
RÉGION DE L'OUEST
RÉGION DES PLAINES DU CENTRE
CLIMAT OCÉANIEN
CLIMAT SÉQUANIEN
RÉGION DE L'EST
CLIMAT RHODANIEN
RÉGION DES MONTAGNES DU CENTRE
CLIMAT AUVERGNIEN
RÉGION DU SUD-OUEST
CLIMAT GIRONDIN
RÉGION DU SUD
CLIMAT PROVENÇAL
Signes Conventionnels.
Limite septentrionale de la culture du Chataignier considéré comme arbre fruitier.
Limite septentrionale de la culture de la Vigne.
id — id — id — du Maïs
id — id — id — de l'Olivier
id — id — id — de l'Ulmier
Limite occid.le des arbres à feuillage toujours vert.
Observations.
La partie située au Nord-Est de la ligne AB est labourée en planches; celle située au Sud-Ouest est labourée en billons.
La partie située au Nord-Ouest de la ligne C.D détermine la limite orientale de la culture du Pin maritime, la partie située au Sud-Est de cette ligne comprend toutes les autres espèces résineuses des pays septentrionaux.
é par Erhard.
Librairie HACHETTE et Cie
Impr. Monrocq

Engrais minéraux. — 36. On appelle *engrais minéraux* les substances qui apportent à la couche arable des principes minéraux utiles à la vie des plantes, tels que la chaux, le plâtre, la potasse, la soude, le phosphate de chaux.

Tous ces engrais ne dispensent pas de l'emploi des engrais animaux et végétaux.

37. La CHAUX provient d'une pierre calcaire qu'on a fait cuire dans un four ardent et qui s'y est réduite en une masse blanche et friable : la chaux, mêlée à un peu d'eau, s'échauffe, fume, bouillonne, et forme une pâte fine et blanche dont on fait un grand usage dans les constructions.

Répandre de la chaux sèche, mais éteinte et non vive ou *brûlante* sur la terre qu'on veut féconder, c'est ce qui s'appelle la *chauler*.

La chaux convient à tous les terrains qui ne sont pas calcaires; néanmoins, sur les terrains humides, elle est inutile, parce que l'eau paralyse son action ; et sur les terres crayeuses, elle est nuisible, car elle augmente la quantité de calcaire que contient la couche arable..

Loin de se dispenser de fumer les terres chaulées, il faut les fumer avec soin ; car, comme elles produisent beaucoup, elles seraient sans cela promptement épuisées.

On chaule les champs quelquefois au printemps, plus souvent en été et au commencement de l'automne.

La quantité de chaux que l'on emploie par hectare varie selon la nature du sol et les habitudes du pays.

Voici comment on opère le chaulage : La chaux, au sortir du four, est déposée sur le sol en petits tas éloignés de 7 mètres; on la recouvre d'une couche de terre d'environ $0^m,16$, et on la laisse une huitaine de jours, pendant lesquels elle se *délite* et se réduit ensuite en poussière. Comme la terre qui couvre les tas se crevasse, on a soin de boucher les fentes pour que la pluie ne puisse y pénétrer. Puis on mêle la chaux avec de la terre, et, avant de la répandre, on attend qu'elle ait complétement achevé de se réduire en poussière, ce qui dure encore huit jours ; ensuite on répand les tas sur la surface du sol, on herse et l'on enterre la chaux par un labour peu profond. Pour faire ce travail, comme pour répandre la chaux, il faut, autant que possible, choisir un temps sec.

38. La MARNE est une terre calcaire inféconde par elle-même, mais propre à féconder les terres arables, surtout celles qui sont argileuses, sablonneuses, schisteuses et granitiques ; on la trouve en beaucoup d'endroits, sous la couche de bonne terre, à une plus ou moins grande profondeur.

Pour *marner* un champ, on dépose la marne par petits monceaux sur le sol au commencement de l'hiver : les pluies et les gelées font qu'elle se délite; en février et mars, on répand cette poudre marneuse sur toute l'étendue du champ, on laboure une fois et l'on sème de l'avoine, plante qui réussit très-bien après marnage.

L'effet de la marne ne devient pas très-sensible tout de suite; mais l'influence heureuse de cet engrais minéral se fait sentir pendant 10, 12 ou 15 ans, suivant la quantité appliquée et la richesse de la marne.

39. L'agriculture emploie diverses sortes de CENDRES dans la fertilisation des terres arables.

Les *cendres de bois* produisent un bon effet sur les sols sablonneux, schisteux et argilo-siliceux bien assainis; celles qui ont déjà servi à la lessive et qu'on appelle *charrées* ont plus d'efficacité que les autres, quoiqu'elles aient perdu beaucoup de potasse et de soude. Elles exercent une heureuse action sur les légumineuses.

Les *cendres de tourbes* sont aussi très-utiles.

On emploie dans la Picardie des *cendres noires* et des *cendres rouges* qu'on extrait du sol. Ces *cendres pyriteuses* sont très-actives. On les applique en février sur les céréales et les prairies artificielles

La *tangue* ou *cendre de mer* est un sable fin que l'on ramasse à marée basse sur certaines plages de la Normandie; elle est très-active; elle contient des sels calcaires et alcalins.

40. Le PLATRE est une espèce de pierre calcaire qu'on a réduite en poudre grise ou blanche par l'action du feu et qui, mêlée à l'eau, forme instantanément une pâte solide, très-utile dans les constructions.

Le plâtre n'améliore pas le sol, mais il fait pousser avec plus de vigueur les plantes sur lesquelles on le répand.

Les végétaux auxquels le *plâtrage* est utile sont la luzerne, le sainfoin, le trèfle, la lupuline; il ne convient pas aux prairies naturelles. Quelques cultivateurs répandent aussi du plâtre sur les haricots, sur les pois et sur les lentilles, mais les graines de ces légumineuses, quand elles ont été plâtrées, cuisent mal.

La quantité de plâtre qu'on doit employer varie entre 2 ou 3 hectolitres par hectare : elle peut être beaucoup plus considérable.

On répand le plâtre à la volée sur les plantes, lorsque leurs feuilles commencent à couvrir le sol, c'est-à-dire dans la dernière quinzaine d'avril ou dans les premiers jours de mai. Cette opération doit avoir lieu le matin ou le soir pendant la rosée, ou dans le courant du jour quand les plantes ont été mouillées et lorsque l'air est calme.

Les *plâtras* provenant de démolitions sont de précieux engrais pour les terres non calcaires ; ils renferment du salpêtre ou nitrate de potasse.

QUESTIONNAIRE.

34. Qu'est-ce qu'amender le sol?

35. Quels sont les principaux amendements ?

36. Qu'appelle-t-on engrais minéraux ? — Quels sont les principaux engrais minéraux?

37. Qu'est-ce que la chaux? — Qu'est-ce que chauler un champ? — La chaux convient-elle comme engrais à tous les terrains? — Faut-il fumer des terres chaulées ? — A quelle époque chaule-t-on les champs ? — Comment s'opère le chaulage ?

38. Qu'est-ce que la marne ? — Comment procède-t-on pour marner un champ ? — Quand l'effet de la marne devient-il sensible?

39. Quel est l'emploi des cendres ?

40. Qu'est-ce que le plâtre? — Quel est l'effet du plâtrage? — Quels sont les végétaux auxquels le plâtre est utile ? — Quelle est la quantité de plâtre qu'on doit employer ? — Quand et comment faut-il plâtrer ?

SIXIÈME LECTURE

ENGRAIS ORGANIQUES. — FUMIERS. — ENGRAIS ANIMAUX. ENGRAIS VÉGÉTAUX.

Engrais organiques. — 41. Les engrais organiques les plus usités sont le fumier, les engrais animaux et les engrais végétaux.

Le cultivateur doit s'attacher à produire beaucoup d'engrais Les engrais sont la richesse de l'agriculture : sans engrais point de belles récoltes. Avec des engrais on augmente continuellement les produits du sol. La production des engrais doit donc être le premier objet des soins du cultivateur.

Aussi jamais un cultivateur ne doit vendre ses pailles à moins d'y être contraint par une nécessité absolue ou de résider près d'une grande ville et d'y acheter des engrais ; il doit les convertir en fumier, soit en les faisant manger par des animaux, soit surtout en les utilisant comme litière.

Fumiers. — 42. L'engrais le meilleur et le plus généralement employé, c'est le *fumier ;* on appelle ainsi la litière qu'on retire de dessous les animaux et à laquelle sont alliés des crottins de chevaux ou de moutons, ou des fientes de vaches ou de bœufs.

Les fumiers les plus usités sont : le fumier de cheval, le fumier de mouton et le fumier des bêtes à cornes.

Le fumier des chevaux est chaud et actif, et convient spécialement aux terres fortes et aux terres froides ; celui des moutons est peut-être encore plus actif, et convient aux mêmes terrains ; celui des bêtes à cornes est plus onctueux, moins chaud ; son effet, moins énergique, est plus durable ; il convient surtout aux terres sablonneuses et légères.

La quantité de fumier qu'on doit répandre sur un champ varie selon la qualité du sol, les exigences des plantes qu'on veut cultiver et surtout les ressources que possède le cultivateur. En général 30,000 kilogrammes (à peu près trente voitures à un cheval) sont une fumure suffisante pour un hectare.

On doit, un mois au moins avant la semaille du froment, répandre le fumier sur le sol, et l'enterrer par un labour. On peut aussi, à l'automne et pendant l'hiver, le répandre sur les trèfles, les sainfoins qui sont en végétation.

La paille est la meilleure litière qu'on puisse placer sous les animaux. Quand on en manque, on peut y suppléer en employant les roseaux, les bruyères, les genêts et les feuilles sèches d'arbres.

On peut laisser le fumier s'amonceler dans les bergeries, parce que l'engrais que donnent les bêtes à laine est d'une nature sèche et ne les expose pas à l'humidité ; mais on doit nettoyer souvent les étables. Quant aux écuries, il est bon de les curer tous les jours.

On doit soigner le fumier jusqu'à ce qu'on l'emploie : on en fait un amas sur une surface légèrement bombée que l'on a soin de bien tasser ; ou on l'accumule dans un grand trou muni d'un puisard, dans lequel se rend le purin ou jus de fumier.

Pendant les sécheresses, pour empêcher le fumier de prendre *le blanc*, on répand sur le tas le liquide qui s'en échappe par-dessous, ou bien on l'arrose avec du *purin* ou liquide qui s'échappe des étables et des écuries.

Quand on conduit le fumier dans les champs, on en forme de petits tas à d'égales distances; puis à l'aide d'une fourche on répand très-régulièrement ces *fumerons* sur toute la surface du champ.

Engrais animaux. — 43. On appelle *engrais animaux* les débris d'animaux et les déjections qui ne sont pas mêlés à la litière, tels que le noir animal, les os concassés, le sang, la chair desséchée, les excréments humains employés à l'état frais ou transformés en poudrette, les crottins de chevaux et de moutons.

Le *noir animal* ou résidu de raffinerie contient de 60 à 70 pour 100 de phosphate de chaux. On l'utilise avec avantage dans la région de l'Ouest, sur les terres non calcaires, à la dose de 8 hectolitres par hectare. Il fournit au sol le phosphate de chaux qui est si utile à la croissance du froment et des choux. On fait alterner son emploi avec celui du fumier

Les *os concassés* jouissent des mêmes propriétés, mais ils agissent moins promptement.

La *chair desséchée* additionnée d'os en poudre est un excellent engrais.

Le *guano du Pérou*, ou excréments d'oiseaux marins, est un engrais précieux et très-actif quand il est pur. A la dose de 300 kilogrammes par hectare, il remplace les effets produits par 20,000 kilogrammes de fumier pendant l'année qui suit l'application de cette fumure.

La *poudrette*, ou excréments humains desséchés, est très-fertilisante quand elle est pure; malheureusement elle est souvent alliée à une certaine quantité de matière terreuse ou de tourbe.

On utilise ordinairement les déjections des moutons au moyen du *parcage*. Cette opération consiste à faire séjourner les moutons sur le champ que l'on veut fumer : on les enferme dans des enclos nommés *parcs*, qu'on forme avec des claies, et où ils passent la nuit ou seulement cinq à six heures lorsqu'ils reviennent du pâturage. Chaque bête fertilise 1 mètre carré par chaque *coup de parc*. On donne ordinairement deux coups de parc pendant la nuit, et un au milieu du jour lorsque les animaux, pendant l'été, pâturent sur des terres bien herbues.

Le berger couche hors du parc des moutons, dans une petite cabane roulante.

On commence le parcage en mai ou en juin, et on cesse en septembre ou octobre.

Engrais végétaux. — 44. On appelle *engrais végétaux* les matières fertilisantes fournies par les végétaux : *engrais vert* les plantes que l'on enfouit en vert pendant leur floraison ; *engrais végétaux secs*, les *tourteaux* ou *trouilles* qui proviennent des graines oléagineuses et les *marcs de pomme ou de raisin*. Ces sortes d'engrais sont très-utiles, quoiqu'ils soient loin de valoir les fumiers et les engrais animaux.

Les plantes que l'on emploie principalement comme engrais vert sont, dans le midi de la France, le lupin blanc ; dans le Nord et dans le Centre, le sarrasin, le colza et la navette ; dans l'Ouest, le *goëmon* ou varech qu'on ramasse sur le bord de la mer ou que l'on récolte sur les rochers à marée basse.

QUESTIONNAIRE.

41. Pourquoi est-il nécessaire de fumer les champs? — Quels sont les principaux engrais organiques? — Pourquoi le cultivateur doit-il produire beaucoup d'engrais? — Un cultivateur doit-il vendre de la paille?

42. Quel est l'engrais le meilleur et le plus généralement employé? — Quelles sont les diverses sortes de fumier? Quel en est l'emploi? — Quelle est la quantité de fumier qu'on doit répandre sur un champ? Quand et comment fume-t-on? — De quoi forme-t-on la litière des animaux? — Doit-on laisser le fumier s'amonceler dans les étables? — Comment soigne-t-on le fumier jusqu'à ce qu'on l'emploie? — Comment répand-on le fumier sur les champs? — Comment, pendant les sécheresses, empêche-t-on le fumier de perdre ses propriétés fertilisantes?

43. Qu'appelle-t-on engrais animaux, et quels sont les plus importants? — Qu'est-ce que le parcage?

44. Qu'appelle-t-on engrais végétaux? — Quelles sont les plantes que l'on emploie généralement comme engrais vert?

SEPTIÈME LECTURE

CHARRUES. — LABOURS. — ANIMAUX D'ATTELAGE.

45. *Labourer* la terre, c'est la couper, la soulever, la diviser, et la renverser à l'aide d'un instrument nommé *charrue*, et traîné par des animaux.

Charrues. — 46. Il y a deux principales sortes de charrues: celles qui ont un avant-train avec une ou deux roues, ce sont les *charrues ordinaires* (fig. 10); et celles qui n'ont point d'avant-train, qu'on appelle *araires* ou *charrues simples* (fig. 11).

Les formes de ces charrues sont diversifiées à l'infini. Le cultivateur habile et prudent doit choisir celle qui convient le mieux à son terrain et aux habitudes de son pays.

Voici la description de la charrue ancienne avec avant-train:

L'*age* est la flèche en bois qui s'attache au joug des animaux ou à l'avant-train, et à laquelle tient le *corps* de la charrue; le *sep* est la pièce qui soutient le soc dans quelques charrues anciennes, et qui glisse au fond du sillon de manière à s'appuyer contre la terre non encore labourée, du côté opposé au versoir ;

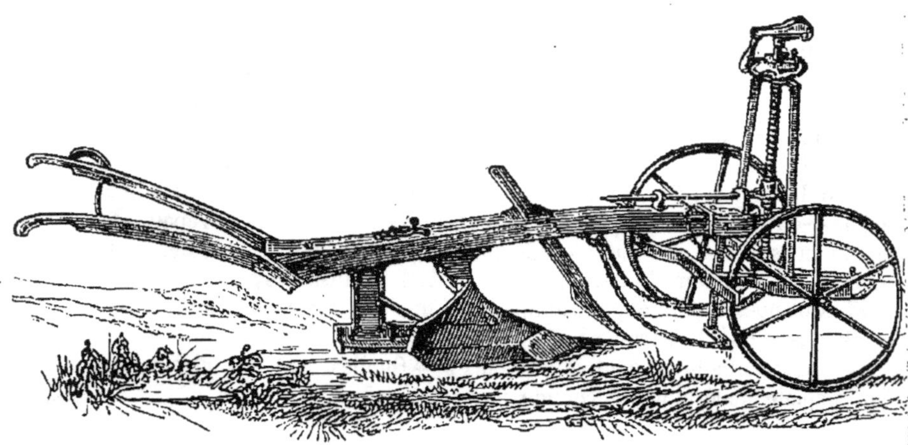

Fig. 10. — Charrue Dombasle avec avant-train.

le *coutre*, espèce de grand couteau, fend verticalement la terre, le *soc* la coupe horizontalement et la soulève, le *versoir* la retourne ; les *mancherons*, que le laboureur doit manier habile-

Fig. 11. — Charrue simple ou araire.

ment, servent à diriger et maintenir la charrue ; quelquefois, au lieu de deux mancherons, la charrue n'a qu'un seul *manche*, que le laboureur tient d'une main tandis que de l'autre main il tient un fouet ou un aiguillon pour conduire l'attelage.

Pour faire un versoir en bois, on fait choix d'un bois très-dur, susceptible d'un bon poli, afin que la terre y glisse facilement. Le poirier, le prunier, le sorbier, sont les bois les plus convenables ; on emploie aussi le chêne, le fer ou la fonte.

On doit employer pour l'age un bois résistant, comme le frêne ou l'orme.

Il ne faut pas faire les mancherons d'un bois très-léger, parce qu'ils doivent être en état de résister aux efforts du laboureur ; on les fait ordinairement en chêne.

L'avant-train doit être en bois léger ; les roues peuvent être en fer.

Il ne faut employer à la construction des charrues que du bois parfaitement sec ; autrement, la pluie et l'humidité du sol le feraient gercer et fendre. En général, les sols humides et ceux qui sont exposés au couchant produisent des bois d'une qualité inférieure ; si on a le choix, il faut préférer ceux qui croissent dans les endroits secs et pierreux.

Le coutre est en fer ; il est adapté à la charrue, de telle sorte qu'en peut le descendre à volonté.

Le fer qui sert à fabriquer les socs doit être de très-bonne qualité ; la pointe et l'aile doivent être aciérées. Si la terre est forte, l'aile doit être coupante ; autrement elle éprouverait trop de résistance pour couper horizontalement la bande de la terre; si elle est pierreuse, on rend la pointe très-aiguë, afin que la charrue pénètre mieux et ait plus de fixité (fig. 11).

La charrue sans avant-train, la plus répandue en France, a été imaginée par Mathieu de Dombasle.

On emploie dans le nord de la France une charrue à versoir mobile ou à double corps que l'on désigne sous le nom de *charrue tourne-oreille* ou *double-brabant*. Cet instrument est en fer; il exécute un excellent travail sur les terres argilo-siliceuses profondes.

Labours. — 47. Assez ordinairement on dirige le labour dans le sens de la pente du terrain, pour donner aux eaux un écoulement plus facile. Mais sur les coteaux et sur les pentes roides, on laboure en travers, non-seulement pour que l'attelage se fatigue moins, mais afin que les engrais et la terre remuée soient moins facilement entraînés en automne et en hiver, lors des grandes pluies.

La profondeur du labour doit varier selon l'épaisseur et la qualité du sol arable, selon les saisons et la quantité de fumier qu'on peut appliquer par hectare, et aussi selon la profondeur des racines des plantes que l'on cultive.

Le premier labour que l'on donne à la terre doit être le plus profond, afin que la terre bien retournée ait le temps de mûrir; mais c'est ce qu'on ne peut pas toujours faire. Quand le terrain est trop dur, et qu'on ne peut pas, la première fois, faire entrer assez profondément le soc, on tâche de le faire pénétrer plus profondément dans les labours qui ont lieu plus tard.

Les terrains légers, sablonneux et chauds exigent moins de labours que les terres fortes. Il faut aussi éviter de multiplier les labours sur les pentes très-rapides, de peur que la terre trop longtemps soulevée par la charrue ne soit entraînée plus facilement par les pluies abondantes. Les terres argileuses exigent des labours d'autant plus fréquents qu'elles sont plus tenaces; malheureusement, ces labours sont pénibles et coûteux. Il faut les faire à propos, et éviter de les répéter sur les terres compactes peu de temps avant l'époque des semailles d'automne.

On peut labourer à peu près en tout temps les terrains légers qui ne retiennent pas l'eau. Il n'en est pas de même des autres et surtout des sols calcaires : s'ils sont trop trempés par les pluies, tantôt la terre s'attache au soc et au versoir de la charrue, tantôt elle est soulevée en bandes très-peu divisées, qui ensuite, se séchant, deviennent fort dures, et les animaux attelés à la charrue, en piétinant le sol, le gâtent encore. Lorsque ces mêmes terrains sont trop secs, il est presque impossible de les travailler : ils se partagent en mottes très-dures que la herse ne peut diviser.

Pour labourer avec avantage les terrains argileux, il faut choisir le moment où les pluies ont pénétré suffisamment le sol, sans cependant le trop tremper.

48. On peut labourer à plat ou en billons.

On laboure *à plat*, lorsque la charrue à versoir fixe, tournant autour d'une ligne droite, renverse les bandes de terre les unes contre les autres ou lorsque la charrue tourne-oreille ou à versoir mobile, en allant et en revenant, jette toujours la terre du même côté, et remplit successivement chaque raie, en traçant une autre raie auprès, en sorte que la pièce de terre ainsi labourée présente une surface unie.

Labourer *en billons*, c'est laisser, de distance en distance, des sillons, et élever la terre qui se trouve entre ces raies profondes.

Il y a des cas où il peut être utile de labourer en petits billons, c'est lorsque la couche arable est peu profonde et repose sur un sous-sol imperméable et qu'on a peu de fumier à employer ; généralement, il vaut mieux labourer à plat les terrains à sous-sols un peu perméables, ce qui n'empêche pas de pratiquer dans le sol quelques sillons servant de rigoles d'écoulement pour les eaux.

Les animaux qu'on attelle le plus souvent à la charrue sont les chevaux et les bœufs ; on y attelle aussi les mulets et quelquefois les vaches. Il y a même des pays dont le sol est extrêmement léger, où la charrue est tirée par des ânes.

Le travail des chevaux est plus prompt, celui des bœufs est plus uniforme. Les bœufs coûtent moins à nourrir, mais les chevaux font, en outre, des charrois pour lesquels on ne saurait employer les bœufs à cause de leur lenteur.

Au printemps, en été et au commencement de l'automne, pour ne pas trop fatiguer les animaux, on fait deux attelées par jour, l'une le matin, l'autre dans l'après-midi : la première de cinq à onze heures, ou de quatre à dix ; la seconde, de une à six ou de deux à sept heures. En hiver et à la fin de l'automne, on ne fait qu'une attelée, qui dure environ cinq heures.

Pour que le labour soit bon, il faut qu'il soit bien égal, que la terre soit bien remuée, et que les bandes soient parfaitement renversées suivant un angle de 45 degrés environ.

On dit que le labour est égal quand les raies ouvertes par la charrue sont partout à égale distance les unes des autres, et quand elles ont la même profondeur.

Voici comment le laboureur doit disposer sa charrue avant d'entamer la pièce de terre.

S'il veut labourer profondément avec une charrue ancienne munie d'un avant-train, il aura soin que l'age soit peu avancé sur l'avant-train; au contraire, il avancera l'age sur l'avant-train, s'il veut que le labour soit peu profond.

Si la charrue n'a pas d'avant-train, il élèvera ou abaissera le régulateur ou la ligne de tirage. En traçant les premières raies, il reconnaîtra s'il a élevé le régulateur trop ou trop peu.

Le laboureur commence la première raie en attaquant modérément la couche arable. Ce n'est qu'à la troisième raie qu'il fait pénétrer le soc à la profondeur que doit avoir le labour. Alors, en voyant la charrue avancer, il reconnaît s'il donne au labour la profondeur voulue; si le soc n'est point entré assez avant, il arrête également, et abaisse l'age. Quand la charrue *pique* à la profondeur voulue, il s'occupe à diriger la pointe du soc en droite ligne, en tenant toujours les mancherons, afin que le soc ne s'écarte ni à droite ni à gauche.

En poursuivant son travail, le laboureur doit continuer d'appuyer sur les mancherons s'il dirige une charrue avec avant-train, mais plus légèrement qu'il n'avait fait pour entamer le terrain, et il doit diriger son attention du côté du versoir, afin de s'assurer si la terre est renversée d'une manière convenable.

Après avoir achevé une *raie*, le laboureur, avant d'en recommencer une autre, doit détacher la terre qui adhère au versoir et au sep, et débarrasser la charrue des racines et des herbes qui s'y arrêtent souvent. Il doit aussi examiner si, dans le cours du travail, sa charrue ne s'est pas dérangée.

QUESTIONNAIRE.

45. Qu'est-ce que labourer ?

46. Quelles sont les deux principales sortes de charrues ? — Quelle est la forme de ces charrues, et laquelle doit-on préférer ? — Donnez la description de la charrue. — De quel bois doivent être faits le sep et le versoir? — De quel bois doit-on faire l'age ? — De quel bois doit-on faire les manches ou mancherons ? — De quel bois doit-on faire l'avant-train ? —

Comment doit être le coutre? — De quel fer faut-il se servir pour le soc?

47. Dans quel sens doit-on labourer? — Quelle doit être la profondeur des labours? — Quand on doit faire plusieurs labours, commence-t-on par le plus profond? — Quelles sont les terres qu'on doit labourer souvent? — Peut-on labourer en tout temps? — Quel moment faut-il choisir pour labourer avec avantage?

48. Qu'est-ce que labourer à plat? — Qu'est-ce que labourer en billons? — Laquelle de ces deux méthodes est la plus avantageuse? — Quels sont les animaux qu'on attelle à la charrue? — Quel est le travail le plus avantageux, celui des bœufs ou celui des chevaux? — Quelle doit être chaque jour la durée du travail des attelages? — Quelles sont les conditions d'un labour bien fait? — Quand dit-on que le labour est égal? — Comment le laboureur doit-il disposer sa charrue avant d'entamer la pièce de terre? — Comment le laboureur trace-t-il le premier sillon? — En continuant le sillon, le laboureur doit-il continuer d'appuyer sur les manches? — Que doit faire le laboureur après avoir achevé un sillon?

HUITIÈME LECTURE

HERSE. — HERSAGE. — ROULEAU, ROULAGE. — SCARIFICATEUR. HOUE A CHEVAL. — BUTTOIR. — SARCLAGE, BINAGE.

Il ne suffit pas de labourer un champ avec la charrue; il est souvent nécessaire de le herser.

Herser, c'est, après avoir labouré, briser et émietter les mottes ou enterrer des semences, et par là unir la surface du sol.

Herse. — 49. L'instrument qui sert à herser s'appelle *herse* (fig. 12).

La herse la plus simple est un fagot d'épines attaché à une pièce de bois chargée de pierres, et tiré ordinairement par un cheval. Cette herse grossière unit très-bien la surface des terres légères; mais, comme le frottement brise bientôt les rameaux épineux et qu'il faut sans cesse les remplacer, on a imaginé de faire des herses plus solides, plus énergiques et capables de servir plus longtemps. Elles consistent en un châssis de bois à trois ou quatre côtés, et hérissé en dessous de dents de fer ou de bois.

Pour construire solidement une herse, on doit choisir du bois très-dur, coupé au moins depuis deux ans ; si le bois n'est pas parfaitement sec, on aura beau faire entrer les dents de fer ou de bois dans les trous, ces derniers s'élargiront, et les dents tomberont l'une après l'autre, pour peu que le temps soit sec et chaud. Il faut aussi que les diverses pièces de l'instrument

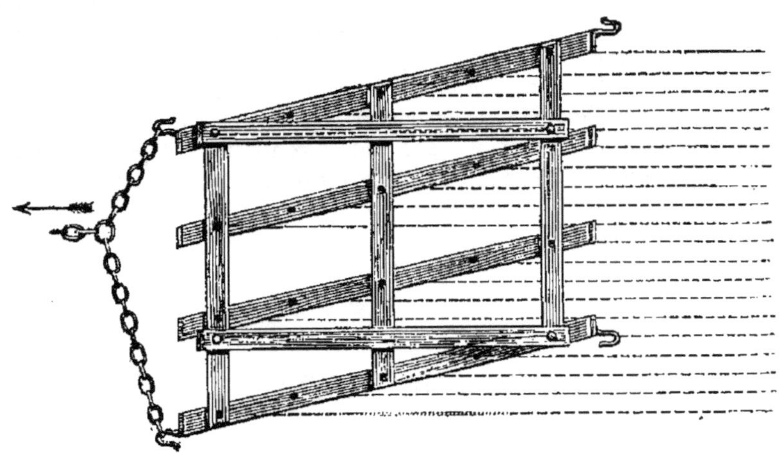

Fig. 12. Herse perfectionnée de Valcour.

soient parfaitement ajustées ; car pour peu qu'elles ballottent dans les mortaises, elles seront bientôt séparées et brisées.

Hersage. — 50. Après le labour, on ne doit point herser trop tôt, afin de laisser à la terre le temps de prendre l'air ; on ne doit pas non plus herser trop tard, parce que le sol pourrait avoir le temps de se durcir, et le hersage deviendrait bien plus pénible. Il faut avoir aussi égard à la nature du terrain. Sur les sols légers, le hersage est plus facile, et l'on trouve aisément le moment favorable. Mais sur les terres fortes il n'en est pas de même. Quand les mottes sont trop humides, elles se pétrissent sous les pieds des animaux, et fléchissent sous l'action des dents ; lorsqu'elles sont trop sèches, elles sont déplacées sans être divisées, et la herse ne fait que sautiller irrégu lièrement sur le sol. Il faut choisir l'instant où la terre est suffisamment ressuyée, sans avoir perdu toute son humidité. Quand la herse n'est pas assez lourde, et qu'elle va par soubresauts continuels, sans écraser les mottes et sans émietter toute la surface du sol, il faut la charger de pierres.

Rouleau, roulage. — 51. Souvent, après avoir hersé, on roule. *Rouler*, c'est faire passer sur le terrain un rouleau uni de bois, de pierre ou de fonte, traîné par les animaux d'attelage. Le roulage convient à toutes sortes de terrains, surtout aux terres légères, siliceuses et calcaires. Les roulages exécutés sur les sols légers sont appelés *plombages;* ils permettent à la couche arable de conserver plus facilement sa fraîcheur.

Il y a de l'avantage à rouler les blés dans le courant de mars ou avril si le sol a été labouré à plat, surtout quand ils ont souffert d'un hiver rigoureux.

On roule les avoines nouvellement levées, afin d'écraser les mottes, d'enfoncer les pierres et de rendre par là la fauchaison plus facile.

La plupart des rouleaux sont situés au milieu d'un châssis de bois, dans lequel les extrémités des essieux ou tourillons sont emboîtées.

On se sert aussi, pour briser les mottes sur les sols argileux et calcaires, de rouleaux en fonte armés de pointes nombreuses ou de rouleaux en bois portant de fortes dents que l'on appelle *rouleaux brise-mottes* (fig. 13).

Scarificateur. — 52. Le *scarificateur* est un instrument destiné à pulvériser le sol plus profondément en le soulevant et en le divisant, mais sans le retourner.

Le scarificateur n'est autre chose qu'une grande herse solidement établie, armée de dents très-fortes, longues et légèrement recourbées à leur partie inférieure, et montées sur des roues mobiles qui servent à régler l'*entrure* des dents. L'instrument peut facilement être traîné par un attelage de trois chevaux.

Houe à cheval. — 53. La *houe à cheval* est un instrument qui se compose de plusieurs fers de houe, fixés sur un bâti en bois avec ou sans avant-train, et traîné par un cheval.

La houe à cheval rend d'utiles services dans la culture des

plantes sarclées en lignes ; avec elle, un homme et un cheval accompagnés d'un enfant qui tient l'animal par la bride et le

Fig. 15. — Rouleau Crosskil ou brise-mottes.

conduit entre les rangées des plantes, peuvent biner en un seul jour un hectare et demi de terre. Il ne reste plus alors qu'à don-

Fig. 14. — Buttoir-Bodin.

ner un binage à la main entre les plantes situées sur les lignes, ce qui se fait promptement et à peu de frais.

Buttoir. — 54. Le *buttoir* (fig. 14) est une charrue double ou à deux versoirs mobiles, avec laquelle on butte les pommes terres, les topinambours et le maïs.

Cet instrument sert aussi à ouvrir des rigoles d'assainissement après les semailles d'automne sur les terres à sous-sol imperméable.

On peut substituer aux animaux d'attelage des machines à vapeur pour traîner la charrue, le scarificateur et la herse. Cette innovation a été déjà introduite sur quelques exploitations d'une grande étendue.

Sarclage, binage. — 55. Il est indispensable de sarcler les blés, les avoines, le lin, etc. *Sarcler* une récolte, c'est arracher cette prodigieuse quantité d'herbes qui pullulent dans les champs, y mûrissent, s'y ressèment chaque année, et nuisent autant à la propreté des récoltes qu'à leur produit. On doit détruire les plantes indigènes avant qu'elles aient passé fleur, au moins celles de ces herbes qui nuisent le plus aux céréales par leur élévation ou par l'étendue de leurs racines ou de leurs feuilles : telles sont les hièbles, les nielles, les pavots ou coquelicots, les ivraies, la moutarde sauvage, la ravenelle, la folle avoine, le mélampyre ou blé de vache et surtout les chardons.

Ce sont ordinairement des femmes et des enfants qui sarclent ; ils arrachent les mauvaises herbes à la main, ou à l'aide d'une binette légère lorsque le froment a été semé en lignes.

On ne saurait fixer l'époque du sarclage. Généralement, c'est au printemps qu'il faut sarcler, lorsque la terre est convenablement ressuyée et avant que les plantes ne soient très-développées. Mais ce qui importe le plus, c'est de détruire les végétaux nuisibles avant qu'ils ne montent en graine; autrement, leurs semences, tombant sur le sol, produiraient une foule de mauvaises herbes qui souilleraient la terre pendant plusieurs années.

Il est aussi très-utile de biner les plantes cultivées en lignes, comme les betteraves, le colza, le pavot, le tabac, le maïs, etc. *Biner* une culture, c'est ameublir le sol et détruire les mauvaises herbes qui y croissent, soit avec une binette, soit à l'aide d'une serfouette.

C'est au printemps et pendant l'été qu'on exécute les

binages. Celui qu'on opère quelques semaines après la levée des betteraves, des carottes, du pavot-œillette, est difficile à exécuter ; on doit éviter de détruire les jeunes plantes et de les couvrir de terre. Le deuxième et le troisième binages présentent moins de difficultés parce que les plantes sont très-apparentes.

Un ouvrier habile peut biner de 12 à 18 ares par jour, selon la force des plantes.

On doit opérer autant que possible après une pluie et par un beau temps, afin que les plantes déracinées puissent périr très-promptement.

QUESTIONNAIRE.

49. Suffit-il de labourer un champ avec la charrue? — Qu'est-ce que herser? — Décrivez la herse? — Quelles précautions doit-on prendre pour construire solidement une herse?

50. Quand et comment doit-on herser ?

51 Qu'est-ce que rouler? — Quand roule-t-on les blés et les avoines? — Comment les rouleaux sont-ils mis en mouvement? — A quoi servent les rouleaux armés de pointes?

52. Qu'est-ce que le scarificateur?

53. Qu'est-ce que la houe à cheval?

54. Quel est l'instrument que l'on appelle buttoir, et quelle est sa destination? — Ne peut-on pas employer les machines à vapeur pour remplacer les instruments aratoires et les animaux d'attelage dans le travail du sol?

55. Qu'est-ce que sarcler? — Comment se font les sarclages? — A quel moment doit-on opérer? — Qu'est-ce que biner? — Quelles précautions doit-on prendre quand on opère un premier binage?

NEUVIÈME LECTURE

DESSÉCHEMENT A L'AIDE DE FOSSÉS. — DRAINAGE. — MARAIS ET ÉTANGS.

Desséchement à l'aide de fossés. — 56. *Assainir* le sol, c'est le dessécher, c'est-à-dire le débarrasser des eaux surabondantes et des eaux stagnantes. On y parvient si le sol a suffisamment de pente, en pratiquant des fossés et des rigoles ouvertes, qui reçoivent les eaux surabondantes et les conduisent dans le ruisseau le plus voisin.

Quand le terrain n'a point de pente, ou quand on n'a pas de cours d'eau dans le voisinage, le dessèchement est bien plus difficile. On peut cependant venir à bout de l'opérer en labourant la couche arable en gros billons ou en planches étroites et très-convexes.

En Hollande et dans les Moëres de Dunkerque on emploie un procédé aussi simple qu'ingénieux pour délivrer des eaux surabondantes les plaines qui n'ont ni pente ni écoulement, et qui même sont plus basses que le niveau des rivières. On enlève les eaux à l'aide de pompes aspirantes et foulantes que font mouvoir des moulins à vent : l'eau ainsi élevée est rejetée dans un des nombreux canaux qui sillonnent le pays.

Drainage. — 57. On dessèche aussi les terrains humides au moyen de rigoles couvertes garnies intérieurement de pierres (fig. 15), de fascines et de tuyaux en terre cuite (fig. 16) placés bout à bout, et longs de 30 à 33 centimètres. L'eau passe entre les pierres ou dans les tuyaux, et suit le canal qu'ils offrent à son écoulement. C'est ce qu'on appelle *drainage.*

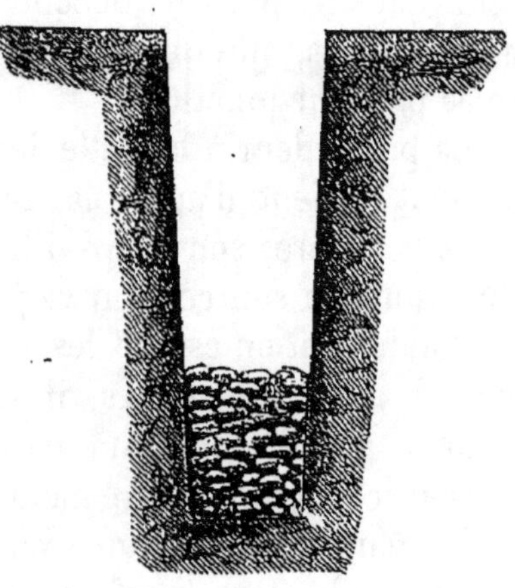

Fig. 15. — Drain empierré.

Les *drains* ou conduits doivent être bien droits. Pour fabriquer les tuyaux, on emploie des argiles qu'on extrait à la fin de l'automne ; après l'hiver on pétrit ces matières fortement et on les place dans des machines destinées à la fabrication des tuyaux de drainage ; on laisse sécher les tuyaux pendant un mois ou deux avant de les soumettre à l'action du feu.

L'ensemble du drainage se compose de drains qui versent leurs eaux dans d'autres grands drains appelés *collecteurs ;* les collecteurs débouchent dans un fossé.

Il y a le *drainage régulier* et le *drainage partiel.*

Le premier consiste à disposer des drains par séries de lignes parallèles également espacées. Les collecteurs sont placés dans les parties basses du terrain. Ce mode est le plus fréquemment employé.

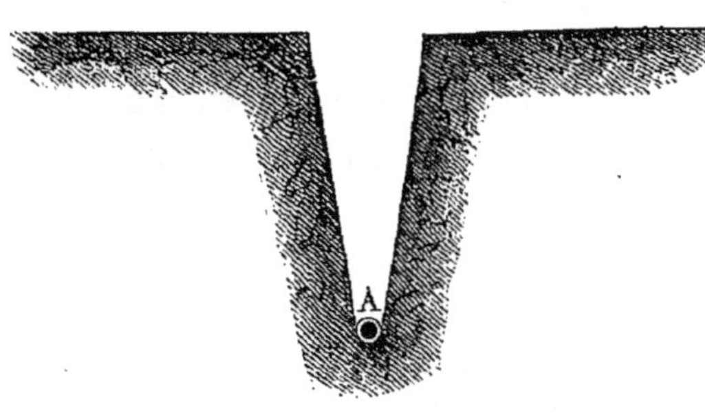

Fig. 16. — Drain avec tuyaux.

Le drainage partiel consiste surtout à établir les collecteurs d'après les lignes de dépression du sous-sol, plutôt que d'après celle de la superficie, et cela dans le but d'aller chercher les eaux souterraines au point où elles sourdent, et de leur procurer un écoulement facile.

Dans tous les cas, les drains doivent former avec les collecteurs dans lesquels ils débouchent des angles aigus et non des angles droits, afin que la vitesse des courants ne soit pas diminuée par leur jonction.

La profondeur à laquelle les drains sont placés et leur espacement varient d'après la disposition des couches du sol, et surtout d'après son degré d'humidité. Quand il y a dans le sol beaucoup de sources, on va jusqu'à 1 mètre 30 centimètres de profondeur et on espace les drains de 10 à 12 mètres. S'il y a peu ou point de sources, il suffit, en moyenne, d'une profondeur de 1 mètre et d'un espacement de 15 à 20 mètres; l'inclinaison ne doit jamais être moindre de 1 à 2 millimètres par mètre.

Le diamètre des tuyaux varie depuis $0^m,02$ jusqu'à $0^m,08$. Ceux du plus fort diamètre sont employés comme collecteurs.

Pour établir les drains, on ouvre des tranchées dans le sol; la largeur de ces fossés diminue à mesure que l'on descend, de sorte que dans le bas elle est à peine supérieure au diamètre du tuyau A (fig. 16).

Quand la tranchée est terminée et bien plombée dans sa partie inférieure, on y place les tuyaux bout à bout, de manière que les ouvertures soient dans un contact aussi parfait que possible. On pose sur le joint un fragment de tuyau, l'on tasse modérément la terre dessus, et l'on comble la tranchée avec la terre qu'on en avait extraite.

Marais et étangs. — 58. C'est entreprendre une œuvre utile et rendre service à son pays que de dessécher les marais.

On appelle *marais* des terrains où l'eau n'a point d'écoulement, et qui sont en partie submergés ; on n'y observe que des plantes aquatiques.

Non-seulement les marais sont improductifs, mais les vapeurs qui s'en exhalent sont nuisibles à la santé des hommes.

Il ne faut pas confondre les marais avec les étangs.

Les *étangs* sont de vastes espaces remplis d'eau où l'on nourrit des poissons et que l'on peut tarir à volonté, en lâchant les bondes et en détournant le ruisseau qui les alimente.

Assez ordinairement on dessèche un étang tous les trois ans, et l'on en pêche alors tout le poisson ; puis on cultive le sol desséché en céréales, surtout en avoine, sans y mettre d'engrais ; après une ou deux récoltes, on remet le terrain en étang. Ce mode de culture est connu sous le nom d'*évolage*

QUESTIONNAIRE.

56. Qu'est-ce qu'assainir le sol ? — Comment assainit-on le terrain ? — Comment dessèche-t-on en Hollande les terrains qui n'ont point de pente ?

57. Qu'est-ce que le drainage ? — Comment doit-on établir les drains ? — Faites connaître la fabrication des tuyaux. — En quoi consiste l'ensemble du drainage ? — Parlez du drainage régulier. — Du drainage irrégulier. — Comment les drains doivent-ils déboucher dans les collecteurs ? — A quelle profondeur doivent être placés les drains et quel doit en être l'espacement ? — Quel est le diamètre des tuyaux ? — Comment ouvre-t-on les tranchées ? — Comment place-t-on les tuyaux dans les drains ?

58. Qu'est-ce que les marais ? — Est-il nécessaire de les dessécher ? — Qu'est-ce qu'un étang ? — Quelle est la manière de tirer parti des étangs ?

DIXIÈME LECTURE

IRRIGATIONS. — QUALITÉS DE L'EAU. — QUANTITÉ D'EAU NÉCESSAIRE. MODES D'IRRIGATION. — ARROSAGES.

Irrigations. — 59. Les irrigations ont pour but de fournir aux plantes l'eau dont elles ont besoin.

Irriguer, c'est faire arriver sur un terrain pendant un temps déterminé une eau courante, afin qu'elle imbibe la couche arable aussi complétement que possible, et qu'elle tempère l'action fâcheuse d'une trop grande chaleur.

Généralement, les irrigations sont beaucoup plus utiles dans la région du Midi que dans celle du Nord-Ouest.

Qualités de l'eau. — 60. Les eaux qu'on utilise dans les irrigations sont tantôt limoneuses, tantôt limpides. Les premières sont très-utiles, parce qu'elles déposent sur le sol un limon fertilisant, mais on doit éviter de les employer sur des prairies naturelles en végétation, parce qu'elles laissent sur les tiges et les feuilles des parties sablonneuses qui nuisent à la qualité de l'herbe ou du foin. Les secondes peuvent être utilisées à tous les moments de l'année et pour toutes les cultures.

61. Les eaux qui proviennent de terrains granitiques, des grès rouges et des sols volcaniques, tiennent en dissolution des sels de potasse et de soude ; elles sont très-utiles aux plantes. Il en est de même des eaux pluviales, des eaux des rivières et des étangs peuplés de poissons.

Les *eaux les plus mauvaises* sont celles qui sortent des forêts et des terrains tourbeux ; celles qui sont séléniteuses ou chargées de sels calcaires ou trop froides sont aussi peu favorables à la vie des plantes agricoles.

On améliore les eaux trop froides en les conservant quelque temps dans des réservoirs, et les eaux acides en les faisant passer à travers un bassin contenant de la chaux éteinte et en pâte.

Quantité d'eau nécessaire. — 62. Dans la région du Midi

où la chaleur est très-élevée et l'évaporation considérable, les arrosages demandent plus d'eau que dans le Nord, où le climat et la terre sont plus humides, où la chaleur est moins forte, où les plantes ont moins besoin d'eau.

Généralement 1 hectare exige de 8,000 à 10,000 mètres cubes d'eau, suivant la nature du terrain.

Selon la perméabilité du sol, on arrose tous les 10, 12, 15 ou 20 jours, pendant les six mois que dure la saison des arrosages.

Modes d'irrigation. — 63. On connaît quatre modes d'irrigation : l'irrigation par reprises d'eau, ou celle dite irrigation proprement dite, l'irrigation par infiltration, l'irrigation par immersion et l'irrigation sur ados.

64. Les *irrigations ordinaires* ou par *ruissellement* consistent à diriger l'eau de manière qu'elle soit courante et arrose successivement plusieurs parties situées les unes au-dessous des autres.

Ainsi, on creuse le *canal d'amenée* ou de *dérivation* dans la partie supérieure du terrain qu'on veut arroser, on ouvre ensuite de petits *canaux distributeurs* ou *alimentaires* qui conduisent l'eau dans les rigoles de *déversement* ou d'*arrosement*.

Le canal de dérivation est presque de niveau. Quant aux canaux distributeurs et aux rigoles de déversement, on les exécute de deux manières, soit parallèlement, soit un peu obliquement à la pente du sol. On fait déverser l'eau sur le gazon en plaçant çà et là, dans les rigoles d'arrosement, de petits barrages.

L'eau ne doit pas être très-ruisselante. Quand sa vitesse est grande, elle ravine très-souvent la prairie. On la laisse couler sur les mêmes endroits, pendant vingt-quatre à quarante-huit heures, pour la diriger ensuite sur d'autres points de la prairie

Lorsque les terrains sont très en pente et à surface irrégulière, on creuse les rigoles de déversement de manière à ce qu'elles soient de niveau.

Dans les irrigations ordinaires, *l'eau doit courir partout et ne séjourner nulle part.*

65. Les *irrigations par infiltration* sont plus faciles à établir. Elles consistent à faire arriver l'eau dans les rigoles sans

qu'elle se déverse sur le sol. L'eau séjourne dans les rigoles jusqu'à ce que la couche arable soit entièrement imbibée.

Ces irrigations sont en usage dans la région du Midi, pour la culture des céréales, de l'oranger, de la garance et des plantes odoriférantes.

66. Les *irrigations par submersion* et *immersion* ne sont possibles que lorsqu'on peut disposer, à un moment donné, d'une grande quantité d'eau et quand les terres qu'on veut arroser sont presque planes et entourées de petites levées destinées à retenir l'eau sur la partie inondée.

Ces irrigations sont analogues à l'opération dite *colmatage* quand elles sont faites avec des eaux très-limoneuses.

Soit qu'on utilise une eau limpide, soit qu'on inonde un terrain avec des eaux troubles, on doit faire écouler les eaux quand le sol est entièrement imbibé ou lorsque les eaux sont devenues limpides.

67. Les *irrigations sur ados* ou *irrigations vosgiennes* sont spécialement utiles sur les terrains horizontaux. Elles sont pratiquées très en grand dans la région de l'Est et dans la Lombardie, sur des planches bombées de 8, 10, 12 et 15 mètres de largeur, selon la perméabilité du terrain.

Les deux versants de ces planches présentent des surfaces

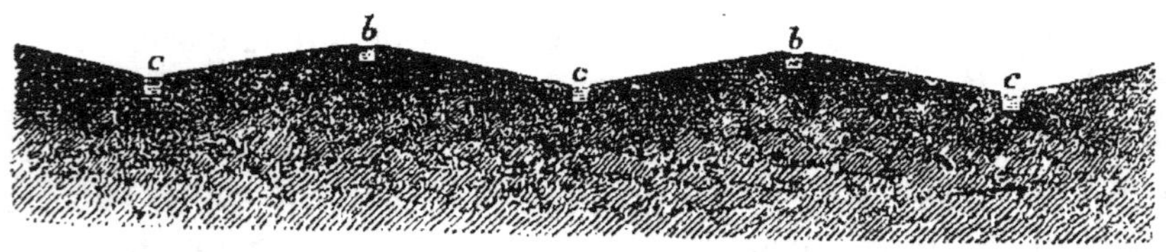

Fig. 17. — Irrigation sur ados.

bien nivelées. Le milieu de chaque ados (fig. 17) offre une rigole de déversement *b*, *b*, et toutes les planches sont séparées par un petit canal *c*, *c*, *c*, destiné à recevoir les eaux qui les ont arrosées.

Lorsqu'on veut irriguer, on fait arriver l'eau dans les rigoles de déversement, et on arrête son courant à l'aide d'un petit barrage qu'on déplace une ou deux fois par jour. Lorsque cette rigole est de niveau et qu'on a suffisamment d'eau, on arrose à la fois les deux *ailes* ou les deux versants de la planche.

Chaque année, comme pour les irrigations par reprise d'eau, on nettoie les rigoles d'arrosement, la *tête d'eau* ou canal de dérivation et les *fossés d'écoulement*, afin que les eaux y circulent librement. On doit éviter d'augmenter leur largeur et leur profondeur.

Arrosages. — 68. La culture des légumes exige beaucoup d'eau, et conséquemment de nombreux arrosages.

Dans les localités où les terrains destinés à la culture des légumes sont traversés par des ruisseaux, on creuse de petits canaux dans des directions diverses, et chaque canal est muni d'une ou plusieurs planchettes ou petites vannes, afin de pouvoir y arrêter l'eau à volonté.

Lorsqu'on veut arroser une planche, on débouche la rigole qui la limite, pour que l'eau y circule, et, au moyen d'une longue écope ou d'une pelle, on répand l'eau sous forme de pluie sur toute la partie qui doit être arrosée.

Dans les jardins ordinaires on arrose avec un *arrosoir*. Lorsqu'on veut *mouiller* un semis, on se sert d'un arrosoir muni d'une *pomme* percée de petits trous; quand on veut donner beaucoup d'eau à une plante, on enlève la pomme et on arrose avec le bec de l'arrosoir.

On doit arroser, autant que possible, le soir, à moins que les nuits soient longues et fraîches. Quand on opère le soir pendant les grandes chaleurs, l'eau a le temps, pendant la nuit, de pénétrer la couche arable et de rafraîchir les plantes. Si on arrosait le matin, l'eau s'évaporerait sous l'action du soleil et profiterait peu aux végétaux. Quand il survient des sécheresses, on arrose souvent soir et matin.

QUESTIONNAIRE.

59. Qu'appelle-t-on irrigation?

60. Quelles sont les eaux qu'on utilise dans les irrigations?

61. Quelles sont les eaux qu'on regarde comme nuisibles? — Comment peut-on corriger les défauts des eaux acides?

62. Quelle est la quantité d'eau nécessaire pour arroser un hectare?

63. Parlez des divers modes d'irrigation. — Des irrigations proprement dites ; — des irrigations par infiltration ; — des irrigations par submersion; — des irrigations sur ados.

68. Comment pratique-t-on les arrosages dans les jardins ?

ONZIÈME LECTURE

SEMAILLES. — CHAULAGE DES SEMENCES. — PRATIQUE DES SEMAILLES. — ENFOUISSEMENT DES SEMENCES. — TRANSPLANTATION DES VÉGÉTAUX HERBACÉS.

Semailles. — 69. La *semaille* est l'opération qui consiste à répandre des graines sur une terre bien préparée et à les enterrer dans la couche arable à une profondeur qui varie suivant leur volume.

70. Pour obtenir de beaux produits, soit dans la culture du blé, soit dans toute autre, il est utile de ne confier à la terre que des semences de belle qualité. On doit prendre le grain destiné à la semence dans un champ que l'on a cultivé avec un soin tout particulier, ou mieux encore on achète des grains récoltés dans une autre localité sur des terres de même fertilité. Les froments qui végètent dans les contrées calcaires réussissent difficilement sur les terrains qui manquent de carbonate de chaux.

Le blé dont on veut se servir pour ensemencer ne doit pas être mêlé à d'autres graines; un bon crible, ou ce qui vaut mieux un *cylindre trieur*, le nettoie facilement et sépare les belles semences des petits grains.

Chaulage des semences. — 71. On chaule ordinairement les semences du froment. *Chauler* les grains de semence, c'est les tremper dans un lait de chaux, afin de détruire les germes du *noir* ou de la carie et du charbon, et d'en préserver la récolte qui proviendra de cette semence.

On peut opérer le chaulage de plusieurs manières. Voici la

plus usitée (fig. 18) : on fait fuser la chaux à l'eau chaude jusqu'à ce qu'elle se délaye comme une bouillie fort claire ; quand le lait de chaux est préparé, on prend un panier ordinaire, on le remplit de blé et on le plonge dans le liquide pendant quelques minutes ; le grain qu'on a ainsi chaulé est déposé sur un sol uni ; avant de le remuer avec une pelle, on le couvre très-légèrement de sel de cuisine, afin que la chaux se détache moins facilement du grain quand celui-ci sera sec, et qu'elle n'incommode pas le semeur. 8 kilogrammes de chaux délayée dans

Fig. 18. — Ouvrier chaulant les semences.

2 hectolitres d'eau suffisent pour chauler 15 hectolitres de froment.

On peut, au lieu de chaux, employer du vitriol bleu ou couperose bleue, ou du vitriol vert ou couperose verte, dissous dans l'eau.

Pratique des semailles. — 72. Les semailles se font à la volée ou en lignes.

On sème ordinairement à la volée les céréales, les plantes fourragères, le lin, le chanvre, la cameline, etc.

On sème presque toujours en lignes le maïs, le pavot-œillette, la betterave, la carotte, la cardère, le sorgho à balais, etc.

4

Semer à la volée, c'est lancer le grain avec la main. *Semer en ligne*, c'est le distribuer avec la main dans des rayons, ou le répandre avec un appareil appelé *semoir*.

Le semoir économise la semence et la distribue régulièrement en lignes éloignées les unes des autres de 16, 20 ou 22 centimètres.

Il ne faut point semer trop dru ; les plantes se gêneraient et s'affameraient les unes les autres ; mais il ne faut pas, non plus, semer trop clair : car, comme dit le proverbe, qui épargne la semence épargne les liens. Au reste, la quantité varie selon les circonstances. Dans les bons terrains, où chaque plante talle beaucoup, il faut moins de semence que dans un terrain médiocre ; il en faut moins pour un semis d'automne que pour un semis de printemps ; moins dans un climat où les pluies printanières favorisent le développement des plantes que dans celui où les sécheresses arrêtent de bonne heure le tallement des céréales.

Quand on sème à la volée et qu'il fait un peu de vent, on doit toujours lancer les graines *avec le vent*. La semaille est toujours irrégulière lorsqu'on sème *contre le vent*.

Enfouissement des semences. — 73. On enterre les graines qu'on a semées à la volée, soit avec la herse, soit à l'aide de la charrue. Dans le premier cas la semaille est dite *semaille sous herse;* dans le second, on la nomme *semaille sous raies*.

On enterre les grosses graines, le blé, l'avoine, le maïs, les vesces, le sainfoin, avec *deux hersages*, afin qu'elles soient à 0^{m},05 au moins au-dessous de la surface du sol. Les graines fines ne sont enterrées que par un *seul hersage*.

Quand on sème sous raies, on doit proportionner la profondeur du labour à la grosseur de la semence. Les céréales peuvent être semées sous raies plus profondément dans un sol perméable que dans une terre argileuse ou à sous-sol imperméable.

Transplantation des végétaux herbacés. — 74. Le colza, les choux, le rutubaga, le tabac, sont presque toujours semés en pépinière, pour être transplantés à des époques déterminées.

Cette mise en place ne peut avoir lieu que sur des terres qu'on a préalablement labourées et fumées. Quand le sol de la pépinière est sec ou un peu compacte, il faut, la veille du jour où les plantes doivent être arrachées, le mouiller à diverses reprises afin que l'arrachage des plants y soit facile.

Avant de mettre en place les plants de choux, rutabaga, colza, cardère, on procède à leur *habillage*, c'est-à-dire on coupe avec la serpette l'extrémité des racines, afin qu'on puisse facilement introduire le plant dans le trou fait par le plantoir. On consolide le plant en implantant de nouveau le plantoir à une faible distance du plant. Cette opération est dite *borner le plant*.

Quand on opère par un temps sec et chaud, on doit garantir les plants de l'action du soleil dès qu'ils ont été arrachés.

La reprise du tabac n'est assurée que lorsqu'on a *levé les plantes en mottes*.

On peut faciliter la reprise des choux, des rutabagas en trempant, avant la plantation, leurs racines dans une bouillie faite avec des bouses de vache, du noir animal et de l'eau.

QUESTIONNAIRE.

69. Quelle est l'opération que l'on nomme semaille ?

70. Parlez du choix des semences.

71. Pourquoi faut-il chauler les semences des céréales ? — Comment opère-t-on ?

72. Comment exécute-t-on les semailles ? — Qu'appelle-t-on semailles à la volée ? — semailles en lignes ?

73. Comment enterre-t-on les graines semées à la volée ? — Qu'appelle-t-on semailles sous raies ?

74. Comment transplante-t-on les végétaux herbacés ?

DOUZIÈME LECTURE

MOISSON. — PRATIQUE DE LA MOISSON.
BATTAGE DES CÉRÉALES. — NETTOYAGES DE SEMENCES. — CONSERVATION DES PRODUITS.

Moisson. — 75. La *moisson* ou récolte des céréales est une des principales opérations de l'agriculture.

On l'exécute en juin et juillet dans les contrées méridionales, et en août et en septembre dans les localités septentrionales.

Le seigle, l'escourgeon d'automne, l'avoine d'hiver se récoltent les premiers et à la même époque; le froment, l'orge de printemps et l'avoine de mars se récoltent vingt à trente jours plus tard.

On doit récolter les grains des céréales quand ils sont mûrs, ce qu'on reconnaît lorsqu'ils sont assez fermes pour qu'on puisse les séparer avec l'ongle.

Pour moissonner on se sert de la faucille, ce qui s'appelle *fauciller;* ou de la faux, ce qui s'appelle *faucher;* ou de la *sape*, ce qui s'appelle *saper.*

La faucille est un instrument composé de deux parties, le *manche* et le *fer*. Le manche doit être bien tourné et poli, afin qu'il ne blesse pas la main du moissonneur. Le fer est une lame en forme de croissant, avec ou sans dents.

Pratique de la moisson. — 76. Le moissonneur qui se sert de la faucille s'avance, la tête tournée vis-à-vis des tiges qu'il veut abattre ; il engage le croissant de la faucille dans la moisson ; alors il saisit les tiges de la main gauche, en ayant soin que ces doigts soient situés un peu au-dessus de la lame, et il tire rapidement vers lui le manche de l'instrument ; les tiges qui se trouvent coupées sont disposées ensuite en *javelle* sur le sol.

Quand on fauche les céréales, la faux est munie d'un *crochet* ou du *playon*, appareil composé de baguettes qui poussent les tiges coupées contre celles qui tiennent encore au sol par leurs racines.

Dans un jour, avec la faucille, un bon travailleur peut moissonner près de quinze ares ; avec la faux, cinquante à soixante. Dans ce dernier cas, il a besoin d'un aide pour ramasser et ranger les tiges derrière lui.

On a inventé depuis peu des *machines à moissonner*, traînées par des chevaux, et qui abrégent beaucoup la besogne.

On ne rentre la récolte que quand elle est sèche. Si elle est mûre et que cependant elle se trouve mélangée de plantes étrangères dont le feuillage est encore vert, il est prudent de la laisser exposée quelque temps à l'air, afin de faire sécher ces plantes, dont la fermentation pourrait nuire au grain et à la paille récoltés.

Quelquefois on coupe la récolte avant qu'elle ne soit parfaitement mûre, afin d'éviter l'*égrenage* et de récolter des grains de meilleure qualité. Dans ce cas, on la laisse étendue sur le terrain pendant quelque temps pour qu'elle achève de mûrir ; c'est ce qu'on appelle *javeler*.

La *gerbe* est un faisceau de tiges liées ensemble avec un *lien* de paille, d'écorce de tilleul ou de genêt.

On rentre les gerbes dans les granges ou sous des hangars, ou bien l'on en fait, auprès de la ferme, de grands tas que l'on appelle *gerbiers* ou *meules*, et que l'on recouvre d'une toiture en paille, pour que l'eau de la pluie ne pénètre pas dans l'intérieur.

Battage des céréales. — 77. On sépare le grain de la paille avec le fléau, un rouleau en pierre ou en bois, une machine à battre ou à l'aide des pieds des chevaux.

On bat les céréales dans la grange à l'aide d'un fléau ; le *fléau* se compose de deux bâtons attachés l'un au bout de l'autre par des courroies : le plus long des deux sert de manche.

Le battage exige beaucoup de force ; ce travail convient peu aux personnes faibles et délicates. En effet, le fléau est un instrument assez lourd ; celui qui s'en sert le lève au moins 30 fois par minute et le laisse retomber avec force autant de fois ; s'il travaille six heures par jour, il frappe donc 10,800 coups. Un bon ouvrier peut battre par jour dans une grange de 50 à

60 gerbes de froment pesant chacune en moyenne 12 à 13 kilogr. selon que les gerbes sont plus ou moins sèches.

Dans les contrées du Sud-Ouest, de l'Ouest et du Midi, on bat les céréales en plein air aussitôt après la moisson.

Dans la Bretagne, la Vendée, etc., le battage se fait ordinairement à l'aide du fléau ou de *machines à battre mobiles* mises en mouvement par un manége ou par la vapeur.

Dans le Languedoc, le Comtat d'Avignon, la Provence, etc., on opère le battage de deux manières: 1° avec des *rouleaux en granit* d'un très-grand poids; 2° à l'aide du *dépiquage*.

Sous le nom de dépiquage, on désigne l'opération qui consiste à faire fouler les gerbes par les pieds des mulets ou des chevaux. Le dépiquage est plus expéditif que le battage, mais il est plus dispendieux.

Dans le nord de la France, on bat les céréales: 1° à l'aide de machines fixes (fig. 19), mises en mouvement par des animaux ou à l'aide de la vapeur ou d'un cours d'eau; 2° au moyen de machines à battre mobiles ou portatives; cette méthode est expéditive et économique, et il se perd moins de grains.

Nettoyage des semences. — 78. Après avoir battu les grains, on les *vanne*, c'est-à-dire qu'on les sépare des *balles* ou menues pailles et des mauvaises graines, en les secouant dans un instrument d'osier appelé *van*.

On se sert maintenant plus volontiers de l'appareil qu'on appelle *grand van* ou *tarare* (fig. 20) : c'est une machine simple et ingénieuse, qui économise le temps.

Conservation des produits. — 79. On conserve les *grains* dans des locaux propres, aérés, et garantis de l'humidité, des oiseaux et des souris.

On doit les remuer de temps à autre avec la pelle afin de prévenir toute fermentation. Il faut aussi les examiner une ou deux fois par mois pour s'assurer qu'ils ne sont pas attaqués par le charançon, la teigne ou l'alucite.

Les graines de colza, pavot-œillette, etc., les racines de garance, les têtes de la cardère, les tiges de chanvre et de lin exigent les mêmes soins de conservation. En général, tous les produits agricoles déposés dans les locaux humides perdent de

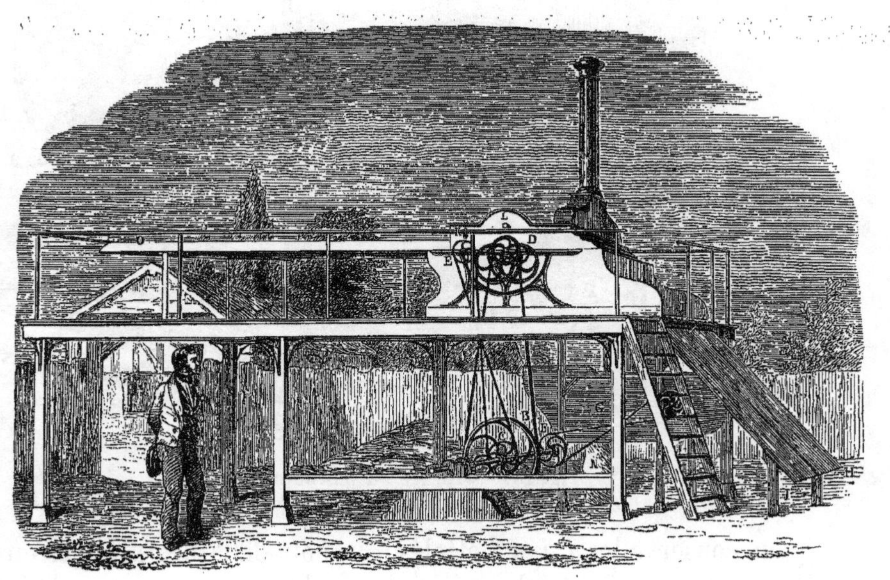

Fig. 19. — Machine à battre fixe.

leur qualité. Les meilleurs greniers sont ceux qui ont des ouvertures situées au midi et au nord, et munies extérieurement d'une toile métallique et intérieurement d'un vitrage ou d'un volet.

Fig. 20. — Tarare ou ventilateur.

On conserve les *foins* bottelés ou non dans des granges ou des greniers ou en meules coniques ou oblongues garanties de la pluie par une bonne couverture en paille.

On emmagasine les racines de betterave ou les tubercules de la pomme de terre dans des caves, des celliers et des silos en maçonnerie ou dans des silos en terre n'ayant qu'une durée temporaire. Les locaux où la gelée ne pénètre pas, où la température n'est pas élevée, sont ceux qui sont les meilleurs.

QUESTIONNAIRE.

75. Qu'appelle-t-on moisson? — A quelle époque récolte-t-on les céréales ? — Qu'est-ce que faucillier, — faucher, — saper ?

76. Comment opère-t-on le faucillage ? — Avec quelle faux coupe-t-on les blés et les avoines? — Qu'appelle-t-on javeler ? — Qu'est-ce qu'une gerbe?

77. Comment s'exécute le battage des céréales? — Qu'appelle-t-on dépiquage?

78. Comment opère-t-on le nettoyage des grains?

79. Quelles précautions doit-on prendre dans la conservation des produits?

TREIZIÈME LECTURE

INFLUENCE DE LA CHALEUR, — DU FROID, — DE LA LUMIÈRE. EXPOSITION. — ABRIS.

Influence de la chaleur. — 80. Il n'y a pas de végétation possible sans chaleur et sans humidité.

La chaleur à la fin de l'hiver réchauffe le sol, excite la végétation des graines, la succion de l'eau ou des sucs par les spongioles des racines et l'action vitale des bourgeons en favorisant la circulation de la séve. C'est elle aussi qui, à la même époque, excite la vitalité des anciennes racines et des troncs, oblige les plantes à développer de nouvelles racines, et favorise le développement des bourgeons radicaux des plantes racines. Enfin, c'est elle encore qui, en élevant la température de l'air, permet le développement des bourgeons des tubercules de pomme de terre ou des racines de carotte, betterave, navet conservés dans des caves.

C'est donc avec raison qu'on ne cesse de dire que le réveil de la végétation a pour cause unique la chaleur.

Toutes les plantes excitées par la chaleur végètent et produisent des boutons, des pousses, des feuilles, des fleurs et des fruits.

Nonobstant, chaque plante exige pour végéter ou fleurir, un degré déterminé de température. Ainsi :

le chèvrefeuille	commence à végéter	à 3°	au-dessus de 0
le groseillier	—	à 6°	—
le mûrier	—	à 9°	—
la vigne	—	à 10°	—
l'acacia	—	à 12°	—

le noisetier	fleurit	à 5°	au-dessus de 0
l'amandier	—	à 6°	—
le cerisier	—	à 8°	—
le seigle	—	à 14°	—
le froment	—	à 16°	—
la vigne	—	à 18°	—

Si le printemps est froid, la végétation des plantes est lente; s'il est chaud, elle se développe avec rapidité. De là les *années tardives* et les *années précoces*.

En automne, époque où la température du sol et de l'air diminue progressivement, les feuilles rougissent ou jaunissent et ne tardent pas à tomber. Cette chute est le moment ou commence le *sommeil de l'hiver*, où les racines ont très-peu d'activité. C'est pourquoi on choisit la fin de l'automne ou la fin de l'hiver pour opérer la transplantation des arbres fruitiers et forestiers.

Influence du froid. — 84. Le froid est nécessaire à la vie des végétaux, en ce qu'il suspend ou ralentit la circulation de la séve; mais lorsqu'il survient au moment de la floraison des plantes, il leur est souvent fatal. C'est ainsi que souvent l'abricotier, le pêcher, la vigne, etc., restent stériles lorsque la température s'abaisse au moment où leurs fleurs sont développées.

Ce n'est pas sur le tissu végétal que le froid exerce son influence, mais sur les liquides qu'il renferme et dont il provoque l'évaporation ou la congélation. Ainsi, les jeunes pousses de la pomme de terre, les feuilles du mûrier, les racines de la betterave, les fruits du pommier, etc., qui renferment plus ou moins d'eau, subissent des modifications plus sensibles, plus fâcheuses, que les feuilles de l'orme, les pousses du bouleau, les fruits du noyer, parce qu'ils contiennent moins d'humidité.

La nature a pourvu certains arbres d'une enveloppe épaisse, afin qu'ils résistent plus facilement au froid. Au nombre des végétaux qui résistent aux fortes gelées, il faut citer le bouleau, le platane, le marronnier; les premiers ont leurs troncs garnis de plusieurs écorces superposées; le dernier a ses bourgeons enveloppés d'écailles couvertes de résine.

La plupart des arbres et arbustes qui perdent leurs feuilles durant l'hiver sont plus rustiques, moins délicats que ceux qui les conservent.

Influence de la lumière.—82. La lumière exerce aussi une grande influence sur les végétaux; elle les colore en une couleur verte plus ou moins intense, elle concourt à la formation des huiles essentielles qui les rendent aromatiques, à l'existence des parties huileuses, alcooliques et résineuses; elle augmente la qualité et la solidité des bois et rend les fruits plus sucrés, plus savoureux.

Les végétaux privés de l'action directe de la lumière éprouvent de grands changements. Leurs tiges restent molles, leurs feuilles sont petites et d'un vert pâle. Cet état de souffrance est appelé *étiolement.*

La décoloration des végétaux est utilisée dans la culture de certains légumes. Ainsi, c'est en enterrant les tiges du cardon, du céleri, en liant la laitue, la chicorée, la romaine, c'est en privant ces végétaux de l'action directe de la lumière qu'on les fait *blanchir*, qu'on les rend plus tendres et plus alimentaires.

L'absence de lumière est aussi nécessaire pour que diverses racines et tubercules aient plus de valeur. Ainsi la racine de la betterave saccharine contient d'autant plus de sucre qu'elle se développe complètement en terre, la pomme de terre n'est véritablement comestible que lorsque ces tubercules se sont développés sous terre.

Si la lumière est nécessaire à toutes les plantes, elle nuit au contraire à la germination des graines. Celles-ci demandent pour germer la chaleur obscure et l'humidité.

Enfin, les plantes qui croissent sur les sommets des montagnes ou dans les plaines ont toujours des couleurs plus vives, des odeurs plus prononcées que celles qui végètent dans les vallées étroites ou à l'ombre des arbres.

Exposition. — 83. L'exposition exerce une grande influence sur les propriétés agricoles des terrains et la réussite des plantes cultivées.

L'exposition du sud, sous tous les climats, est la plus tempérée, la plus chaude; c'est celle qui convient le mieux, dans le Midi, à l'oranger, à l'olivier, à l'amandier, au figuier et, dans le Nord, à la vigne et toutes les cultures de primeurs.

L'exposition de l'est n'est favorable, en général, aux arbres fruitiers, que dans la région du Midi. Souvent les premières feuilles de ces arbres sont exposées à y être brûlées par les rayons du soleil qui les frappent avant que la rosée ait disparu.

L'exposition de l'ouest est la moins favorable, à moins qu'on n'y cultive des pêchers et des cerisiers tardifs. Par exception, le vignoble de l'Ermitage est exposé à l'ouest.

L'exposition du nord est utile au châtaignier, au pin laricio, au sapin, au bouleau. Elle aussi favorable à la vigne dans les localités où les bourgeons peuvent être détruits par des gelées tardives. Les vignobles situés sur la côte de Reims, sur les coteaux du Rhin et de la Garonne sont exposés à l'ouest. On utilise dans les jardins les murs exposés au nord en y plantant des poiriers ou des framboisiers et des groseilliers.

En général, le caractère des vents, l'intensité des rayons du soleil pendant le printemps, l'été et l'automne, la quantité d'eau amenée par la pluie, la fréquence et l'intensité des brouillards et la nature du sol rendent, sous un climat donné, les expositions plus ou moins nuisibles aux hommes, aux plantes et aux animaux.

Abris. — 84. Un *abri* est une montagne ou un coteau, un bois, une haie, un mur, une palissade, etc., qui garantit une localité, un champ ou une petite surface, des vents froids et violents, de la grande ardeur du soleil ou de la gelée.

Les abris ont une grande importance en agriculture et en horticulture.

Les montagnes, dans la région du Midi, protégent les oliviers, l'amandier, l'oranger, etc., des vents du nord; les haies de cyprès pyramidal et les palissades faites avec le grand roseau protégent aussi dans la vallée du Rhône diverses cultures de la violence du vent qu'on appelle *mistral.*

Dans la région de l'Ouest, les haies vives servent d'abri aux cultures et aux animaux domestiques contre les vents de mer et elles fixent dans le sol plus de fraîcheur pendant le printemps et l'été.

Enfin, sur les hautes montagnes du Centre on élève souvent des murs en pierres sèches pour garantir les animaux de la grande agitation de l'air.

C'est par des abris bien dirigés qu'on parvient, dans les jardins, à cultiver des plantes délicates, celles qui résistent mal aux vents froids et qui ne veulent pas être exposées à une vive lumière ou à une grande chaleur.

On les fait avec de la grande paille de seigle ou avec des roseaux de marais séchés et coupés régulièrement. On plante, à cet effet, de forts pieux de 2 mètres en 2 mètres hors de terre. On achève la charpente au moyen de trois rangs de lattes disposés horizontalement sur chaque face du brise-vent ; entre les pieux et les lattes on assujettit la paille ou les roseaux : on forme ainsi une espèce de mur de paille qui protége les jeunes plants.

On fait des brise-vent naturels en plantant en lignes serrées des thuyas, des épicéas, des troënes et divers autres arbustes.

QUESTIONNAIRE.

80. Quelle influence la chaleur exerce-t-elle sur les végétaux cultivés ? — Toutes les plantes exigent-elles les mêmes degrés de chaleur pour végéter et fleurir ? — Pourquoi les plantes cessent-elles de végéter pendant l'hiver ?

81. Le froid est-il utile à l'existence des végétaux ? — Pourquoi certaines fleurs et jeunes pousses sont-elles quelquefois détruites par les gelées tardives ?

82. Quelle influence la lumière exerce-t-elle sur les végétaux ? — Qu'appelle-t-on étiolement ? — Cette décoloration est-elle utilisée dans la culture des légumes ?

83. Quelle influence l'exposition exerce-t-elle sur la végétation ?

84. Les abris sont-ils favorables à certaines cultures ?

QUATORZIÈME LECTURE

MOYENS D'AMÉLIORER LES TERRES INCULTES. — DÉFRICHEMENT. — ÉPIERREMENT. — ÉCOBUAGE.

Les moyens d'améliorer les terres incultes sont le défrichement, l'épierrement et l'écobuage.

Défrichement. — 85. *Défricher*, c'est mettre en état de culture un terrain abandonné et jusqu'alors improductif.

On défriche les terrains abandonnés et incultes en donnant au sol plusieurs labours successifs.

86. Avant de labourer une terre couverte de bruyères ou d'ajoncs, on doit faucher ces arbrisseaux, puis extirper les roches, les pierres ou les souches d'arbres. C'est pendant l'automne et l'hiver, alors que la lande a été détrempée par les pluies, qu'on exécute le premier labour de défrichement. La charrue, qui doit être très-solide, agit très-difficilement quand cette opération est faite pendant l'été.

Le second labour doit être fait transversalement. Après cette opération, on herse vigoureusement, et plus tard on donne le troisième et dernier labour.

On ne fertilise pas les terres de landes nouvellement défrichées avec des fumiers ; on se contente d'y appliquer de la chaux, de la marne ou du noir animal. Ces divers engrais agissent très-heureusement sur l'humus acide du sol et le rendent plus assimilable pour les plantes.

Le sarrasin ou blé noir, le froment, le seigle ou l'avoine et quelquefois le colza, sont les seules plantes qui puissent suivre les travaux de défrichement.

Lorsque la terre a produit deux céréales, on doit la fumer et y cultiver des plantes sarclées. Les binages exigés par ces plantes détruisent les mauvaises herbes qui commencent à envahir la couche arable.

Le trèfle, les vesces ne réussissent bien sur une terre de lande défrichée que lorsqu'elle a été marnée, ou chaulée et fumée.

87. S'il est utile de défricher les landes et les terres incultes, il n'est pas toujours avantageux de défricher un terrain boisé pour le convertir en terre arable, si le sol se refuse à donner d'autres produits que du bois. La grande quantité de racines qui embarrassent le sol rend les labours de défrichement souvent très-difficiles.

Il est surtout imprudent de défricher les bois sur les terrains en pente : il arrive alors que la terre végétale, n'étant plus retenue par les racines des arbres, est entraînée dans les vallées par les eaux des pluies, et le coteau devient tout à fait stérile.

Les défrichements de bois sont ordinairement suivis par une culture d'avoine ou de seigle. Le froment ne réussit sur de tels terrains que lorsque la terre est calcaire ou qu'elle a été marnée, chaulée et fumée.

88. *Épierrer* le sol, c'est le débarrasser des pierres dont il est encombré, soit en les enlevant à la main, soit en les brisant à l'aide du pic et de la pioche. Quand les rochers sont très-gros, on les fait sauter en éclats au moyen de la poudre à mine.

On ne doit enlever sur les terres de qualité ordinaire que les pierres qui gênent la marche des instruments aratoires ou celle de la faux. Les pierres de petit volume plombent les terres légères et elles s'opposent pendant les fortes chaleurs à l'évaporation de l'humidité si nécessaire sur de tels terrains à l'existence des plantes.

89. *L'écobuage* consiste à enlever par tranches la croûte supérieure du sol et à la brûler. Cette opération convient aux terrains qui sont demeurés longtemps incultes; elle est plus profitable aux terres argileuses qu'aux terres légères.

On exécute toujours l'écobuage au printemps ou pendant l'été. Lorsque les plaques de terre qu'on a enlevées au moyen de la charrue ou de la houe dite *écobue* sont à demi desséchées, on les réunit en petits tas arrangés en forme de fourneaux, en ménageant au centre un vide dans lequel on place quelques broussailles ou herbes sèches auxquelles on met le feu. L'incinératon dure quelques jours ; quand le feu est tout à fait éteint et lorsque les cendres sont froides, on répand celles-ci également sur le sol et on laboure la couche arable.

L'écobuage, pratiqué sans discernement, serait dangereux ; il épuiserait le sol même le plus riche. Les terrains tourbeux sont les seuls sur lesquels on peut sans inconvénient le mettre en pratique.

QUESTIONNAIRE.

85. Qu'appelle-t-on défricher ?—Comment et où se défrichent des terres de landes ? — Quelles sont les plantes qui doivent suivre un défrichement ? — Quelle action les engrais calcaires exercent-ils sur l'humus acide du sol ?

87. Les défrichements de bois sont-ils toujours avantageux ? — Quelles difficultés présentent-ils ? — Quelles plantes y peut-on cultiver ?

88. Qu'appelle-t-on épierrer ?

89. Qu'est-ce que l'écobuage ? Comment opère-t-on ? L'écobuage peut-il avoir des inconvénients ?

QUINZIÈME LECTURE

CLÔTURES. — CHEMINS VICINAUX. — VOITURES.

Clôtures. — 90. Une *clôture* est la haie, le mur ou le fossé qui entoure un champ, une prairie ou un jardin.

Les clôtures bien faites et en bon état garantissent les récoltes sur pied de la dent du bétail et du maraudage des hommes. Elles permettent aussi d'abandonner à eux-mêmes dans un pâturage ou une prairie des animaux d'élevage ou d'engraissement.

On connaît quatre sortes de clôtures : 1° les fossés ; 2° les haies sèches et les palissades ; 3° les haies vives ; 4° les murs.

91. Les fossés n'étant pas surmontés par une haie vive sont

des clôtures imparfaites. S'ils ont l'avantage de délimiter des champs et de contribuer à l'assainissement de la couche arable, ils n'empêchent pas les animaux de pénétrer à l'intérieur des terrains qu'ils entourent.

Les *haies sèches* et les *palissades* sont plus utiles que les fossés dans les localités où les terres sont perméables et de bonne qualité, parce qu'elles occupent une très-faible surface. On doit regretter qu'elles soient peu durables, à moins qu'elles ne soient faites avec des pierres plates schisteuses ou calcaires. Ces clôtures particulières sont communes dans la région de l'Ouest, on les nomme *palis*.

92. Les *haies vives* sont très-utiles dans les localités où la terre n'a pas une très-grande valeur et dans les contrées où l'on se livre à l'élevage et l'engraissement du bétail. Ces clôtures sont très-répandues dans le centre et l'ouest de la France. Les haies les mieux conduites existent dans la Normandie.

Les arbustes qui peuvent servir à former les haies sont très-nombreux. Les plus utiles sont les suivants : l'*épine blanche*, qui demande un bon terrain; le *prunellier*, qui croît avec facilité sur les mauvais sols; l'*épine-vinette*, qui réussit très-bien sur les sols calcaires; le *houx*, qui végète facilement sur les terres argileuses un peu fraîches; le *troëne*, qui pousse rapidement.

A côté de ces arbustes se placent naturellement le *chêne*, l'*érable*, le *châtaignier*, le *noisetier*, l'*aune*, qui repoussent aisément quand ils ont été rabattus.

On plante les plants qu'on a choisis à $0^m,16$ les uns des autres sur la berge du fossé, ou dans une rigole défoncée jusqu'à $0^m,40$; autrefois, on les disposait sur deux rangs; de nos jours, on ne les plante que sur une seule ligne.

On bine une ou deux fois chaque année pendant trois ou quatre ans et on rabat tous les ans les plants sur eux-mêmes, afin que la haie soit un jour bien garnie du pied.

On tond la haie annuellement des deux côtés, pour qu'elle n'occupe pas trop de place et on ne la laisse s'élever chaque année que progressivement. Quand elle est arrivée à la hauteur qu'on veut lui donner, et qui est ordinairement de $1^m,50$, on l'arrête en taillant par-dessus.

On peut entremêler dans les aubépines quelques plantes de troëne du Japon, arbrisseau qui conserve ses feuilles vertes pendant l'hiver.

On fait aussi d'excellentes haies de défense avec l'acacia; le seul défaut des haies d'acacia est de se dégarnir trop facilement par le pied.

Pour tondre et tailler les haies, on se sert du croissant ou des ciseaux à tondre dits *cisailles*.

On ferme les ouvertures des clôtures à l'aide de barrières en bois, puis on établit à une faible distance un petit passage spécial pour les hommes et qu'on nomme *échalier*.

93. Les *murs de clôture* d'un jardin doivent avoir de 2^m,50 à 3 mètres de hauteur. Il est utile de les couronner par un chaperon formant une large saillie sur le côté où l'on doit palisser des arbres fruitiers. Enfin, les murs non crépis offrent souvent des ouvertures dans lesquelles viennent se réfugier les loirs, etc., qui s'attaquent aux fruits; c'est pourquoi il est avantageux de les enduire d'un bon mortier de chaux et de sable ou de plâtre avant d'y fixer un treillage.

Chemins vicinaux. — 94. Les chemins les plus utiles au commerce sont les *chemins de fer*, les *routes impériales* et les *routes départementales;* ces routes unissent les villes les unes aux autres.

Les routes les plus utiles à l'agriculture sont les *chemins de grande communication*, qui unissent entre elles les diverses communes, et les *chemins vicinaux*, qui conduisent aux diverses parties du territoire communal.

Il est de la plus haute importance de tenir en bon état ces diverses voies de communication ; on ne peut pas, avec de très-mauvais chemins, vendre avantageusement ses produits, ou bien le transport en devient très-dispendieux et renchérit le prix des objets.

Mais quand les voies de communication sont bien entretenues, chacun peut conduire ses denrées au marché facilement et sans grande dépense, à l'époque qui lui convient le mieux, et rapporter chez lui ce dont il a besoin. L'habitant d'un pays vignoble amène du vin dans les communes qui en manquent, et va chercher du blé au marché de la ville voisine, le bois, les fourrages, la paille et les autres produits du sol sont dirigés sans peine et sans dépense sur les points où ils ont le plus de valeur.

Depuis que les chemins de fer transportent les produits agricoles rapidement et presque sans secousses, des communes très-éloignées de Paris envoient dans cette capitale du beurre, du ait, des fruits qui y arrivent dans toute leur fraîcheur ; c'est our Paris un grand avantage, et c'est en même temps une ource de richesse pour les habitants des campagnes, qui, auaravant, étaient obligés de donner ces objets à vil prix ou ême de les laisser perdre.

Voitures. — 95. L'agriculture emploie comme *véhicules* ou *oitures* des charrettes et des chariots.

Les *charrettes* sont très-répandues dans les pays peu accidenés; elles sont traînées par des chevaux, des mulets ou des œufs.

Les *chariots* sont très-utiles dans les pays montueux, en ce ue la charge porte sur les deux essieux. Ces voitures détérioent moins les routes que les charrettes et elles circulent plus isément qu'elles sur des chemins dont la viabilité laisse beauoup à désirer. On les emploie aussi dans les départements du ord et dans les plaines de l'Alsace, parce que les chevaux i les traînent fatiguent moins et sont aussi moins exposés à tre blessés.

Enfin, l'expérience permet de dire que trois chariots traînés hacun par un cheval transportent un poids plus considérable 'une charrette à trois chevaux.

QUESTIONNAIRE.

90. Qu'appelle-t-on clôture? — Connaît-on plusieurs sortes de clôtures ?
91. Parlez des fossés et des haies sèches ou palissades.
92. Quels sont les avantages des haies vives? — Quels sont les prin-ipaux arbustes qui servent à les établir? — Comment les plante-t-on ?
93. Parlez des murs de clôture?
94. Quels sont les avantages que présentent les bonnes voies de comunication?
95. Comparez les charrettes aux chariots.

SEIZIÈME LECTURE

CONSTRUCTIONS RURALES. — VACHERIE. — ÉCURIE ET BOUVERIE. BERGERIE. — PORCHERIE. — POULAILLER.

Constructions rurales. — 96. Les *constructions rurales* doivent être toujours simples, solides, salubres, bien orientées et leur distribution intérieure doit répondre aux animaux qu'on veut y loger et aux produits qu'on doit y emmagasiner.

Il importe, en outre, que tous les bâtiments soient en rapport avec l'étendue du domaine, le système de culture adopté et la fertilité ou le revenu net des terres cultivées.

Les grandes constructions sont souvent satisfaisantes, mais trop souvent les petites fermes sont mal construites, mal entretenues et malsaines pour les hommes et les animaux.

De là ces fièvres qui abrégent l'existence des agriculteurs, ces épizooties qui attaquent les animaux, ces fermentations qui altèrent et diminuent la valeur commerciale des produits.

Ainsi, dans beaucoup de localités, les étables et les écuries sont souvent basses, étroites, humides; l'air n'y est pas renouvelé, et est encore vicié par le voisinage des fumiers élevés en monceaux presque à l'entrée, ou étendus dans une cour trop peu large, ou par des eaux qui croupissent le long des murs; on y laisse la litière sous les pieds des chevaux, des bêtes à cornes, des porcs qui en souffrent beaucoup.

Le local destiné aux chevaux s'appelle *écurie;* celui qui est destiné aux bêtes à cornes, *étable*, *bouverie* ou *vacherie;* celui où l'on place les bêtes ovines, *bergerie;* celui dans lequel on loge les cochons, *porcherie* ou *toits à porcs;* le bâtiment dans lequel se réfugient les poules se nomme *poulailler;* celui qui est occupé par les pigeons, *colombier*.

En général, tous les bâtiments doivent être assez spacieux pour que chaque animal puisse se mouvoir, se lever, se coucher sans inquiéter son voisin ou sans en être incommodé. En outre, le sol doit être plus élevé que celui de la cour, et tenu en pente douce pour faciliter l'écoulement des urines.

Quelques personnes se figurent qu'un bouc, placé dans l'écurie ou dans l'étable, attire à lui tout le mauvais air. C'est une erreur : il ne fait que le vicier davantage.

La *cour* d'une ferme doit être vaste, bien aérée et avoir la pente nécessaire pour que les eaux pluviales n'y restent pas stagnantes.

Vacherie. — 97. La *vacherie* sera autant que possible exposée à l'est avec des ouvertures à l'ouest, afin qu'on puisse facilement l'aérer. Elle aura 3^{m},50 environ de hauteur, 4 mètres de largeur, si elle est simple, et 8 à 9 mètres de largeur si elle comprend deux rangées d'animaux.

Chaque vache doit pouvoir occuper une largeur de 1^{m},40.

On donne à l'auge 0^{m},40 de profondeur, 0^{m},60 d'ouverture supérieure. Son bord supérieur doit être à 0^{m},70 au-dessus du sol.

Le sol doit être solide ou revêtu d'un cailloutis, d'un pavage fait en grès ou en briques. La rigole destinée à faciliter la sortie des urines doit avoir une pente de 0^{m},02 par mètre.

Écurie et bouverie. — 98. L'*écurie* doit être exposée au midi. On lui donne 4^{m},50 de largeur lorsqu'elle est simple et 9 mètres au moins quand elle est double. Chaque animal doit pouvoir occuper 1^{m},50 de largeur.

On donne à l'auge, dont le bord supérieur doit être à 1^{m},20 du sol, 0^{m},25 de profondeur et 0^{m},40 de largeur. Le ratelier est fixé à 1^{m},50 du sol ; il a 0^{m},80 de hauteur et les barreaux sont espacés entre eux de 0^{m},08 à 0^{m},10.

Le sol doit être pavé ou revêtu d'une rangée de briques.

La bouverie doit être disposée comme la vacherie.

Bergerie. — 99. La bergerie doit être exposée au midi et au nord, afin qu'on puisse toujours y maintenir une température à peu près uniforme.

On accorde à une brebis une superficie de 2 mètres, à un mouton 1^{m},50, à un agneau 1 mètre. La longueur des rateliers est déterminée par les chiffres suivants : brebis 0^{m},60, mouton 0^{m},50, agneau 0^{m},40. Les auges doivent avoir 0^{m},25 d'ouverture, 0^{m},12 de profondeur ; les barreaux des râteliers doivent être espacés entre eux de 0^{m},05 à 0^{m},07.

Porcherie. — 100. La *porcherie* doit être saine, chaude en hiver et fraîche en été.

Une truie-portière exige une superficie de 4 à 5 mètres, un cochon 2 à 3 mètres, un verrat 3 à 4 mètres et un porc à l'engrais 2m,50 à 3 mètres.

L'auge doit avoir 0m,30 de profondeur, 0m,40 de largeur et 0m,80 de longueur ; elle doit être disposée de manière que l'animal ne puisse y entrer et que les aliments se trouvent à sa portée.

Poulailler. — 101. Le *poulailler* doit occuper un endroit sec et exposé au midi.

Chaque poule occupe sur le perchoir une longueur de 0m,30 et une hauteur de 0m,50.

Il doit y avoir une auge peu profonde et contenant de l'eau claire près de la porte de ce petit bâtiment.

QUESTIONNAIRE.

96. Comment doivent être construits et disposés les bâtiments ruraux? — Qu'appelle-t-on écurie, étable, bergerie?
97. Comment la vacherie doit-elle être construite?
98. Comment dispose-t-on l'écurie et la bouverie?
99. Comment la bergerie doit-elle être disposée?
100. Comment se construit la porcherie?
101. Parlez du poulailler.

Fig. 21. — Blé ou froment : 1° Épi sans barbe, 2° Épi barbu ; 3° Plante complète ; 4° Épillet ; 5° Fleur de froment ; 6° Axe de l'épi.

TROISIÈME PARTIE

VÉGÉTAUX AGRICOLES

DIX-SEPTIÈME LECTURE

CÉRÉALES : FROMENT. — SEIGLE. — MÉTEIL. — ORGE. — AVOINE.

Céréales. — 102. Les plantes dont la culture a le plus d'importance sont les céréales.

On appelle *céréales* les plantes dont on récolte les grains pour servir d'aliment, et dont on fait ou dont on peut faire du pain.

Les céréales les plus utiles sont le blé ou froment, le seigle, l'orge, l'avoine, le maïs, le sarrasin ou blé noir ; on peut y joindre le millet et le sorgho.

Froment. — 103. Le *blé* ou *froment* (fig. 21), converti en farine, donne le pain le plus beau, le plus sain et le plus nourrissant dont l'homme puisse faire usage ; le son qu'on a soin de séparer de la farine, sert d'aliment à plusieurs animaux domestiques et aux oiseaux de basse-cour ; la paille sert aux animaux d'aliment et de litière. Le blé est le produit du sol le plus important.

On connaît plusieurs espèces de blé : le *blé ordinaire* ; le *blé poulard* ou gros blé et à paille pleine ; le *blé dur*, qu'on ne cultive que dans le midi de l'Europe ; le *blé épeautre*, l'*engrain* ou *petite épeautre*. Les balles des deux dernières espèces restent adhérentes aux grains après le battage.

Les blés d'hiver se sèment en automne et passent l'hiver en terre; les blés de mars se sèment au printemps et ne passent guère en terre que cinq à six mois. En général, la récolte des blés d'hiver est beaucoup plus abondante et plus assurée.

Ces blés sont barbus ou sans barbes.

On sème le froment d'hiver depuis la fin de septembre jusqu'au 15 décembre; la meilleure époque est le mois d'octobre. Il peut arriver que des semailles tardives, faites en novembre, donnent d'aussi bons produits que des semailles précoces, mais cela est rare, et il est généralement utile de semer de bonne heure. Quant aux semailles du printemps, les plus précoces sont ordinairement les plus avantageuses.

On sème de 220 à 250 litres par hectare.

104. Le produit moyen en froment d'un hectare de bonne terre peut être évalué de 18 à 20 hectolitres : l'hectolitre de blé de bonne qualité pèse en moyenne 78 kilogrammes.

Un terrain qui rapporte moins de 9 hectolitres par hectare ne devrait pas être cultivé en froment.

Il y a des terres qui rapportent davantage, et d'autres qui rapportent beaucoup moins. La moyenne pour toute la France est aujourd'hui de 14 hectolitres par hectare, c'est-à dire environ 6 fois la semence.

La paille pèse, selon les années, de 2 à 3 fois le poids du grain.

100 kilogrammes de farine de blé donnent 140 kilogrammes de pain de ménage ; le pain de boulanger, étant plus cuit, retient moins d'eau, et 100 kilogrammes de farine ne donnent à Paris que 133 kilogrammes de pain.

Seigle. — 105. Le *seigle* offre de très-grands avantages ; le plus important, c'est qu'il réussit très-bien dans beaucoup d'endroits où la culture du froment serait improductive et même impossible. La farine de seigle est moins blanche et moins nourrissante que celle du froment ; mais on en fait du pain d'assez bonne qualité, qui est agréable au goût et qui se conserve longtemps frais. La paille de seigle est tellement utile qu'on en préfère quelquefois la récolte à celle même du grain : elle sert à faire des liens, des paillassons, à remplir des paillasses, à garnir des chaises, à fabriquer des chapeaux, et même à former des toitures.

Tous les terrains qui ne sont pas trop humides conviennent au seigle ; il peut réussir dans un sol sec et aride, sur les montagnes et dans les pays les plus froids.

On cultive le seigle comme le blé ; on sème toujours à la volée, et en le recouvrant à l'aide de la herse ou de la charrue, on a soin de ne pas l'enterrer trop profondément, car il pourrit assez facilement en terre.

Il faut semer le seigle de très-bonne heure, soit dans la montagne, soit dans la plaine, parce qu'il doit taller en automne. Il est bon que les tiges naissantes et la racine aient le temps de se fortifier avant le froid. Si ensuite la neige couvre la terre avant que la gelée ne l'ait pénétrée, la végétation du seigle n'est pas suspendue ; au contraire, la neige la favorise.

Dans quelques pays montagneux, on cultive une variété de seigle qu'on sème à la fin de l'hiver et qu'on appelle *seigle de mars :* cette variété est moins productive que le seigle d'automne.

On sème de 230 à 260 litres par hectare.

Le seigle germe au bout de huit jours ; son cotylédon est rougeâtre.

106. Il y a beaucoup de différence dans le rendement du seigle, selon la nature du terrain. Dans le département du Nord il dépasse quelquefois 28 hectolitres par hectare, et dans quelques cantons du département de la Creuse il s'élève à peine à 9. La moyenne pour toute la France est de 15 à 18 hectolitres.

L'hectolitre de seigle pèse environ 75 kilogrammes.

Méteil. — 107. On appelle *méteil* un mélange de blé et de seigle qu'on sème et qu'on récolte ensemble. Il vaudrait peut-être mieux cultiver les deux plantes séparément, et mêler ensuite les grains, parce que le seigle est mûr un peu plus tôt que le blé ; cependant il y a des pays où le méteil réussit parfaitement. Le pain de méteil est bon et nourrissant.

Orge. — 108. La farine d'*orge* ne donne qu'un pain rude et grossier; mais elle se mêle très-bien avec celle de seigle ou de froment, et le pain fait de ce mélange est bon. Cette farine permet de faire de bonnes *buvées blanches* pour les animaux. L'orge en grain est une nourriture excellente pour les bestiaux; elle remplace très-avantageusement l'avoine dans les pays chauds. On s'en sert aussi pour la fabrication de la bière. Quant à la paille d'orge, on l'utilise ordinairement comme litière.

Dans diverses contrées, on cultive de préférence la variété dite *orge d'hiver* ou *escourgeon d'automne*, qu'on sème en septembre. Les variétés ordinaires d'orge, soit l'*escourgeon de mars*, soit l'*orge à deux rangs* ou *baillorge*, semées depuis la mi-mars jusqu'à la fin d'avril, mûrissent leur grain en quatre à cinq mois.

En général, il faut, autant que possible, que la terre soit calcaire ou qu'elle ait été chaulée ou marnée, et qu'elle soit bien ameublie. Un proverbe dit que l'orge ne réussit jamais mieux que lorsqu'elle est semée dans la poussière.

On sème de 250 à 300 litres d'orge par hectare.

On herse et on roule, quand les orges, cultivées sur des terres labourées à plat, ont trois ou quatre feuilles. Ces opérations doivent être faites par un beau temps.

109. Dans les terres bien cultivées, on obtient en général 30 hectolitres environ par hectare.

La variété d'hiver est beaucoup plus productive.

L'hectolitre d'orge pèse de 63 à 65 kilogrammes.

Avoine. — 110. L'*avoine* ne peut guère servir à la nourriture des hommes; cependant, dans les pays pauvres, on fait avec le gruau qu'on en extrait des bouillies très-agréables.

Ordinairement on emploie l'avoine pour la nourriture des chevaux. Les moutons qu'on engraisse, les agneaux qu'on veut élever et les brebis se trouvent très-bien de cette nourriture, ainsi que les porcs et les oiseaux de basse-cour.

L'avoine réussit presque partout; tous les terrains lui conviennent; elle aime la fraîcheur, et ne craint l'humidité que lorsqu'elle est excessive. Si l'année est pluvieuse, les terrains maigres donnent de belles avoines; si elle est sèche, la récolte est abondante dans les terres fortes, mais très-chétive dans les terres légères.

Cette plante est robuste et exige moins de soins que les autres céréales. Toute sa culture se réduit souvent à un seul labour et à un bon sarclage.

Ordinairement, on sème l'avoine en février ou en mars, ou même en avril. Il est bon de semer l'avoine le plus tôt possible, dès qu'on n'a plus à craindre les fortes gelées ou l'extrême humidité du sol. Dans les régions du Sud et du Sud-Ouest, on cultive de préférence la variété dite *avoine d'hiver*. Cette avoine se sème en septembre et demande des terres saines; elle mûrit plus tôt que l'avoine de mars.

La quantité de semence varie de 250 à 300 litres par hectare.

On sème l'avoine à la volée, et de deux manières différentes : tantôt on laboure le sol avant la semaille, on sème et l'on recouvre à la herse; tantôt on répand la graine sur un labour déjà ancien, et on l'enterre par un second labour superficiel.

111. Rien n'est plus variable que le produit qu'on obtient de 1 hectare semé en avoine. Dans l'assolement triennal avec jachère, ce produit ne dépasse guère 20 à 25 hectolitres ; il peut s'élever jusqu'à 60, lorsque l'avoine est cultivée dans des conditions plus favorables.

Le poids moyen de 1 hectolitre de bonne avoine est d'environ 48 à 50 kilogrammes : il peut s'élever jusqu'à 55 kilogrammes dans les excellentes terres, et descendre jusqu'à 35 dans les sols maigres, crayeux ou sablonneux.

QUESTIONNAIRE.

102. Qu'appelle-t-on céréales ? — Quelles sont les céréales les plus importantes ?

103. A quelle époque sème-t-on le blé ? — Quelle quantité de semence répand-on par hectare ?

104. Combien le blé rend-il par hectare ? — Quel est le poids d'un hectolitre de froment ?

105. Quels sont les avantages de la culture du seigle ? — Quels sont les terrains convenables au seigle ? — Comment cultive-t-on le seigle ? —

A quelle époque faut-il semer le seigle ? — Y a-t-il du seigle de printemps ?

106. Combien le seigle rend-il par hectare?

107. Qu'appelle-t-on méteil?

108. Quels sont les usages de l'orge? — A quelle époque sème-t-on l'orge? — Comment cultive-t-on l'orge?

109. Quel est le rendement de l'orge?

110. A quels usages sert l'avoine? — Quels sont les terrains les plus convenables à l'avoine? — Quelle est la culture de l'avoine? — A quelle époque sème-t-on l'avoine? — Comment sème-t-on l'avoine?

111. Combien l'avoine rend-t-elle par hectare?

DIX-HUITIÈME LECTURE

CÉRÉALES (SUITE) : MAÏS. — SARRASIN. — MILLET ET SORGHO. — LÉGUMES SECS ET VERTS : POIS, — HARICOTS, — LENTILLES, — FÈVES.

Maïs. — 112. Le *maïs*, qu'on appelle mal à propos dans quelques localités *blé de Turquie*, ou *blé d'Espagne*, ou *gros millet des Indes*, est une plante très-utile. On en mange les grains, tantôt simplement grillés ou bouillis, quelque temps avant leur maturité ; tantôt réduits en farine et sous forme de bouillie. On fait aussi avec la farine de maïs du pain et des gâteaux. Ces mêmes grains sont pour les animaux une excellente nourriture.

Il n'est pas de plante plus féconde que le maïs ; il faut beaucoup moins de semences que de toute autre céréale pour le même espace de terre. Chaque pied donne ordinairement deux et trois épis ; chaque épi contient douze ou treize rangées, et chaque rangée trente-six ou quarante grains. Mais la culture du maïs n'est réellement productive que dans les régions du midi et du sud-ouest de la France et dans quelques départements des régions du Sud-Est et du Nord-Est.

On sème le maïs quand le retour des gelées n'est plus à craindre, c'est-à-dire depuis la fin d'avril jusqu'à la fin de mai.

Il y a deux manières de semer le maïs. Dans certains cantons, on sème ce grain à la main et en lignes, et on l'enterre à la charrue; dans d'autres, on le plante : cette dernière méthode est bien préférable. Il faut espacer les lignes de 50 à 60 centimètres. On peut, si l'on veut, utiliser l'intervalle qui sépare les lignes, en y mettant des légumes. On dépose un ou deux grains dans chacun des trous faits par le plantoir. Les grains ne doivent pas être enterrés trop profondément : environ 4 à 6 centimètres dans les terres fortes, et 6 à 8 centimètres dans les terres légères, sont les profondeurs convenables.

Quand les jeunes pieds de maïs ont atteint 20 centimètres de hauteur, et qu'ils montrent leur troisième ou quatrième feuille, on leur donne un premier binage. Quinze à vingt jours après, on bine de nouveau; plus tard, on éclaircit, c'est-à-dire qu'on arrache les pieds trop rapprochés les uns des autres, on supprime les rejets qui poussent à la base des pieds, et qui affameraient la tige principale, et l'on butte. Lorsque la floraison approche, on donne souvent un troisième binage et un second buttage.

Après la floraison, on écime la tige, c'est-à-dire on la coupe à 20 centimètres au-dessus de l'épi le plus éloigné du sol. La partie retranchée, la fleur mâle, est donnée comme fourrage vert au bétail.

Au mois de septembre ou octobre, quand les grains sont mûrs, on détache les épis, on les dépouille des feuilles qui les enveloppent et, à l'aide de ces mêmes feuilles, on les réunit en paquets qu'on expose à l'action du soleil ou de l'air sous des hangars, le long des habitations ou dans des greniers. Lorsque le centre (*rafle*) des épis est sec et cassant, on procède à leur égrenage.

113. Le produit du *maïs* offre de très-grandes variations; en France, il est généralement supérieur à celui du froment. Dans les terrains d'une fertilité ordinaire, on obtient facilement de 20 à 25 hectolitres de maïs par hectare.

Le poids d'un hectolitre de maïs est en moyenne de 75 kilogrammes.

Sarrasin. — 114. On fait avec la farine de *sarrasin* ou *blé* *noir*, de la bouillie, de la galette et des gâteaux assez nourrissants. Le grain de sarrasin est une bonne nourriture pour la volaille et les bestiaux ; les fleurs fournissent une abondante pâture aux abeilles pendant un espace de temps assez considérable, dans une saison où les autres fleurs commencent à manquer.

La culture du sarrasin exige peu de travail. Toute terre lui convient. Il ne redoute pas une température sèche, mais la moindre gelée le détruit, les orages nuisent à sa floraison, ainsi que la trop grande ardeur du soleil et les vents violents de l'est ; sa croissance est rapide. On peut le semer à toute époque de la belle saison, en prenant garde qu'il ne soit exposé aux gelées du printemps ni à celles de l'automne. Il ne faut que 50 à 60 litres de semence par hectare. La graine ne doit pas être enterrée profondément.

On le récolte quand ses tiges sont rougeâtres et lorsque la plupart de ses grains se laissent diviser par l'ongle ; on coupe avec la faucille et on met les tiges en faisceaux dressés sur le sol. Quand elles sont sèches, on bat en plein air avec le fléau. Le grain doit être remué souvent dans les greniers.

L'hectare de sarrasin produit de 12 à 30 hectolitres : l'hectolitre pèse environ 66 kilogrammes.

Millet, sorgho. — 115. Le grain qui fournit le *millet* ou *panis* est utilisé dans la nourriture de l'homme. On le cultive assez en grand dans les anciennes provinces du Sud-Ouest et de l'Ouest.

Le *sorgho à balais* est très-cultivé dans la vallée de la Garonne et du Rhône. Ses panicules servent à fabriquer les *balais blancs* et sa semence est utilisée dans l'éducation et l'engraissement des volailles.

On le cultive à peu près comme le maïs.

Légumes verts et secs.—116. La petite culture, et quelquefois aussi la grande culture, cultivent le haricot, les lentilles et les pois pour vendre leurs gousses à l'état vert, ou leurs graines quand elles sont arrivées à parfaite maturité.

La culture de ces légumes est aussi simple que facile. Ces plantes n'exigent pas d'arrosement; mais quelques-unes ont besoin de rames pour qu'elles puissent s'accrocher et s élever.

On les sème en place depuis la fin de l'hiver jusqu'au commencement de l'été, presque toujours en rayons ou en poquets, puis on les bine une ou deux fois.

Quand on les cultive en plein champ, on doit choisir les *variétés naines*, c'est-à-dire celles qui n'exigent pas de rames.

Pois. — 117. Les *pois* ne doivent pas être cultivés sur un sol fortement fumé.

On les sème depuis le 20 février jusqu'au commencement de mai en lignes espacées de $0^{m},33$. Les graines ne doivent être enterrées que de $0^{m},08$.

Il y a des variétés de pois dont on ne mange que les graines et bien rarement les cosses : on les nomme *pois à parchemin;* tels sont le *pois Michaux*, celui de *Clamart*, le *nain de Bretagne*, le *pois ridé*. Il y a d'autres variétés qu'on appelle *pois sans parchemin* ou *gourmands*, ou *mange-tout;* quand ceux-là commencent à mûrir, la cosse est aussi succulente que la graine, et l'on mange le tout ensemble; plus tard, le pois devient plus succulent et la cosse plus dure, et on les écosse comme les autres avant de les faire cuire.

Le *pois à purée* ou *pois vert normand* est une variété particulière. On récolte les pois à purée en sec; quand ils ont été divisés ou concassés, on les appelle *pois verts cassés.*

Haricots. — 118. Les *haricots* étant très-sensibles aux moindres gelées, ne doivent être semés qu'à l'époque où elles ne sont plus à craindre. Ces semis peuvent se renouveler pendant le reste du printemps et la moitié de l'été.

Le haricot aime une terre légère, assez bien fumée.

On le récolte pour le manger, ou en vert avec ses gousses, ou encore tendre sans ses gousses, ou enfin sec.

Parmi les principales variétés de haricots, on cultive de préférence, pour être mangés en vert, le *gris hâtif de Bagnolet*, celui de *Laon*, dit *flageolet*, et le *haricot sans parchemin*, pour être mangés en grains tendres ou en sec, celui de *Soissons* et le *blanc commun;* pour être mangés en sec seulement, ceux de *Prague*, de *Chartres*. de *Chine* et celui qu'on a surnommé *ventre de biche*.

Lentilles. — 119. Dans le Midi on peut semer les *lentilles* en automne ; mais, dans le reste de la France, on les sème en avril quand on ne redoute plus de gelées. On sème soit en poquets, soit en rayons; dans les deux cas, on sarcle. Comme les lentilles n'exigent pas de soins et qu'on ne les mange que sèches, on les cultive de préférence dans les champs.

La *lentille blonde de Gallardon,* est la plus belle; la plus petite est la *lentille à la reine.* La lentille cultivée en Auvergne et dans le Midi est petite et verdâtre; on l'appelle *lentille du Puy.*

Fèves. — 120. Les *fèves* se plaisent dans un sol substantiel et un peu frais : on les sème en rayons, à la profondeur de 8 à 12 centimètres. On doit les semer à la fin de l'hiver ou au commencement du printemps; il est utile de les pincer ou étêter. Elles n'ont pas besoin de rames.

La variété la plus estimée est la *fève de marais ;* la variété hâtive est la *fève naine* ou *julienne.*

QUESTIONNAIRE.

112. Quels sont les principaux usages du maïs? Quels avantages offre la culture du maïs? — A quelle époque faut-il semer ou planter le maïs? — Comment plante-t-on le maïs? — Quelles sont les cultures d'entretien nécessaires au maïs? — Comment le récolte-t-on?

113. Quel est le produit qu'il donne?

114. Comment cultive-t-on le sarrasin ou blé noir? — Quels sont les usages de son grain?

115. Parlez du millet et du sorgho à balais.

116. Quels sont les légumes secs et verts cultivés? — Comment les sème-t-on?

117. Parlez des pois ?

118. Quelles sont les variétés de haricots qu'il faut cultiver?

119. Parlez de la lentille.

120. Dites comment on cultive les fèves.

On dresse les tiges en faisceaux sur le champ pour égrener les capsules dans des cuves ou de larges baquets, lorsqu'elles sont bien sèches.

Le *pavot-œillette* rend dans les bonnes terres de 16 à 20 hectolitres de graines par hectare.

Cameline. — La *cameline*, que l'on appelle à tort camomille de Picardie, fournit une huile qui est bonne pour la peinture; on la sème à la volée en avril et mai et on la récolte comme la navette d'hiver.

Elle ne produit pas au delà de 12 à 18 hectolitres de graines par hectare.

Plantes textiles. — 125. Une plante *textile* est celle dont la tige fournit de la filasse, dont on fait du fil et ensuite de la toile.

Les plantes textiles, dont les graines sont aussi oléagineuses, sont le chanvre et le lin.

Chanvre. — 126. On cultive le chanvre pour sa filasse, dont on fabrique des cordes, des cordages et des toiles; on le cultive aussi pour ses graines dites *chènevis*, dont on extrait une huile qui sert pour l'éclairage et pour la confection des savons communs et des vernis.

Le chanvre demande une terre fraîche, de consistance moyenne, ameublie par de profonds et fréquents labours, et très-bien fumée.

L'époque des semailles du chanvre varie du 15 avril au 1er juin: en général, on peut semer immédiatement après les dernières gelées, que le chanvre redoute beaucoup. On recouvre très-légèrement la graine avec des râteaux. Il est bon de répandre sur les semis des débris de chènevotte, de fougère, de la vieille paille, qui tiennent la surface de la terre fraîche et protégent le jeune plant. Quelque bien couverte qu'ait été la graine, il ne faut pas la perdre de vue jusqu'à ce qu'elle soit entièrement levée, car les oiseaux, et surtout les pigeons, en sont très-avides.

Ordinairement, il faut 3 à 4 hectolitres de semence par hectare. Si l'on veut récolter de la graine de qualité supérieure, on sème plus clair, environ 250 à 300 litres, et l'on arrache ensuite les plants les plus faibles, de manière que ceux qui restent soient espacés entre eux d'environ 25 centimètres. On sème beaucoup plus épais, environ 4 à 5 hectolitres, lorsqu'on veut obtenir une filasse blonde, bien douce, facile à teiller et à filer, avec laquelle on fabrique de belle et bonne toile de ménage.

Il faut sarcler le chanvre et arroser même, si cela est possible, quand la sécheresse est très-prolongée. Quand on a semé très-dru, le sarclage est inutile, parce que la plante croissant rapidement, ses feuilles ont bientôt recouvert la surface du sol et étouffé les mauvaises herbes.

On ne récolte pas tout le chanvre à la même époque. Il y a deux sortes de tiges: celles qui ne portent pas de graine, on les appelle *chanvre mâle* (fig. 22-2), et celles qui portent de la graine, *chanvre femelle* (fig. 22-1). On reconnaît que le chanvre mâle est mûr quand ses tiges jaunissent; alors on l'arrache. Le chanvre *porte-graine* ou *chanvre femelle* n'est mûr qu'environ trois à quatre semaines après. On l'arrache en septembre, lorsque ses feuilles jaunissent et tombent, que ses sommités se fanent et s'inclinent, et que la graine commence à brunir. A mesure qu'on arrache le chanvre, on le lie en petites bottes, que l'on dresse en faisceaux: le mâle reste trois ou quatre jours exposé au soleil; le porte-graine y demeure plus longtemps, parce que les graines achèvent de mûrir. Il faut veiller à ce que les semences ne soient pas dévorées par les oiseaux. S'il pleut, on doit déplacer les faisceaux et les retourner pour les faire sécher.

Pour séparer la graine de chanvre, on frappe avec des bâtons sur les têtes des bottes, ou bien, ce qui vaut mieux, on les passe sur un gros peigne en fer qui arrache les sommités; puis on expose les graines avec leurs feuilles au soleil, et l'on vanne ou l'on crible. On les porte ensuite au grenier, où on les étend par couches très-minces, que l'on remue régulièrement, de peur qu'elles ne s'échauffent. Quand elles sont bien sèches, après un mois, on peut les mettre dans des sacs ou dans des tonneaux défoncés par un bout.

Rouir le chanvre, c'est le laisser tremper dans l'eau sta-

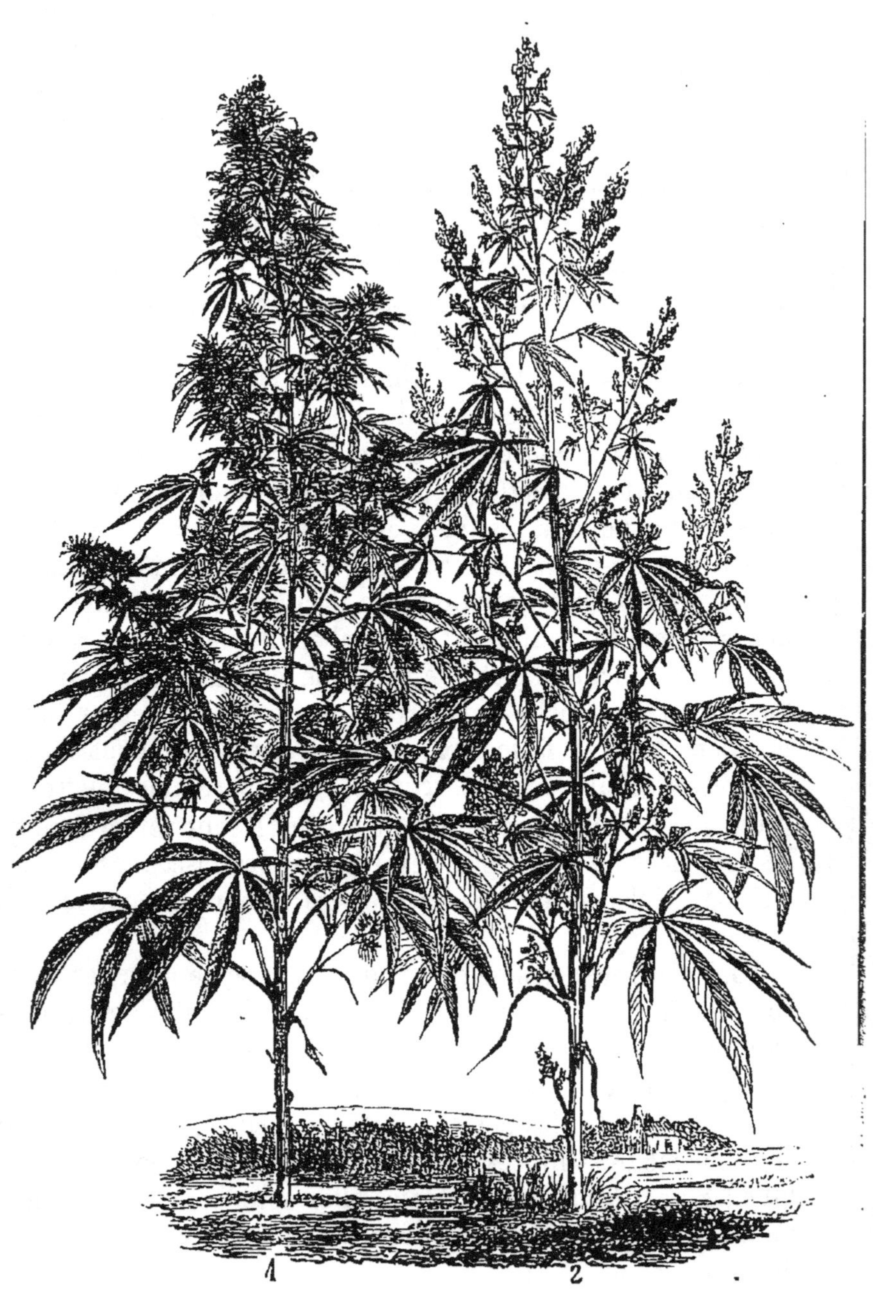

Fig. 22. Chanvre femelle. Chanvre mâle.

gnante ou courante jusqu'à ce que la filasse se détache aisément : on laisse le chanvre mâle submergé pendant environ huit à dix jours, et le chanvre porte-graine pendant douze à quinze, selon la température de l'eau. Au sortir du *routoir* (on appelle ainsi la fosse où l'on a plongé le chanvre), on délie les bottes et on les met sécher sur un pré ; ce qui ne demande que trois ou quatre jours, si le temps est favorable.

Le rouissage se fait à *eau courante* ou à *eau dormante*. On l'exécute aussi en étendant les tiges de chanvre sur une terre gazonnée. Ce dernier procédé est appelé *rosage* ou *rouissage à sec*.

On ne teille que les gros chanvres. *Teiller*, c'est, après avoir brisé l'extrémité de chaque tige, enlever à la main, d'un bout à l'autre, l'écorce qui recouvre la chènevotte ou tige ; *broyer*, c'est briser parfaitement la chènevotte et dégager la filasse à l'aide d'un appareil appelé *braye; peigner*, c'est diviser la filasse et la débarrasser des brins très-courts qui constituent la *bourre*.

Le *chanvre* donne de 1000 à 1200 kilogrammes de filasse peignée par hectare quand il a végété sur des terres de bonne qualité.

Fig. 23. — Lin de printemps.

Lin. — 127. Le *lin* (fig. 23) produit une filasse qui sert à faire des toiles fines et du fil à coudre ; ses graines donnent une huile qui s'emploie dans la peinture commune et pour la confection des vernis gras.

Il y a deux variétés de lin : le *lin d'hiver*, qui se sème dans les régions du Sud-Ouest et de l'Ouest, dans les premiers jours de septembre et qui passe l'hiver en terre; et le *lin de printemps* ou *lin d'été*, qui se sème depuis la fin de mars jusqu'au milieu de mai.

Le lin, en général, est une plante délicate, et ne réussit que sur un sol fertile, bien fumé, et préparé par plusieurs labours. Cette plante est une de celles qui épuisent le plus le sol; les fortes gelées la détruisent; elle réussit mal quand le printemps est sec ou quand le mois de mai est trop chaud; elle donne de mauvais produits quand le printemps est froid et l'été sec.

On sème à la volée environ 2 hectolitres par hectare; on herse et l'on passe le rouleau pour tasser la terre contre les graines et unir la surface du champ. On sarcle dès que le lin a $0^m,06$ de haut, et l'on répète plus tard l'opération si elle est nécessaire.

Quand les feuilles et la partie inférieure des tiges ont pris une teinte jaune, on arrache la plante et on réunit les tiges en petites bottes qu'on dresse pour les faire sécher; ce qui exige huit ou douze jours, selon que la saison est plus ou moins favorable. On bat ensuite pour récolter les graines; puis on rouit les tiges comme celles du chanvre.

La filasse fournie par le *lin* varie entre 500 et 600 kilogrammes par hectare.

QUESTIONNAIRE.

121. Qu'est-ce qu'une plante oléagineuse? — Nommez les plantes oléagineuses. — Quelles précautions doit-on prendre pour l'extraction de l'huile?

122. Qu'est-ce que le colza? — Quelle différence y a-t-il entre le colza d'hiver et le colza d'été? — Quels sont les avantages du colza? — Comment cultive-t-on le colza d'hiver? — Le colza d'été? — Parlez de la récolte du colza.

123. Qu'est-ce que la navette? — Comment cultive-t-on la navette d'hiver? — Comment cultive-t-on la navette d'été?

124. Parlez du pavot ou œillette et de la cameline.

125. Qu'est-ce qu'une plante textile? — Nommez les plantes textiles.

126. Quels sont les usages du chanvre? — Quel est le terrain convenable au chanvre? — Quand et comment sème-t-on le chanvre? — Quels doivent être les soins d'entretien? — Quand et comment récolte-t-on le chanvre? — Comment sépare-t-on la graine? — Qu'est-ce que rouir le chanvre? — Qu'est-ce que teiller le chanvre, le broyer et le peigner?

127. Quels sont les usages du lin? — Quelles sont les variétés du lin? — Quel est le terrain convenable au lin? — Comment cultive-t-on le lin? — Parlez de la récolte du lin.

VINGTIÈME LECTURE

PLANTES TINCTORIALES : GARANCE. — PASTEL. — SAFRAN GAUDE. — PLANTES A PRODUITS DIVERS : TABAC. — HOUBLON. — CARDÈRE. CHICORÉE A CAFÉ.

Plantes tinctoriales. — 128. Une *plante tinctoriale* est celle dont les racines ou les tiges, ou les feuilles ou les fleurs contiennent une matière colorante.

Les principales plantes tinctoriales sont la garance, le pastel, le safran et la gaude.

Garance. — 129. La *garance* est une plante vivace qui occupe la terre pendant deux ou trois ans, et dont les racines fournissent une belle couleur rouge. Sa culture ne peut réussir que dans une terre franche d'une nature particulière et profonde, qui ne se trouve guère que dans le département de Vaucluse, et aussi dans ceux du Gard, des Bouches-du-Rhône, du Haut et du Bas-Rhin. On défonce le terrain en automne ou au printemps, à l'aide de la bêche ou de la charrue, à une profondeur d'au moins 40 centimètres. On enterre le fumier par un second labour, au printemps : on herse et on sème en lignes sur des planches de 1 mètre à 1^m,50 de large, séparées par des sentiers de 0^m,30 de largeur où l'on ne sème rien. Il faut de 60 à 120 kilogrammes de graines par hectare[1].

On sarcle, cette première année, trois ou quatre fois. Au commencement de l'hiver, on prend de la terre dans les sen-

[1] On peut aussi semer en pépinière et transplanter les jeunes racines. Dans ce cas, la garance, au lieu d'occuper le même terrain pendant trente mois, n'y séjourne que pendant dix-huit mois.

tiers, et on en jette sur la garance, sans la tasser, une épaisseur d'environ 3 à 6 centimètres.

La seconde année, on sarcle et on butte. Dès que la tige est bien fleurie, on la fauche, à moins qu'on ne veuille récolter de la graine. C'est un très-bon fourrage.

La troisième année on arrose par irrigation, si l'on peut, et on fauche les tiges lorsque les graines sont mûres. A la fin de l'automne de cette troisième année ou au commencement de l'hiver, on arrache les racines. L'arrachage se fait à la bêche dans les petites exploitations ; dans les grandes exploitations, il se fait avec une très-forte charrue dont le soc pique jusqu'à une profondeur de 40 ou 50 centimètres. Beaucoup de personnes sont nécessaires à cette opération : les hommes rompent les blocs de terre et en dégagent les racines ; les femmes les ramassent et les étalent sur le sol. On porte ensuite la garance dans un grenier, on en jonche le plancher, on la remue souvent à la fourche, en évitant de briser les racines, et on l'emballe quand sa dessiccation est complète. Un hectare produit en moyenne 3000 kilogrammes de racines sèches.

Pastel. — 130. Le *pastel* est une plante dont les feuilles fournissent une belle couleur bleue. Cette culture, qui exige un sol riche et très-bien amendé, n'a lieu que dans les département de la Gironde, du Lot-et-Garonne et du Tarn. On sème au printemps ou en automne, ordinairement en lignes, environ 20 kilogrammes par hectare. On donne au pastel les mêmes soins qu'aux autres plantes sarclées. Lorsque les feuilles ont acquis tout leur développement, qu'elles commencent à s'affaisser et offrent sur leurs bords une nuance violacée, on procède à la cueillette, qui a lieu soit à la main, soit avec la faucille. On porte les feuilles sous des hangars où l'on les laisse se ressuyer, puis on les broie dans des moulins à cylindres cannelés, pour en obtenir une pâte qu'on arrose ensuite avec de l'urine ; quand la masse a fermenté, on la moule en petits pains qu'on livre au commerce dès qu'ils sont secs. Ces pains se nomment *coques*.

Safran. — 131. Le *safran* est une petite plante bulbeuse dont les fleurs [1] sont employées en médecine comme médica-

[1] Les trois stigmates ou filaments pistillaires.

ment, dans les cuisines comme assaisonnement recherché, et dans les arts comme fournissant une belle couleur jaune. On ne cultive guère le safran que dans quelques cantons des départements du Loiret et de Vaucluse.

La safran exige une terre de consistance moyenne, calcaire, chaude et sèche. On le plante en lignes en juillet ou août, on bine et on sarcle avec soin ; on en cueille les fleurs en septembre et en octobre, et on procède de suite à l'épluchage des pistils. Une safranière dure environ trois années et donne de 5 à 9 kilogrammes de safran par hectare.

Gaude. — 132. La *gaude* est une plante bisannuelle ; on extrait de ses tiges, feuilles et graines, une belle couleur jaune. Elle exige un terrain sablonneux ou silico-calcaire bien cultivé. On la sème en août à raison de 5 kilogrammes par hectare, et on l'arrache au mois de juillet suivant.

La culture de la gaude n'est pas très-répandue.

Plantes à produits divers. — 133. En outre des plantes oléagineuses, des plantes textiles et des plantes tinctoriales, on cultive des végétaux qui fournissent des produits spéciaux. Ces plantes sont le tabac, le houblon, la cardère et la chicorée à café.

Tabac. — 134. Le *tabac* est une plante annuelle, dont les feuilles séchées et préparées de diverses manières s'appellent aussi *tabac*. En France, on ne peut cultiver cette plante que dans un petit nombre de départements, avec la permission de l'autorité.

Le tabac se sème au printemps, en pépinière, dans une terre franche préparée avec beaucoup de soin, et dans laquelle on enterre du fumier qu'on a eu soin d'épandre à la surface avant l'hiver. On repique les jeunes plants en lignes, de 75 centimètres à 1 mètre de distance les uns des autres. On sarcle et l'on butte quand les plants ont atteint 30 centimètres de hauteur ; on ébourgeonne et on écime afin de ne laisser sur les pieds que le nombre nécessaire de feuilles fixé par les contributions indirectes. On récolte les feuilles avant qu'elles soient fanées, on les porte dans un lieu appelé *séchoir*, où on les laisse jusqu'à l'arrivée des premiers froids ; puis on les met en paquets appelés *manoques*, qu'on fait légèrement fermenter en tas, on les livre aux agents de la régie, qui seuls ont le droit de les acheter et de les manipuler.

Houblon. — 135. Le *houblon* est une plante grimpante à racines vivaces; il produit une espèce de fleur composée de

Fig. 24. — Rameaux de houblon.

feuilles écailleuses réunies en forme d'un très-petit œuf un peu allongé; c'est ce qu'on appelle *cône* du houblon (fig. 24) : les cônes du houblon sont employés dans la fabrication de la bière, parce qu'ils renferment une matière jaune, aromatique, appelée *lupuline*.

Généralement on plante le houblon au printemps et il ne produit que la deuxième année; dès la troisième il est en plein rapport ; une houblonnière bien entretenue peut durer vingt ans et plus. La terre doit être d'excellente qualité, plutôt sableuse que forte, profonde au moins de 65 centimètres, garantie des vents de l'ouest et du nord, parfaitement défoncée, fertilisée avec du fumier de bêtes à cornes bien consommé.

Les plants sont espacés de $1^m,30$ à $1^m,50$. On soutient les tiges à l'aide de perches hautes de 4 à 6 mètres, les pousses s'enroulent toujours autour des perches de gauche à droite. On bine, on sarcle et l'on butte.

L'époque de la récolte et de la maturité des cônes du houblon est indiquée par un léger changement de couleur dans les écailles : les cônes, qui étaient d'un beau vert, prennent une teinte d'un vert jaune doré et répandent une odeur forte; les écailles sont serrées et ont les pointes rosées. On cueille alors les cônes avec beaucoup de précaution et on les fait sécher sur des claies dans des séchoirs. Cette récolte a lieu vers la fin d'août ou en septembre, et doit se faire par un temps sec.

On conserve le houblon dans des sacs de toile dans lesquels on le tasse très-fortement.

Cardère. — 136. La *cardère* ou *chardon à foulon* est une plante bisannuelle dont les têtes hérissées de piquants (*bractées*) servent à carder les draps.

On la sème en mars en place ou en juillet en pépinière, pour la transplanter en septembre ou en octobre. Elle ne végète bien que sur les terres calcaires, sèches et de consistance moyenne.

Les pieds doivent être espacés les uns des autres de $0^m,50$.

On récolte les têtes en juillet ou août, lorsque les graines sont formées ; quand on coupe trop tôt, les crochets manquent de rigidité ; lorsqu'on récolte trop tard, les piquants sont cassants.

Les têtes les plus belles sont régulières, allongées et cylindriques.

La cardère sauvage a des pointes droites et non renversées.

Chicorée à café. — 137. La *chicorée à café* est une variété de *chicorée sauvage à grosses racines.*

On la sème en place et en lignes sur des terres riches et profondes. On arrache ses racines en automne pour les vendre aux industriels qui préparent la chicorée à café.

QUESTIONNAIRE.

128. Qu'appelle-t-on plante tinctoriale?
129. Qu'est-ce que la garance? — Comment cultive-t-on la garance? — Comment se fait l'arrachage ?
130. Qu'est-ce que le pastel ? — Comment cultive-t-on le pastel ? —
131. Qu'est-ce que le safran et comment le cultive-t-on?
132. Qu'est-ce que la gaude et comment la cultive-t-on ?
133. Qu'appelle-t-on plantes à produits divers ?
134. Pourquoi et comment cultive-t-on le tabac ?
135. Qu'est-ce que le houblon? — Comment cultive-t-on le houblon ? — Quels soins exige cette culture? — Parlez de la récolte du houblon.
136. Pourquoi et comment cultive-t-on la cardère?
137. Parlez de la chicorée à café.

VINGT ET UNIÈME LECTURE

DÉFINITIONS. — PRAIRIES NATURELLES. — PRAIRIES ARTIFICIELLES. FENAISON. — RÉCOLTE DES GRAINES.

Définitions. — 138. On appelle *fourrage* ou *plantes fourragères* les plantes dont les tiges ou les fanes sont propres à la nourriture des bestiaux.

Les *pacages*, les *pâturages*, les *herbages*, sont des terrains engazonnés dont les produits ne se fauchent pas, et sont consommés sur place par les animaux.

Les *prairies* sont des surfaces couvertes d'herbes, dont on fauche les produits pour les faire consommer par les animaux, en vert ou en sec.

Le *foin* est l'herbe des prairies, fauchée et ensuite desséchée.

Le *regain* est l'herbe plus ou moins abondante qui repousse dans les prairies au mois de septembre ou octobre, que l'on coupe ou que l'on fait pâturer, et qui forme ainsi une seconde, troisième ou quatrième récolte.

On distingue deux sortes de prairies : les prairies naturelles et les prairies artificielles.

Prairies naturelles. — 139. Les *prairies naturelles* sont celles qui se sont formées comme d'elles-mêmes, et où croissent mélangées diverses sortes de plantes ; elles durent toujours, mais elles exigent des engrais et des soins. On peut aussi former des prairies naturelles par les semis.

Il y a trois sortes de prairies naturelles : les prés secs, les prés moyens, les prés bas ou marécageux.

Les prés *secs* sont situés sur les hauteurs ou sur les pentes. En général, l'herbe en est peu élevée mais de bonne qualité ; si l'année est sèche, ces prés produisent peu ; ils ne donnent qu'un faible regain.

Les prés *marécageux* sont ceux où les eaux séjournent depuis la fin de l'été jusqu'au printemps ; l'herbe y est de mauvaise qualité ; en mûrissant, elle devient dure, la faux la coupe difficilement, et aucun animal ne la mange avec plaisir. Dans les prairies où les eaux ne sont stagnantes qu'une partie de l'année, le foin n'est pas de bonne qualité, mais peut cependant être utilisé.

Les prairies *à deux herbes* ou *à deux coupes* sont situées sur le bord des eaux courantes, dans le fond des vallées, dans les plaines peu élevées. Elles donnent des produits abondants à la première récolte, et fournissent un excellent regain que l'on fauche ou que l'on fait pâturer sur place.

140. Les prairies naturelles exigent quelques soins. Il faut les délivrer de la mousse, qui, en étouffant les bonnes herbes, causerait promptement leur destruction ; on arrache la mousse avec des râteaux, ou bien avec une herse à dents rapprochées ; ce travail peut se faire en hiver. On doit aussi y arracher les herbes vivaces nuisibles et y étendre les *taupinières*.

Les herbes nuisibles, qu'on doit détruire dans les prairies, sont surtout le plantin à larges feuilles, l'arrête-bœuf, la patience, la sauge des prés, les caille-laits et le colchique d'automne ou tue-chien.

L'*étaupinage* consiste à détruire ces nombreux soulèvements du sol que forment les taupes en creusant leurs galeries souterraines. La méthode la plus ordinaire est de répandre la terre des taupinières à l'aide de la pelle ou de la bêche, de manière à ne pas amonceler la terre plus en un endroit que dans l'autre. On fait cette opération au printemps et en automne.

Quelques prairies sont tellement améliorées par les débordements ou par les irrigations limoneuses qu'elles peuvent se passer d'engrais, quelques autres sont tellement fécondes qu'elles semblent ne devoir jamais s'épuiser. Mais, en général, la fertilité des prairies décroît assez promptement, surtout si l'on y fait annuellement deux coupes ; et il est nécessaire de les fumer de temps en temps.

Un hectare d'excellent pré à deux coupes peut produire jusqu'à 6,000 ou 8,000 kilogrammes de foin. Dans un pré sec, le produit varie entre 1,500 et 2,000 kilogrammes.

Prairies artificielles. — 141. Les *prairies artificielles* sont des champs où l'on a semé une plante fourragère qui y subsiste quelque temps, et qu'on remplace ensuite par une autre culture.

Les plantes les plus généralement employées pour former des prairies artificielles sont la luzerne, le sainfoin, le trèfle, la lupuline, le ray-grass, la vesce ou la jarosse et les pois gris.

142. La quantité de graine qu'on sème par hectare varie selon la nature du sol. Il n'y a pas d'inconvénient à semer dru, parce qu'alors le fourrage est plus fin, et par conséquent meilleur.

L'époque la plus convenable pour semer la luzerne, la lupuline, le trèfle et le sainfoin est le printemps. Ces plantes sont très-délicates dans leur première jeunesse, et dans le nord de la France, le froid ou l'humidité stagnante de l'hiver pourrait les détruire si on les semait en automne, comme cela a lieu dans la région du Midi.

143. Il faut prendre bien des précautions dans l'achat des graines de luzerne, trèfle et sainfoin. En général, il vaut mieux, même en payant plus cher, s'adresser à un cultivateur qu'aux marchands : ceux-ci livrent quelquefois des graines nouvelles mêlées à de vieilles semences.

La bonne graine de luzerne a une couleur jaune luisante ; celle du sainfoin est d'un jaune un peu rembruni ; celle du trèfle est vive, brillante, en partie d'un jaune clair, et en partie d'une jolie couleur violette. Les graines de la luzerne, quand elles sont anciennes ou qu'elles ont été récoltées par la pluie, sont rougeâtres ou brunâtres ; celles du sainfoin, vertes ou brunes, annoncent qu'elles ont été recueillies avant d'être mûres, ou qu'elles sont vieilles ; celles du trèfle, en vieillissant, se ternissent et rougissent.

144. Lorsqu'une prairie artificielle vivace vieillit, qu'elle présente un grand nombre de clairières et de mauvaises herbes, et qu'elle cesse de fournir la même quantité de fourrage, on doit la retourner, c'est-à-dire la renverser pour la détruire, soit à la bêche ou à la pioche, soit à la charrue.

145. La *luzerne* est une plante vivace qui durerait très-longtemps si le gazon ne parvenait pas à l'étouffer, en envahissant le sol qu'elle occupe. On la sème à raison de 15 à 20 kilogrammes par hectare à la volée ou en lignes ; on l'enterre à $0^m,02$ environ de profondeur. De toutes les plantes fourragères, c'est la plus productive ; elle donne trois coupes par an, et même quatre. Quoiqu'elle vienne à peu près partout, elle ne prospère que dans les terrains profonds et fertiles ; elle languit dans les localités arides et sur les fonds compactes, humides et froids.

La *luzerne* bien arrosée peut donner, dans le Midi, de quatre à cinq coupes, soit 10,000 à 12,000 kilogrammes de foin par hectare ; dans le nord de la France, son rendement sur des terres de bonne qualité ne dépasse pas de 6 à 8,000 kilogrammes.

146. Le *sainfoin* se sème et se cultive comme la luzerne ; mais il ne donne par an qu'une coupe, ou tout au plus deux. Le sainfoin est un des fourrages les plus précieux, non-seulement parce qu'il est excellent en lui-même, mais parce qu'il croît dans les terrains les plus médiocres, soit crayeux, soit siliceux, et qu'il les améliore sensiblement.

On le sème à raison de 3 à 4 hectolitres par hectare.

Le sainfoin donne de 3,000 à 5,000 kilogrammes de foin par hectare.

147. Le *trèfle* est de toutes les plantes fourragères celle dont la culture se concilie le mieux avec celle du blé, du colza, du lin. On le sème ordinairement au printemps, à raison de 12 à 15

kilogrammes par hectare sur les terres occupées par les avoines, les orges, les lins, les colzas ; on le coupe l'année suivante deux ou trois fois, puis on le détruit.

Le trèfle ne doit revenir sur le même terrain qu'au bout de cinq ou six ans.

Les deux coupes du *trèfle* réunies donnent de 4,000 à 6,000 kilogrammes de foin.

148. La *lupuline* ou *minette* est d'un assez faible rapport ; mais elle réussit dans les sols calcaires médiocres ; on la fait consommer en vert sur place par les bêtes à laine.

149. Le *ray-grass* donne un foin un peu dur, mais assez abondant ; on l'associe souvent au trèfle rouge quand cette dernière plante est cultivée sur des terres de seconde qualité.

150. Le *trèfle incarnat* ou *farouch* est une plante précieuse. On le sème en août à raison de 20 kilogrammes par hectare pour le faucher l'année suivante en mai. Il réussit mal sur les terres crayeuses ou calcaires du nord de la France, mais sur celles du Midi il donne un produit très-abondant. Il redoute les sols humides.

Le *trèfle incarnat* donne de 20,000 à 30,000 kilogrammes de fourrage vert par hectare.

151. La *vesce* est très-répandue en France. On la sème en automne ou au printemps pour la faucher en vert en juin, ou juillet et août.

On doit préférer pour les semis les graines de la dernière récolte. On sème plutôt dru que clair, de 2 à 3 hectolitres par hectare, à la volée. Dans les terrains légers, on doit enterrer les semences un peu profondément.

On associe la *vesce d'hiver* au seigle ou à l'avoine d'hiver, et la *vesce du printemps* à l'avoine de mars, dans le but de les ramer.

La vesce n'exige aucun soin, si ce n'est de faire garder les semis jusqu'à ce qu'ils aient levé, dans les pays où les pigeons et les tourterelles abondent.

Quand on demande des graines à la vesce, il faut la faucher aussitôt qu'une moitié environ de ses gousses sont mûres ; si l'on attendait plus longtemps, beaucoup de gousses s'ouvriraient et laisseraient échapper leurs graines, par un temps sec, ou pourriraient par un temps humide. On bat les vesces tantôt au fléau, tantôt à l'aide de simples gaules qui les égrènent assez bien lorsqu'elles sont sèches, surtout par un soleil ardent.

La *jarosse* ou *jarats* se cultive comme la vesce.

La *vesce* donne de 3,000 à 4,000 kilogr. de foin par hectare.

152. Les *pois gris* ou *bisaille* offrent des avantages importants : on les fait consommer par les animaux, tantôt comme fourrage, tantôt en grains, quelquefois même en farine.

La bisaille aime les terres un peu argileuses, qui conservent assez longtemps une fraîcheur convenable.

On les cultive comme les vesces.

153. Le *maïs* est une excellente plante fourragère. On le sème à la volée à diverses reprises, en mai et en juin; son produit atteint souvent 40,000 à 50,000 kilogrammes par hectare.

Fenaison.—154. On appelle *fenaison* l'ensemble des travaux par lesquels on convertit en foin les herbes des prairies naturelles et artificielles. Le fenaison comprend le fauchage, le fanage, l'emmeulage; viennent ensuite le bottelage et l'engrangement.

L'époque la plus convenable pour faucher les prairies naturelles est celle où les herbes qui les composent sont en pleine fleur ; plus tôt, le fourrage serait sans arome, sans saveur et peu profitable ; plus tard, les tiges seraient trop dures, et les animaux les mangeraient avec répugnance. Le fenaison ne se fait bien que par le beau temps. Il est bon de faucher de grand matin, quand l'herbe est humectée par la rosée.

Pour couper l'herbe, on se sert de la faux.

Les meilleures faux nous viennent de l'Allemagne. Il est nécessaire de les aiguiser souvent pendant le travail ; l'ouvrier porte toujours sur lui une pierre de grès qui lui sert à cet usage.

Le faucheur, en coupant les plantes et en les faisant tomber, en forme naturellement sur le sol des lignes qu'on appelle *andains*.

Après avoir fauché, on *fane*, c'est-à-dire on retourne les andains les uns après les autres, à l'aide d'une fourche en bois puis on les retourne aussi souvent que l'on peut jusqu'à deux heures avant le coucher du soleil ; alors, pour préserver l'herbe de la rosée de la nuit, on la réunit en petits tas, à l'aide de la fourche, d'un râteau en bois ou du *râteau mécanique* (voir la gravure au frontispice).

Le lendemain on l'étale de nouveau sur le gazon avec la fourche, et on la retourne de temps en temps jusqu'à ce qu'elle soit bien sèche ; on peut se servir de la *faneuse mécanique* (fig. 25) pour exécuter ce travail.

Quand l'herbe est fanée et que, par conséquent, le foin est fait, on en forme de gros tas que l'on appelle *meules* ou *meulons*, ou simplement *tas*, pour que le foin, ainsi entassé, achève de se dessécher et de jeter son feu, c'est-à-dire de s'échauffer en fermentant, et aussi pour qu'on puisse facilement le placer sur les voitures qui doivent le transporter dans les fenils.

Dans quelques pays, au lieu de renfermer le foin dans des bâtiments couverts, on en forme de grandes meules dans la partie la plus sèche du pré ou près de la ferme. Quand ces meules sont bien faites, le foin s'y conserve très-bien un an et même deux.

Quand le temps est favorable, le fauchaison et le fanage s'achèvent en quelques jours ; on laisse le foin encore deux ou trois jours en meules, puis on le rentre. On peut, avant de le rentrer ou après, le botteler, c'est-à-dire le lier en bottes de de 5 ou 10 kilogrammes ; on fait des bottes à un ou à trois liens : les bottes à un lien se font beaucoup plus vite, mais elles sont exposées à se défaire et à laisser perdre beaucoup de foin ; elles ne peuvent servir qu'à l'intérieur de la ferme.

La récolte du regain se fait comme celle du foin : elle a lieu en automne ; il ne faut pas attendre, pour l'exécuter, que saison soit trop avancée.

100 kilogrammes de fourrage vert donnent en moyenne de 25 à 27 kilogr. de foin.

Le foin, mis en meule, non bottelé mais pressé, pèse de 60 à 70 kilogr. le mètre cube.

Récolte des graines des prairies artificielles. — 155. Quand on cultive les prairies artificielles pour en obtenir du

Fig. 25. — Faneuse mécanique.

foin, ce qui en est l'usage le plus ordinaire, on les fauche de même que les prairies naturelles, lorsqu'elles sont en pleine fleur ; puis on fane avec précaution afin de ne pas faciliter la chute des feuilles ; on met ce foin en meules et on le rentre dans un fenil. On peut aussi récolter le regain comme celui des prairies naturelles.

Quand on destine une prairie artificielle à produire de la graine au lieu de donner du fourrage, on a soin d'y détruire la cuscute, afin que la graine soit bien pure. Pour le trèfle et la luzerne, on peut attendre la seconde coupe ; pour le sainfoin, il vaut mieux récolter les graines de la première pousse.

Le moment le plus favorable pour récolter la *graine du sainfoin*, c'est lorsque l'enveloppe extérieure commence à devenir gris jaunâtre ; il faut saisir ce moment ; car, plus tard, la gousse se détache de la tige et tombe. Après avoir fauché les tiges, on les laisse en andains durant un jour ou deux et on les porte à la grange, où on les bat ; la semence est ensuite étendue dans un grenier aéré ; on la remue de temps à autre pour empêcher qu'elle ne fermente.

Les *graines de luzerne* se détachent difficilement : pour reconnaître si elles sont mûres, on ouvre quelques gousses ; si la graine est d'un beau jaune, c'est signe qu'elle est mûre ; si elle est un peu verte, il faut attendre encore. On fauche, on laisse sécher les tiges, on bottelle, on bat au fléau, pendant les grands froids, afin que la graine se détache plus aisément ; puis on égrène les gousses à l'aide d'une machine à égrener ou on les soumet à l'action d'un moulin à tan ; on nettoie ensuite les graines avec soin, et on les conserve dans un lieu sec.

Pour avoir la *graine de trèfle*, on enlève les têtes quand elles sont noirâtres ou bien on fauche les tiges. Ce dernier moyen est le plus prompt et le plus économique. On traite la graine de trèfle comme celle de la luzerne.

La graine de luzerne se vend ordinairement 2 fr. à 2 fr. 50 le kilogr. ; la graine de trèfle ne vaut que 1 fr. à 1 fr. 50. Les graines de trèfle incarnat et de lupuline se vendent en moyenne 1 fr. le kilogramme.

QUESTIONNAIRE.

138. Qu'appelle-t-on fourrage? — Combien distingue-t-on de sortes d'herbes fourragères? — Qu'est-ce que les pacages? — Qu'est-ce que les prairies? — Qu'est-ce que le foin? — Qu'est-ce que le regain? — Combien distingue-t-on de sortes de prairies?

139. Qu'est-ce que les prairies naturelles? — Combien y a-t-il de sortes de prairies naturelles? — Parlez des prés secs. — Parlez des prés marécageux. — Parlez des prairies basses.

140. Quels soins doit-on donner aux prairies naturelles? — Quelles sont les herbes nuisibles qu'on doit détruire dans les prairies? — Qu'est-ce que l'étaupinage? — Faut-il fumer les prairies naturelles?

141. Qu'est-ce que les prairies artificielles? — De quelles plantes forme-t-on les prairies artificielles?

142. Quelles quantités de graines doit-on semer par hectare? — A quelle époque sème-t-on les prairies artificielles?

143. Quelles précautions faut-il prendre dans l'achat des graines de prairies artificielles? — A quels signes reconnaît-on les bonnes graines?

144. Quand faut-il détruire une prairie artificielle?

145. Parlez de la luzerne.

146. Parlez du sainfoin.

147. Parlez du trèfle.

148. Parlez de la lupuline.

149. Parlez du ray-grass.

150. Parlez du trèfle incarnat.

151. Parlez de la vesce et de la jarosse.

152. Parlez du pois gris.

153. Parlez du maïs.

154. Qu'appelle-t-on fenaison? — De quel instrument se sert-on pour faucher? — Comment fauche-t-on? — Parlez du fanage. — Parlez de l'emmeulage. — Parlez de l'engrangement et du bottelage. — Parlez de la récolte du regain.

155. Comment cultive-t-on les plantes des prairies artificielles quand on veut en récolter les graines? — Parlez de la récolte des graines de sainfoin. — Parlez de la récolte des graines de luzerne. — Parlez de la récolte des graines de trèfle.

VINGT-DEUXIÈME LECTURE

CULTURES SARCLÉES. — POMMES DE TERRE. — TOPINAMBOUR. — BETTERAVE. CAROTTE. — NAVETS. — RUTABAGA.

Cultures sarclées. — 156. Afin d'augmenter la masse des engrais, et de mieux nourrir le bétail, on cultive en grand quelques plantes que l'on ne cultivait autrefois que dans les jardins pour la nourriture des hommes. Les plus importantes sont la pomme de terre, le navet, la betterave et la carotte. Ces cultures s'appellent *cultures sarclées*, parce qu'on sarcle ces plantes plus souvent que les autres, ou *cultures par rangées*, parce que presque toujours, au lieu de les semer à la volée, c'est en lignes qu'on les sème ou qu'on les plante.

Les cultures sarclées ont de grands avantages. Elles nettoient le sol, le purgent d'un grand nombre de mauvaises herbes, et lui donnent ainsi une excellente préparation pour la culture des céréales ; elles fournissent aux bestiaux, pendant l'hiver et au commencement du printemps, des aliments abondants et salubres.

Pommes de terre. — 157. La *pomme de terre* (fig. 26), fournit une nourriture excellente pour les hommes et pour les animaux : depuis quelques années, cette plante précieuse est sujette à une sorte de maladie qui altère ses tubercules ; mais cette maladie commence à disparaître.

Les variétés les plus hâtives, sont : les pommes de terre *marjolin*, *shaw ou Saint-Jean*, les variétés de seconde saison, les pommes de terre *truffe d'août*, *vittelotte*, *violette* et les *jaune et rouge de Hollande*. Les plus tardives et les plus productives sont les pommes de terre *Jeuxy*, *chardon* et *bienfaiteur*.

Ordinairement on donne deux ou trois labours, l'un avant l'hiver, les autres au printemps. Lorsqu'on donne le dernier labour, une femme ou un enfant dépose les tubercules dans le sillon qui vient d'être ouvert ; la charrue les recouvre en ouvrant le sillon à côté. On peut aussi, à l'aide de la pioche ou de

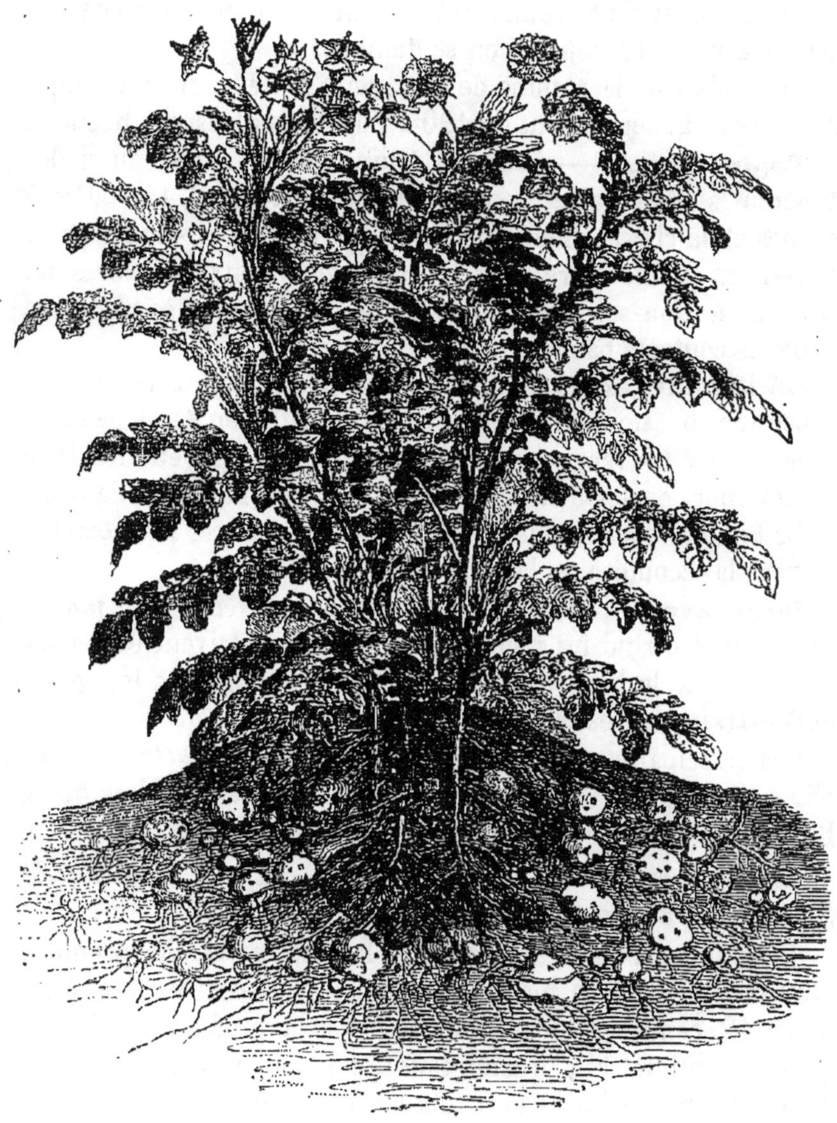

Fig. 26. — Pomme de terre en végétation.

la bêche, creuser des trous dans la terre récemment labourée et fumée, et y déposer les tubercules.

Les lignes de pommes de terre doivent être éloignées les unes des autres de 0m,50 à 0m,60, selon la richesse du sol et la variété cultivée.

Les pommes de terre doivent être binées et buttées avec soin. On les arrache en août ou en septembre.

Le produit de la pomme de terre, en France, varie beaucoup : il est assez généralement de 120 à 200 hectolitres par hectare.

Topinambour. — 158. Le *topinambour* fournit aussi des tubercules alimentaires pour l'homme, et surtout les bêtes à cornes et le cheval. Son tubercule, qui est très-rustique, passe l'hiver en pleine terre dans les sols sablonneux, calcaires ou crayeux à sous-sol perméable. Cette plante est très-répandue dans les contrées pauvres et en Alsace.

On la cultive exactement comme la pomme de terre, à cette exception toutefois qu'on laisse des tubercules en terre pendant l'automne et l'hiver, pour les arracher quand on veut les faire consommer, ou les distiller dans le but d'en obtenir de l'alcool.

Le topinambour donne de 100 à 250 hectolitres par hectare, suivant la fécondité de la couche arable.

Betterave. — 159. La *betterave* est cultivée comme *plante fourragère* quand les racines et les feuilles doivent être consommées par le bétail, et comme plante industrielle lorsqu'on doit extraire de ses racines du *sucre* et de l'*alcool.*

Les principales variétés fourragères sont la B. *disette ou champêtre* (voir fig. 2), la B. *jaune grosse*, la B. *disette blanche* le B. *globe jaune* (fig. 27), la B. *jaune d'Allemagne.*

Les variétés à sucre les plus estimées sont la B. *blanche de Silésie* et la B. *blanche à collet rose.*

Il y a deux manières de cultiver les betteraves. La première consiste à semer à la main une ou deux graines ensemble, à environ 12 centimètres de distance, et à la profondeur d'à peu près 3 centimètres ; quand tous les plants sont forts, on les éclaircit, en ne laissant entre chacun d'eux que l'espace de 25 à 35 centimètres. La seconde manière consiste à semer en pépinière et à la volée; quand les plants sont forts, on les repique en lignes dans une terre bien préparée, en observant les distances qui viennent d'être indiquées. Cette seconde manière n'est utile que dans les localités où la réussite des semis en place est très-incertaine; le succès du repiquage n'est assuré que s'il pleut à propos.

Les betteraves à sucre doivent être plus rapprochées sur les lignes que les variétés fourragères.

Le moment le plus favorable pour semer les betteraves est le

Fig. 27. — Betterave globe jaune.

mois de mars et d'avril : le jeune plant est peu sensible aux derniers froids.

Les betteraves exigent deux sarclages au moins, et trois dans les années pluvieuses; on doit avoir soin de ne pas endommager le collet des plantes avec l'instrument.

On peut cueillir les feuilles de betterave au mois de septembre quand les racines ont acquis tout leur développement. Quand on les donne aux bestiaux, il faut qu'elles soient fraîches, sans être mouillées. Cette opération n'est pratiquée que dans la petite culture, parce qu'elle est assez coûteuse et qu'elle nuit au développement des racines.

On arrache les betteraves en automne, par un temps sec; on coupe le collet pour empêcher la betterave de pousser pendant l'hiver, on nettoie les racines, et on les transporte dans le lieu où l'on doit les conserver.

La conservation des betteraves exige quelques soins. Elles doivent être placées dans une cave ou dans un silo en terre ou en maçonnerie également abrité contre les gelées et contre la chaleur. La betterave gèle et perd de ses qualités alimentaires quand elle reste exposée à un froid de 3 à 4 degrés au-dessous de zéro.

On réserve comme porte-graines les racines les plus belles, les mieux conformées; on les plante en février; on soutient leurs tiges à l'aide d'un tuteur; quand les semences jaunissent, on coupe les tiges et on les expose au soleil contre un mur, où elles achèvent de sécher : on enlève les semences et on les renferme dans des sacs.

Le produit de la betterave fourragère varie entre 40,000 et 80,000 kilogrammes. On obtient, en moyenne, dans les départements du Nord et du Pas-de-Calais, 35,000 kilogrammes de betterave à sucre par hectare.

Carotte. — 160. La *carotte blanche à collet vert* est cultivée en grand comme plante fourragère. Sa racine convient à tous les animaux.

On sème la carotte en mars et avril, en lignes espacées de 0m.40 à 0m,50.

Le produit moyen des carottes dans un terrain en très-bon état de culture est, par hectare, de 25,000 à 40,000 kilogrammes.

Navets. — 161. Les *navets*, ou *turneps*, ou *rabioules*, se cultivent à peu près comme la betterave, c'est-à-dire en rayons assez espacés pour qu'on puisse biner et façonner la terre. On sème depuis la fin de mai jusqu'au commencement de juillet. On les fait manger sur place par les moutons, ou bien on les arrache. Cette récolte peut se faire tard : la racine continue de grossir jusqu'aux gelées, qu'elle supporte assez mal.

Fig. 28. — Navet blanc plat hâtif.

Quand on sème des navets sur un chaume de blé au commencement d'août, il faut choisir impérieusement une variété hâtive comme le *navet turneps hâtif de Hollande*, le *navet blanc plat hâtif* (fig. 28), la *rave hâtive d'Auvergne*.

On choisit comme porte-graines les plus belles racines qu'on met en terre en février. Lorsque les tiges montrent des siliques jaunâtres contenant des graines noirâtres, on les enlève pour les faire sécher à l'air libre et ensuite les battre.

Rutabaga. — 162. Le *rutabaga* est une espèce de chou-navet qui résiste aux gelées ordinaires et qui se développe rapidement. On préfère assez généralement, et avec raison, la variété à chair jaune.

On le sème en mars en pépinière pour le transplanter au mois de juin.

Les rutabagas sont d'une grande utilité pour la nourriture des bestiaux, qu'ils engraissent promptement dans les contrées où la betterave ne vient pas très-bien.

QUESTIONNAIRE.

156. Qu'est-ce que les cultures sarclées ou cultures par rangées? — Quels sont les principaux avantages des cultures sarclées ?

157. Quels sont les avantages de la pomme de terre? — Parlez de la plantation, de la culture et de l'arrachage des pommes de terre.

158. Parlez du topinambour et de sa culture.

159. Quels sont les avantages de la betterave? — Comment sème-t-on les betteraves ? — A quelle époque sème-t-on les betteraves? — Quelle est la culture des betteraves ? — Quel usage fait-on des feuilles ? — Quand arrache-t-on les betteraves ? — Quels soins exige la conservation des betteraves ? — Comment se procure-t-on de la graine ?

160. Parlez de la carotte.

161. Parlez des navets ou turneps. — Comment se procure-t-on de la graine ?

162. Qu'est-ce que le rutabaga?

VINGT-TROISIÈME LECTURE

PLANTES PARASITES. — PLANTES, — ANIMAUX, OISEAUX, — INSECTES NUISIBLES A L'AGRICULTURE. — INSECTES NUISIBLES AUX GRAINS DÉPOSÉS DANS LES BATIMENTS.

ANIMAUX DESTRUCTEURS DES ANIMAUX ET INSECTES NUISIBLES.

Plantes parasites. — 163. Lorsque, pendant le mois de mars ou avril, il survient un temps à la fois humide et froid, certaines plantes cultivées, le froment d'automne, l'escourgeon d'hiver, perdent leur couleur verte et prennent une teinte jaunâtre ou une nuance qui rappelle la couleur de la *rouille* et qui est due à la présence d'un champignon. Ces divers états indiquent que ces végétaux sont malades et qu'il faut y répandre un engrais actif, par exemple, du guano du Pérou.

Quand les feuilles des arbres fruitiers présentent chaque année la même décoloration, on doit en conclure qu'ils ont été plantés dans un sol trop humide.

Les céréales sont attaquées par des champignons qui anéantissent parfois les épis comme le *charbon* et qui altèrent les grains comme la *carie* et l'*ergot*. On prévient ces maladies, en chaulant les grains du froment, du seigle et du maïs.

La vigne est exposée de nos jours à être attaquée par un champignon appelé *oïdium*. Quand cette maladie se montre sur une vigne, on doit s'empresser de la soufrer, c'est-à-dire d'y projeter de la fleur de soufre. Ce soufrage doit être répété une ou deux fois avant le commencement d'août. On l'exécute à l'aide d'un soufflet spécial.

La *morphée*, champignons microscopiques noirâtres qui attaquent les oliviers et les orangers, est difficile à détruire.

Il en est de même du champignon à filaments rougeâtres appelé *rhizoctone*, qui attaque les bulbes du safran et les racines de la garance et de la luzerne.

Presque tous les arbres fruitiers sont exposés à devenir *chancreux*. Quand on constate une semblable désorganisation, il faut nettoyer à fond la plaie et la couvrir d'onguent de Saint-Fiacre.

La *cuscute*, que l'on appelle *teigne*, nuit beaucoup aux luzernières et aux tréflières. On détruit cette plante parasite en fauchant la plante qu'elle enlace de ses filaments rougeâtres, et en arrosant les endroits sur lesquels elle s'est développée avec une dissolution de sulfate de fer.

Le *gui* nuit aux arbres fruitiers sur lesquels il végète. On doit le détruire avant la feuillaison des arbres.

Plantes nuisibles. — 164. On peut détruire la *mousse* et les *lichens* qui se développent sur les troncs et les ramifications des arbres fruitiers, en badigeonnant ces parties avec un lait de chaux.

Il faut aussi arracher avec soin les plantes indigènes, le *chardon*, le *coquelicot*, la *nielle*, le *mélampyre* ou *rougeole* et les *ivraies* qui végètent sur les terres occupées par les plantes cultivées. Ces végétaux épuisent la terre et produisent une énorme quantité de mauvaises graines.

Animaux nuisibles. — 165. La *taupe* (fig. 29), qui vit

Fig. 29. — Taupe.

d'insectes et mange beaucoup de *vers blancs*, travaille à midi, au lever et au coucher du soleil. Un peu avant qu'elle se mette en mouvement, on enfonce la galerie nouvellement soulevée qui aboutit à une des *taupinières* (petit monticule que fait la taupe en formant ses galeries) ; on reste à l'affût sans faire le moindre bruit, et pendant qu'elle travaille à rétablir sa galerie, on l'enlève d'un coup de bèche.

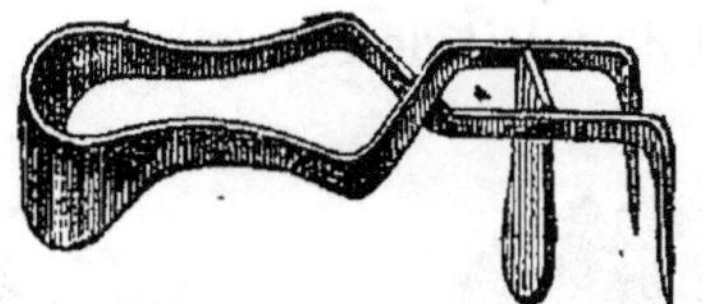

Fig. 30. — Piége en fer pour les taupes.

On prend aussi des taupes avec des appareils qu'on appelle *fers* ou *piéges à taupes* (fig. 30, 31 et 32).

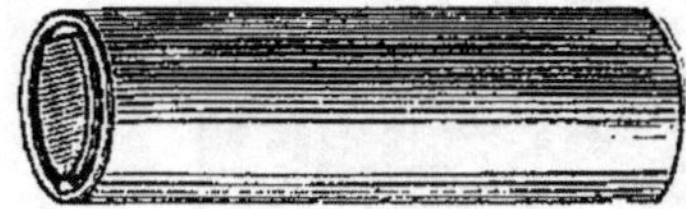

Fig. 31. — Piége en bois pour les taupes (vue extérieure).

Fig. 32. — Piége en bois pour les taupes (coupe longitudinale).

Oiseaux nuisibles. — 166. Les moyens employés contre les *oiseaux* sont les appâts, les épouvantails et les filets. Mais tous les oiseaux ne sont pas nuisibles; on doit s'attacher surtout à détruire les moineaux, la grive, le bouvreuil, les pigeons ramiers, les tourterelles qui ne vivent pas d'insectes et dont tout le monde connaît les dégâts.

Insectes nuisibles aux plantes cultivées. — 167. Les choux et les arbres fruitiers sont attaqués par les *chenilles*. Le plus sûr moyen de détruire ces insectes consiste à les ramasser la nuit à l'aide d'une lanterne, ou le matin à la pointe du jour. On doit aussi prévenir leur apparition au moyen de l'*échenillage* exécuté à la fin de l'hiver. Cette opération consiste à retrancher avec soin, en taillant les arbres, les anneaux d'œufs qu'elles ont déposés sur les branches, à couper et enlever les nids qu'on remarque sur les arbres en plein vent avec l'*échenilloir* et à les brûler ; enfin plusieurs oiseaux chassent les chenilles et en font une grande destruction.

On détruit le *puceron lanigère*, si commun parfois sur les arbres à pepins, en nettoyant leurs écorces avec une brosse et en les badigeonnant d'un lait de chaux vive.

Fig. 33. — Hanneton.

168. Les *hannetons* (fig. 33) sont, après les chenilles, les plus grands ennemis des arbres ; ils apparaissent en avril et mai. Il

faut, à midi, secouer les arbres sur lesquels ils se sont réfugiés pour les faire tomber, les ramasser et les jeter dans une fosse avec de la chaux vive. C'est à la fin de la troisième année que la larve (fig. 34) se transforme en nymphe (fig. 35) et l'année suivante en insecte parfait.

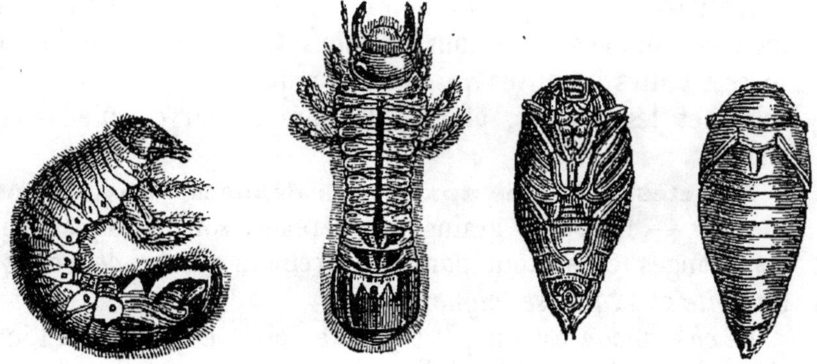

Fig. 34. — Larve du hanneton.

Fig. 35. — Etat des larves à la fin de la troisième année.

La larve du hanneton, connue sous le nom de *ver blanc* ou *turc*, cause de grands ravages, et malheureusement ce n'est que par la destruction de la racine des plantes dont elle se nourrit qu'on s'aperçoit de sa présence. Un des meilleurs moyens à employer est de prévenir sa multiplication, en détruisant les hannetons.

Si on craint qu'il n'y ait des vers blancs dans un carré ou dans une planche dans laquelle on a mis des plantes qui redoutent leurs ravages, on y met quelques pieds de fraisier ou de laitue qu'ils aiment beaucoup. De temps à autre, on visite ces deux plantes ; dès qu'elles se fanent, on fouille à leur pied, et on est sûr d'y trouver un ou plusieurs vers blancs. Quoi qu'il en soit, il est utile, lorsqu'on laboure un terrain, de ramasser avec soin tous les vers blancs déterrés par la bêche.

169. Les céréales en végétation sont quelquefois attaquées par un insecte que l'on appelle *saperde* des blés et qui est commun ordinairement dans les environs d'Angoulême. On détruit cet insecte en arrachant et en brûlant, après la moisson, le chaume

dans lequel se réfugie la larve, après avoir rongé intérieurement la tige du blé.

170. La vigne est souvent attaquée par la chenille de l'insecte appelé *pyrale de la vigne*. On détruit les œufs qu'elle produit en abondance, en *échaudant* les ceps avant le développement des bourgeons.

L'olivier est attaqué avant sa maturité par la larve d'une mouche connue sous le nom de *dacus de l'olivier*. On doit ramasser toutes les olives qui ont été piquées et qui tombent des arbres et les écraser, afin de détruire les larves qu'elles renferment.

Insectes nuisibles aux grains déposés dans les bâtiments. — 171. Les grains des céréales sont attaqués dans les granges et surtout dans les greniers par le *charançon*, l'*alucite* et la *fausse teigne*.

Le *charançon* est un petit insecte noirâtre qui ronge l'intérieur des grains du blé et du maïs, et qui commet parfois des dégâts considérables. On prévient ses ravages en ayant des greniers bien carrelés, très-propres et blanchis une ou deux fois par an à la chaux, et en remuant souvent les grains; quand l'aire des magasins est formée par un plancher, on doit avoir le soin de faire bien boucher les fentes qu'on y observe pour empêcher les charançons de s'y réfugier.

L'*alucite* est un petit papillon qui appartient à la classe des teignes. Sa larve, qui est blanchâtre, fait dans les régions du Sud-Ouest et des plaines du Centre autant de ravages dans les greniers et les granges à grains que le charançon. On l'arrête dans ses dégâts en battant les gerbes des céréales qu'elle attaque, et livrant à la vente les grains dans lesquelles elle vit.

La *fausse teigne* est presque aussi redoutable que l'alucite.

Les pois et les lentilles sont attaqués par un insecte aplati que l'on nomme *bruche*. Avant de consommer ces semences, il faut les jeter pendant quelques minutes dans une eau bouillante, afin de les en faire sortir.

Animaux destructeurs des animaux et insectes nuisibles. — 172. Les animaux et les insectes qui nuisent aux récoltes ont de nombreux ennemis

Le *hérisson* vit d'insectes et d'animaux.

Certains oiseaux, l'*hirondelle*, la *mésange*, la *fauvette*, le *rossignol*, le *merle*, le *roitelet*, le *geai*, les *pics-verts*, etc., se nourrissent exclusivement d'insectes, de larves et de chrysalides. Aussi est-ce une faute que de détruire les nids des oiseaux insectivores. Sans ces oiseaux chanteurs, âmes vivantes de nos campagnes, les insectes nuisibles, les chenilles, les pucerons, les larves du hanneton, les limaces, etc., occasionneraient à l'agriculture des pertes annuelles incalculables.

QUESTIONNAIRE.

163. Quels sont les végétaux parasites? Comment détruit-on la cuscute?

164. Quelles sont les plantes que l'agriculture regarde comme nuisibles?

165. Tous les oiseaux sont-ils nuisibles?

166 à 170. Parlez de la taupe, des chenilles et du hanneton.

171. Quels sont les insectes qui attaquent les céréales dans les granges et les greniers? — Quelles précautions peut-on prendre pour arrêter leurs ravages?

172. Faut-il détruire les hérissons? — Quels sont les oiseaux qu'on appelle insectivores? — Quels services rendent-ils à l'agriculture?

VINGT-QUATRIÈME LECTURE

VÉGÉTAUX LIGNEUX. — SEMIS A DEMEURE. — PÉPINIÈRE.

Végétaux ligneux. — 173. Tous les *végétaux ligneux* [1], sont vivaces. Les uns meurent à l'âge de vingt, trente ou quarante ans; les autres sont encore très-vigoureux à l'âge de cent vingt à cent cinquante ans. L'if est un des arbres qui, en Europe, vivent le plus longtemps.

174. Ces végétaux ont un tronc qui devient parfois une tige très-élevée et qui est simple ou ramifiée. La tige du peuplier,

[1] Voir page 3.

du sapin est droite et élancée, celle du bouleau est ordinairement inclinée ou tourmentée, celle du hêtre est souvent simple, celle du chêne et du châtaignier est presque toujours ramifiée.

Le tronc et les ramifications se composent de trois parties : 1° du *cœur du bois*, qui est la partie la plus intérieure ; 2° de l'*aubier*, qui est le *bois imparfait* et de formation récente ; 3° de l'*écorce*, qui est l'enveloppe externe.

La *moelle*, toujours très-apparente dans les jeunes arbres et surtout dans les nouvelles pousses du sureau, se solidifie avec l'âge ; elle est contenue dans une sorte de tube ligneux que l'on a appelé *étui médullaire*.

Tous les troncs s'accroissent circulairement et diamétralement. Voilà pourquoi quand on scie la tige d'un arbre, on distingue aisément des zones concentriques annuelles. On peut évaluer l'âge d'un arbre ou d'une branche d'après le nombre de ses cercles ligneux.

175. Le bois est compacte ou léger suivant les espèces. Les bois de chêne, d'orme, d'érable, de buis sont *durs ;* ceux du noyer, du pommier, du poirier, du cerisier sont aussi très-compactes et susceptibles de prendre un beau poli. Le bois du bouleau, du saule, du peuplier, du platane, du mélèze, du sapin, sont jaunâtres et légers.

Généralement les bois les plus durs sont ceux qui renferment le plus de matières combustibles.

Avec l'âge, souvent le saule, le châtaignier et le tilleul pourrissent au cœur et deviennent creux. Nonobstant, ils continuent à végéter et à fournir des pousses ou des fruits, parce que la séve continue à circuler à travers l'aubier.

176. Les troncs de tous les arbres ont une écorce lisse quand ils sont jeunes, mais cette écorce avec le temps se gerce, se fendille, se crevasse et devient rugueuse ou irrégulière. Le charme, le hêtre, le platane et le pin du lord Weymouth sont les seuls arbres qui conservent leurs écorces lisses et unies très-tardivement.

Certains arbres, comme le cerisier, le bouleau, le platane ont une écorce feuilletée qui se détache d'année en année par morceaux plus ou moins grands.

Enfin, c'est de l'aubier que viennent les parties résineuses et gommeuses qui s'épanchent en dehors du tronc ou des ramifications, quand on fait une blessure au cerisier, au pêcher, au pin maritime, au sapin épicéa, ou lorsque leurs écorces présentent de profondes gerçures.

On remarque souvent sur les troncs des châtaigniers et de tilleuls des boules plus ou moins développées. Ces nodules sont des bourgeons qui ne se sont pas développés en longueur.

177. La cime de quelques arbres prend peu de développement et reste effilée. Ce fait s'observe dans le peuplier d'Italie, le cyprès pyramidal. Chez d'autres, elle acquiert parfois une grande dimension. Les arbres fruitiers qui ont leurs cimes très-développées sont le châtaignier et le noyer; le chêne et le hêtre sont certainement les arbres forestiers dont les cimes sont les plus remarquables. Celle du pin pignon est étalée.

178. Les *bourgeons* sont plus ou moins nombreux selon les espèces. Les bourgeons terminaux du mûrier et du cerisier gèlent souvent dans les contrées septentrionales ou au centre des montagnes des Cévennes. Alors sa tige ou sa ramification s'allonge par un des bourgeons axillaires. Ces bourgeons ou *yeux* naissent ordinairement à la fin du printemps ou à la fin de l'été; ils grossissent et deviennent *boutons* pendant le cours de cette dernière saison; ils restent stationnaires pendant l'hiver; mais au printemps ils grossissent de nouveau et se développent, et c'est alors qu'ils prennent le nom de *bourgeons*.

Le bourgeon, qui est le résultat d'un œil adventif, est appelé *faux bourgeon*. On doit le supprimer à la taille, parce qu'il fatigue l'arbre sans servir à sa fécondité.

179. Dans les arbres à fruits à pepins, les fruits naissent ou sur des branches courtes, grosses, ayant au plus $0^m,06$ de long, et que l'on appelle *bourses* dans le poirier, et *lambourdes* dans le pommier; ou sur des branches longues de $0^m,16$ à $0^m,24$ que l'on nomme *brindilles*. Dans les arbres à fruits à noyaux, ils naissent sur des branches minces et longues qu'on appelle *brindilles* ou *lambourdes;* et, quelle que soit la nature de l'arbre, les boutons à fruits sont toujours visibles au moment de la taille. Des bourses, des lambourdes et des brindilles, on

peut faire sortir des branches à bois; il suffit pour cela de couper la tête aux bourses et lambourdes, et de couper des brindilles très-court, sur un œil ou deux au plus. Ainsi, la séve se portant le plus abondamment dans les yeux réservés, le germe des fleurs y avorte et se transforme ensuite en boutons à bois.

180. Les végétaux ligneux doivent être divisés en deux classes, comprenant 1° les *arbres à feuilles caduques;* 2° les *arbres à feuilles persistantes.*

Les premiers, comme le châtaignier, le noyer, le hêtre, etc., se dépouillent de leur feuillage à l'entrée de l'hiver; les seconds, comme l'olivier, l'oranger, le chêne vert, le houx, le sapin, le cèdre, conservent toute l'année leur verdure sombre. Sauf les arbres résineux, les végétaux à feuilles persistantes sont beaucoup plus délicats que les arbres à feuilles caduques.

Généralement, dans les contrées méridionales, la plupart des végétaux ligneux qu'on y rencontre ont des feuilles persistantes, comme le chêne-liége, le chêne vert, l'alaterne, etc.

Les *noix de galle* qu'on remarque dans les feuilles du chêne sont des excroissances provoquées par la piqûre d'un insecte qu'on appelle *cynips.*

Semis à demeure. — 181. On multiplie les végétaux ligneux à l'aide de semis, de rejetons, de la marcotte et de la bouture.

Les semis se font en place ou dans une pépinière.

On sème à demeure la plupart des arbres forestiers : le chêne, le bouleau, le hêtre, le pin maritime, le sapin, l'épicéa, etc. Ce mode de multiplication est souvent plus certain que le peuplement à l'aide de jeunes plants.

On ne sème jamais en place les arbres fruitiers; on préfère les élever dans une pépinière, les planter à demeure et les greffer ensuite ou les mettre en place quand ils ont deux ans de greffe.

On pourrait, il est vrai, les semer à demeure, c'est-à-dire à la même place où l'on désire qu'ils végètent; les plants deviendraient plus vigoureux et vivraient plus longtemps que ceux qu'on a retirés des pépinières; mais ce mode de culture ferait perdre beaucoup de temps et on jouirait beaucoup plus tard.

La vigne, le groseillier et le framboisier sont les seuls arbustes ligneux appartenant à la culture fruitière qu'on ne multiplie pas de graines.

Pépinière. — 182. Une *pépinière* est un enclos où l'on sème des pepins, des noyaux, des graines, et où l'on plante des rejetons et des boutures, pour élever les jeunes arbres qui en proviennent jusqu'à ce qu'on puisse les planter à demeure.

On choisit pour la pépinière un endroit bien exposé; la terre doit être profonde, fraîche et très-meuble; mais il ne faut ni terreau ni fumier.

Il est à désirer que la terre de la pépinière ne soit pas très-fertile, de peur qu'ensuite les arbres, transplantés dans un moins bon terrain, ne s'y plaisent pas.

Les plants qu'on obtient de semis doivent être déplantés à la fin de leur première année pour être *rigolés* ou *repiqués* en lignes sur une terre bien ameublie. Cette opération se fait en octobre ou novembre; elle a pour but d'espacer plus ou moins les plants les uns des autres.

Après l'arrachage, on procède à l'*habillage* des racines, et on rabat les tiges à un œil ou deux yeux dans le but d'obtenir un scion vigoureux et droit.

On doit déplacer chaque année, ou au plus tard tous les deux ans, les sujets déjà développés, greffés ou non, qui séjournent dans la pépinière. Par cette *déplantation* on arrête la végétation des grosses racines et favorise le développement du chevelu.

Si l'on a égard aux soins nombreux que réclame une pépinière, et aux nombreuses pertes qu'on fait nécessairement, on reconnaîtra que, pour quelqu'un qui ne possède pas un vaste jardin, il y a plus d'économie à acheter les arbres qu'à les élever en pépinière, d'autant plus que l'art du pépiniériste est difficile, et que, pour y réussir, il faut s'en être occupé sérieusement.

183. Au lieu d'acheter dans les pépinières des arbres tout greffés, on peut prendre dans les bois des sauvageons appelés *égrains*, et les greffer en tête et en fente, soit au moment où on les plante, soit, ce qui vaut mieux, dans les années suivantes, lorsqu'ils auront poussé quelques branches. Ces arbres sont

moins délicats, s'élèvent plus haut et ont un plus bel aspect que ceux qui ont été greffés au pied.

On doit, s'il est possible, aller choisir chez les jardiniers ou chez les pépiniéristes les arbres qu'on veut planter; on ne doit acheter que ceux qui sont d'une belle venue, dont l'écorce est nette et lisse, et qui ont de bonnes racines. On veille à ce qu'ils soient arrachés de la pépinière avec le plus grand soin; on enveloppe les racines de mousse, pour qu'elles ne restent point exposées à l'air: et aussitôt qu'on a les arbres à sa disposition, on les plante sans perdre un moment.

Mais si l'hiver survient tout à coup et empêche de les planter, on les met tous ensemble, ou plusieurs ensemble, dans une fosse creusée à bonne exposition, et où l'eau ne puisse séjourner; on remplit ensuite la fosse de terre, et même on la couvre de paille, pour que les gelées ne puissent y pénétrer ni trop brusquement ni trop avant. Il suffit que les racines soient enterrées dans la fosse; les tiges peuvent fort bien rester exposées à l'air. Les arbres mis en jauge passent ainsi l'hiver, et on les plante en février ou au commencement de mars.

QUESTIONNAIRE.

173 et 174. Qu'est-ce qu'un végétal ligneux? — Quelles sont les parties qui composent le tronc? — Qu'est-ce qu'on appelle étui médullaire? — Comment les troncs des arbres s'accroissent-ils? — Comment peut-on évaluer l'âge d'un arbre?

175 à 176. Les bois ont-ils les mêmes propriétés? — Comment végètent les arbres qui ont des troncs creux? — Les écorces des arbres sont-elles toujours lisses ou rugueuses?

177. La cime des arbres est-elle toujours effilée ou étalée?

178. Lorsqu'un bourgeon terminal a été gelé ou détruit, comment la tige s'allonge-t-elle? — Qu'appelle-t-on faux bourgeon?

179. Qu'appelle-t-on bourses, lambourdes et brindilles dans les arbres fruitiers?

180. Qu'est-ce qu'un arbre à feuilles caduques? — Qu'est-ce qu'un arbre à feuilles persistantes? — Les arbres à feuilles persistantes sont-ils plus délicats que les arbres à feuilles caduques?

181. Quels sont les différents moyens de multiplier les végétaux ligneux? — Quels sont les arbres que l'on sème en place? — Comment élève-t-on les arbres fruitiers?

182. Qu'est-ce qu'une pépinière? — Qu'est-ce que repiquer les jeunes plantes? — Qu'appelle-t-on habillage? Est-il utile de déplacer les plantes qui séjournent dans les pépinières?

183. Où prend-t-on les arbres qu'on veut planter?

VINGT-CINQUIÈME LECTURE

AVANTAGES DE LA GREFFE. — GREFFE EN FENTE, COURONNE, — ÉCUSSON. — PLANTATION EN PLEIN VENT, — EN ESPALIER. ENTRETIEN DES ARBRES.

Avantages de la greffe. — 184. C'est au moyen de la greffe qu'on fait porter aux arbres de bons fruits. *Greffer*, c'est transporter sur un végétal une partie vivante d'un autre végétal, qui y croîtra comme sur son pied naturel. A-t-on reconnu qu'un arbre produit des fruits délicats, on en détache un petit rameau et on l'implante sur le tronc ou sur la branche d'un arbre vigoureux ; celui-ci communique sa force au petit rameau qui grossit comme s'il était une de ses branches, et qui donne les mêmes fruits que l'arbre dont on l'a détaché.

Le petit rameau détaché s'appelle *greffe* ; le pied sur lequel on l'implante s'appelle *sujet*.

Pour que l'opération réussisse, il faut qu'une partie de l'écorce de la greffe soit posée bien exactement contre l'écorce du sujet ; c'est par leurs écorces qu'ils s'unissent et se soudent ensemble.

On ne peut pas placer une greffe sur un arbre quelconque ; l'opération ne peut réussir que lorsque le sujet et la greffe sont d'une même espèce ou d'une espèce à peu près semblable. Ainsi, on ne réussirait pas si l'on essayait de greffer des pommiers sur des cerisiers ou même des poiriers.

Le principal avantage de la greffe, soit en fente, soit en couronne, soit en écusson, c'est de conserver et de multiplier les fruits agréables.

Il est impossible de multiplier une bonne espèce de fruits en semant des noyaux ou des pepins de ce fruit. L'arbre qui provient d'un pepin ou d'un noyau est vigoureux et peut servir de sujet; mais presque toujours il ne donne par lui-même que des fruits sauvages ; il faut le greffer.

Les principales sortes de greffes sont : la greffe en fente, la greffe en couronne et la greffe en écusson.

Greffe en fente. — 185. La *greffe en fente* s'appelle aussi *ente*, ou *poupée : ente*, à cause des entailles qu'on fait dans le bois; *poupée*, à cause du linge dont on enveloppe la partie greffée. Elle consiste (fig. 36) à insérer un petit rameau garni de deux ou trois boutons dans une fente pratiquée soit sur une forte branche, soit sur un tronc.

Pour greffer en fente, on choisit un petit rameau bien sain, de l'année ou de deux ans, garni de trois bons yeux, et l'on retranche ce qui est au-dessus du troisième œil. Comme il est bon que la végétation de la greffe soit en retard sur celle du sujet, on coupe ce rameau quelques jours avant l'opération, ce qui arrête la circulation de la séve, et on le tient dans un lieu humide et frais.

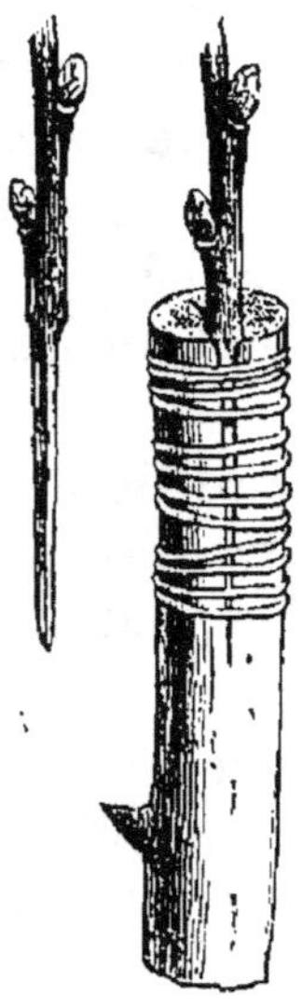

Fig. 36. — Greffe en fente.

Quand le moment de l'opération est venu, on scie, à la hauteur qu'on peut, la branche ou la tige sur laquelle on veut greffer et on unit avec la serpette la section qu'on vient de faire ; on fait ensuite sur la partie où l'on veut placer la greffe, une fente avec un couteau sur lequel on frappe à petits coups de maillet.

Lorsque la fente est faite, on y enfonce pour un moment, afin de la forcer à rester ouverte, un petit coin de bois. On prend alors le petit rameau dont on a eu soin d'avance de tailler le gros bout en coin (fig. 36), afin qu'il entre aisément dans la fente et on l'y introduit ; on retire ensuite le coin, et la greffe se trouve fortement serrée par le sujet. On a soin que les écorces du côté extérieur s'unissent parfaitement l'une à l'autre.

On couvre le reste de la fente avec de la cire à greffer, de l'onguent de Saint-Fiacre ou de l'argile additionnée de bouse de vache, et l'on recouvre le tout avec un linge qu'on entortille d'osier, de paille ou de jonc. Ainsi la plaie est comme emmaillotée. On fera bien de conserver cet appareil jusqu'à l'entrée de l'hiver, surtout si le pays est exposé aux coups de vent.

Si le sujet a 0m,25 environ de tour, on doit y placer deux greffes, opposées l'une à l'autre. Quand le tronc est très-gros, on le greffe en couronne.

186. Tous les arbres à pepins et à noyau, à l'exception du pêcher, peuvent être greffés en fente.

On ne doit jamais greffer en fente des sujets faibles. Si le pied de l'arbre qu'on greffe en fente n'a pas 0m,03 de tour, il est à craindre qu'avant la troisième ou quatrième année, la greffe n'ait pas grossi beaucoup plus que le pied ; les bourrelets qui se forment toujours entre le sujet et la greffe seront très-gros ; l'arbre n'aura pas un bel aspect et ne durera pas longtemps. Si l'on greffe un pied trop vieux ou languissant, quoique d'une grosseur convenable, les bourrelets dépasseront de même la partie coupée de l'arbre. Donc, ou ne greffez pas, ou choisissez bien les sujets.

Greffe en couronne. — 187. La *greffe en couronne* diffère de la précédente en ce qu'on ne fend pas le bois du sujet, et qu'on place la greffe entre le bois et l'écorce.

Pour faire la greffe en couronne, on commence par scier le tronc à la hauteur convenable, et l'on rafraîchit avec la serpette le bois meurtri par la scie ainsi que l'écorce. On introduit un petit coin de bois dur entre le bois et l'écorce et on la soulève doucement, afin de ne pas l'endommager ; on retire doucement le coin, en maintenant au moyen d'un crochet l'écorce soulevée, et l'on met la greffe en place.

Le gros bout de la greffe doit être taillé en biseau sur la longueur d'environ 0m,03 ; le côté taillé sera tourné en dedans et couchera le bois du sujet ; le côté non taillé et encore couvert de son écorce touchera l'écorce du sujet.

Après avoir ainsi placé tout autour du tronc plusieurs greffes qui forment comme une couronne, on assujettit le tout avec des liens.

Cette manière de greffer n'est utile que pour les gros arbres. Quand ils ne portent pas de bons fruits, et que cependant on veut les conserver à cause de la beauté et de la vigueur de leurs troncs, on coupe toutes leurs branches et on les greffe ensuite en couronne.

Il ne faut pas mettre un trop grand nombre de greffes en couronne sur le même sujet ; car alors on courrait le risque de soulever toute l'écorce du tronc ; les greffes ne pourraient pas y être assez solidement fixées, et d'ailleurs, en grossissant, elles formeraient une multitude de mères branches qui se nuiraient les unes aux autres. Sur une tige de 0m,40 à 0m,50 de tour, quatre greffes faites avec soin sont suffisantes.

Toutes les saisons ne sont pas convenables pour la greffe en couronne ; on ne peut la pratiquer avec succès que lorsque les arbres sont en pleine sève.

Greffe en écusson. — 188. La *greffe en écusson* est la plus facile de toutes, la plus usitée et la plus prompte. Elle diffère des autres en ce qu'au lieu d'implanter dans le sujet un jeune rameau, on se contente d'appliquer sur le côté du sujet une petite lame d'écorce, garnie d'un œil. On ne peut guère pratiquer cette greffe que sur des tiges et des branches assez minces, dont l'écorce soit tendre et lisse.

Fig. 37. — Écusson.

Voici comment on se procure l'écusson : sur un rameau de l'année précédente, on choisit un œil bien venu et bien mûr ; au-dessus de cet œil, à la distance d'un demi-centimètre, on fend l'écorce horizontalement ; on la fend de même en biais de chaque côté, de manière que ces deux fentes se joignent à 2 centimètres et demi au-dessous de l'œil ; cette lame d'écorce, ainsi découpée, est ce qu'on appelle un *écusson* (fig. 37). Il faut l'enlever sans le meurtrir. Voici comment on peut s'y prendre : avec le pouce de la main droite, on presse l'œil contre le rameau ; on saisit le rameau de la main gauche, qu'on tourne lestement, comme si on voulait le tordre ; alors l'écusson cède et se détache, parce que l'arbre étant en sève, l'écorce n'y est pas collée. Plus ordinairement on enlève l'écusson avec la spatule du greffoir.

Le *greffoir* est une espèce de canif, composé d'une large lame d'acier et d'un manche terminé par une spatule en os ou en ivoire.

Après avoir détaché l'écusson, il faut examiner si l'œil est vide ou plein : s'il est vide, c'est-à-dire, si la partie inférieure de l'œil est restée collée au bois du rameau, l'écusson ne vaut rien. Pour prévenir cet inconvénient, il faut, en levant l'écusson, laisser un peu de bois sous l'œil.

Pour greffer l'écusson sur le sujet, voici comment on procède : de la main gauche on maintient le sujet, de la droite on manie le greffoir, de sorte qu'on est obligé de tenir l'écusson entre ses lèvres ; avec la lame du greffoir on fait sur l'écorce du sujet une incision verticalement et horizontalement, ayant la forme d'un T (fig. 38), et dont la longueur dépasse de quelques millimètres celle de l'écusson, puis, avec la spatule, on soulève doucement les deux parties d'écorce coupées en long.

Fig. 38. — Incision en T.

Quand l'écorce a été soulevée, on la maintient avec la spatule du greffoir, qu'on tient alors de la main gauche ; de la main droite on prend l'écusson et on l'insinue doucement dans l'ouverture. On a soin que le haut de l'écusson joigne, en tout point, l'écorce coupée horizontalement, et l'on place le reste sous les deux parties de l'écorce taillée longitudinalement et soulevée.

Quand l'écusson est bien placé, enfoncé et collé contre le sujet, on ramène par-dessus les deux parties de l'écorce, en ayant bien soin de ne pas recouvrir l'œil. On entoure ensuite le tout d'un lien de laine, de manière à ne pas cacher l'œil (fig. 39). On coupe ensuite le rameau au-dessus de l'écusson ; il n'est pas mal, pour attirer la séve en haut, d'y laisser deux ou trois bourgeons que l'on supprimera plus tard. Au bout de quelques jours, la greffe et le sujet sont déjà soudés l'un avec l'autre. Après quelques semaines, on desserre le lien.

189. On écussonne à *œil dormant* ou à *œil poussant*. Écussonner à *œil poussant*, c'est faire cette opération pendant le mouvement de la séve de printemps ; ce qui donne l'espoir que l'œil poussera dans le courant de l'année. Écussonner à *œil dormant*, c'est faire cette opération pendant l'été ; dans ce cas, l'œil ne peut pousser qu'au printemps de l'année suivante.

Fig. 59. — Greffe en écusson.

Il ne faut pas se décourager si les boutons ne poussent pas aussitôt qu'on l'avait présumé ; tant qu'ils vivent, il y a de l'espoir ; et s'ils meûrent, il est facile de recommencer un peu au-dessous. La greffe à œil poussant est la plus usitée.

190. L'écusson doit être placé presque aussitôt qu'il a été levé ; le desséchement de l'écusson rendrait la reprise très-difficile, et même impossible ; si l'on ne peut pas le poser tout de suite, il faut le conserver dans l'eau.

On ne choisit pas un écusson sur toutes les parties du rameau indifféremment. Les yeux du sommet d'un rameau ne sont pas suffisamment formés ; ceux du bas sont généralement plats et petits ; ceux du milieu sont les meilleurs. Sur les arbres à noyau, on voit des yeux doubles et triples : il faut les préférer aux yeux simples.

On doit placer l'écusson à l'endroit où il sera le mieux abrité des coups de vent et de la grande ardeur du soleil.

Quant aux bourgeons qui poussent sur le sujet au-dessous de l'écusson greffé, il faut les retrancher avec soin.

Plantation des arbres en plein vent. — 191. Tous les arbres, qu'ils soient venus de semis, de rejeton, de marcotte ou de bouture, peuvent, quand ils sont déjà un peu grands et un peu forts, être enlevés et mis dans la place où ils doivent demeurer. C'est ce qu'on appelle *planter* ou *transplanter*.

192. Les saisons convenables pour planter toutes sortes d'arbres sont l'automne et la fin de l'hiver. On peut aussi quelque-

fois planter au milieu de l'hiver, quand le temps est favorable et la terre bien disposée, ce qui est rare.

De ces deux époques, l'automne et la fin de l'hiver, c'est généralement l'automne qui doit être préféré, particulièrement la fin d'otobre et tout le mois de novembre : c'est le temps auquel les feuilles jaunissent. La terre, qui a encore un peu de chaleur, la communique aux racines, et leur fait produire du chevelu ou de nouveaux filaments, ce qui prépare les arbres nouvellement plantés à pousser avec vigueur au printemps. Aussi l'on remarque qu'une plantation faite en automne gagne une année sur celle qu'on fait à la fin de l'hiver, c'est-à-dire qu'elle profite comme si elle avait été faite l'année précédente.

Cependant on ne peut pas toujours planter en automne; il arrive quelquefois qu'à cette époque on n'a pas pu se procurer les arbres, ou que la terre est trop détrempée par les pluies, ou que les travaux des semailles n'ont pas laissé le temps de la préparer; alors il faut bien remettre la plantation à l'année suivante.

Il y a une raison plus puissante encore qui détermine quelquefois à agir ainsi.

Il y a, en effet, des terrains auxquels ne conviennent pas les plantations d'automne : ce sont les terres naturellement froides et humides, ainsi que celles où les eaux des pluies se réunissent et d'où elles ne s'écoulent pas promptement. Les racines de l'arbre nouvellement planté n'étant pas encore bien liées et mêlées avec le sol, l'humidité de l'hiver les ferait infailliblement périr. Il vaut donc mieux attendre les mois de février et de mars. Alors, la terre étant un peu séchée et commençant à s'échauffer, les racines ne risquent pas de périr.

A la vérité, si le printemps est très-sec, ces arbres, ne recevant pas d'eau sur les racines, sont exposés à se dessécher; mais ceux mêmes qui ont été plantés en automne courent ce danger, quand les pluies sont très-rares au printemps et en été. Dans ce cas, le seul moyen de sauver les jeunes plants, c'est de les arroser de temps à autre.

193. Avoir égard aux phases de la lune pour planter, pour tailler, pour greffer, pour semer, c'est une vieille erreur dont

il faut s'affranchir; mais il faut avoir égard au temps et ne planter que lorsqu'il est beau, afin que la terre se remue et se tasse aisément sans se coller.

194. Avant de commencer la plantation, la principale précaution à prendre est de creuser longtemps à l'avance, s'il est possible, les trous où l'on veut placer les arbres.

Nous disons *longtemps à l'avance*, afin que la terre qui a été retirée du trou, et qui doit y être rejetée, ait le temps de s'améliorer, de *se mûrir*, étant exposée à la pluie, au soleil et à toutes les alternatives du froid et du chaud.

Il faut faire les trous aussi larges et aussi profonds que possible, parce que tout l'espace qu'ils occupent étant ensuite rempli de terre remuée, cette terre se conservera longtemps meuble et divisée, et l'arbre, en grandissant, pourra facilement y étendre ses racines.

En plantant, on doit éviter que les racines reposent sur le fond même du trou, mais sur un lit de bonne terre qu'on y aura jetée; outre qu'elles y trouveront plus facilement une plus abondante nourriture, elles ne courront pas le risque d'être baignées et pourries par l'eau qui pourrait se ramasser au fond de la fosse. Quand on a ainsi placé l'arbre, on jette légèrement un peu de bonne terre sur les racines; puis on le secoue en le soulevant deux ou trois fois, afin de faire pénétrer la terre entre les racines et de remplir les vides; ensuite on comble les trous en tassant un peu la terre ou en la piétinant légèrement.

Avant de planter un arbre, les jardiniers procèdent à son *habillage*, c'est-à-dire coupent l'extrémité des petites racines qui sont rompues, meurtries ou déchirées.

On n'est guère sûr de la réussite d'un arbre que lorsque la première année et même la seconde se sont passées sans accidents. Pour assurer cette réussite, il faut leur tenir le pied frais en répandant de la litière sur la terre, arracher soigneusement la mauvaise herbe, et, si l'on peut, garantir le sol des rayons trop ardents du soleil.

195. On appelle *tuteur* une perche qu'on enfonce en terre près de l'arbre nouvellement planté, et à laquelle on attache la tige. Sans cette précaution, l'agitation que le vent imprime à la

tête de l'arbre se communiquerait au pied et les orages pourraient le renverser ; ou bien, par suite de l'agitation du pied, il se formerait près des racines des vides et des espèces de petits trous par où l'air et le hâle pourraient les attaquer. On attache l'arbre au tuteur par un lien, et, pour que la tige ne soit point blessée, on place entre elle et le lien une espèce de petit coussin en foin ou en paille.

Plantation des arbres en espalier. — 196. Le mur destiné à recevoir l'espalier doit être garni d'un treillage en bois ou en fil de fer, contre lequel on attache les branches à l'aide de liens de jonc ou d'osier. Le mur doit être crépi avec soin.

La plantation des arbres en espalier demande des soins particuliers ; le pêcher, l'abricotier, la vigne, préfèrent l'exposition du midi ; les poiriers, les pruniers, les pommiers, celle du levant.

L'arbre doit être planté à $0^{m},25$ du mur, afin que les fondations n'empêchent pas les racines de s'étendre, et que ces racines puissent recevoir la pluie ; on incline ensuite la tige pour la rapprocher du mur ; on place les deux plus grosses racines de manière qu'il y en ait une de chaque côté pour nourrir les branches qui doivent de même s'étendre contre le mur des deux côtés de la tige.

Entretien des arbres. — 197. Il est indispensable de cultiver la terre qui entoure le pied des arbres fruitiers. Autrement les fruits ne seraient ni abondants, ni de bonne qualité.

On peut cultiver le pied des arbres dans deux différentes saisons ; en hiver ou en mars et avril, et au milieu de l'été.

La première façon au pied des arbres se donne en hiver. Dans une terre humide, on a soin de la donner légèrement, afin que les pluies ne pénètrent pas cette terre, qui n'en a aucun besoin : il faut faire ce travail par un temps sec. Il n'en est pas de même des terres légères : la première façon doit être donnée profondément afin qu'elles s'imbibent facilement des pluies et des neiges.

La seconde façon se donne au commencement de mars ou d avril. On doit bêcher un peu profondément dans les sols argileux et humides, pour que la terre soit plus facilement échauffée par le soleil, et pour empêcher qu'elle ne se fende par l'effet du hâle, et aussi, dans les terres légères, afin qu'elles profitent mieux des rosées et des douces pluies du printemps.

Il est prudent de donner cette façon avant que les arbres soient en fleur, parce qu autrement les fleurs souffriraient davantage des gelées trop fréquentes dans le printemps. En voici la raison : quand, au printemps, la terre a été nouvellement labourée au pied des arbres, il s'en exhale de l'eau ; l'eau évaporée sous forme de brouillard s'attache sur les fleurs, les attendrit en les humectant, et, à la moindre gelée, la fleur périt. La terre qu'on n'a point remuée et dont la superficie est ferme et dure, évapore beaucoup moins d'eau, et les fleurs sont moins exposées à geler.

Dans les terres fortes et humides, la deuxième façon ne doit pas être donnée si profondément que la première ; on l'exécute à la fin de juin et au commencement de juillet. Ce travail contribue beaucoup à donner de la grosseur aux fruits et à détruire les mauvaises herbes. Dans les terres légères et chaudes, on doit bêcher légèrement, parce que la chaleur du soleil, étant alors dans toute sa force, pourrait pénétrer jusqu aux racines des arbres, et arrêter leur végétation. Il faut prendre aussi la précaution, dans ces sortes de terrains, de donner cette façon avant une pluie.

198. Il ne suffit pas de cultiver le terrain au pied des arbres, il est utile de le biner de temps en temps, soit pour achever la destruction des mauvaises herbes, soit pour que le terrain profite mieux des rosées de la nuit, qui augmenteront sa fraîcheur.

On doit donner des soins aux arbres, et les visiter souvent. Ces soins prennent très-peu de temps et sont fort utiles. Il est bon d'enlever la *mousse* qui altère leur écorce, le *gui* qui épuise les branches sur lesquelles il se développe ; il est indispensable de les écheniller ; on tâche aussi de les préserver des limaçons, des limaces et autres animaux nuisibles.

Le meilleur moyen d'entretenir la vigueur des arbres, c'est de remplacer par de la terre neuve, à laquelle on a ajouté du fumier, la terre usée qui couvre superficiellement le sol qu'ils ombragent ; mais, en faisant cette opération, il faut prendre bien garde de blesser les racines.

QUESTIONNAIRE.

184. Qu'est-ce que greffer? — Qu'est-ce que le sujet, la greffe? — Que faut-il faire pour assurer le succès de la greffe? — Peut-on placer une greffe sur un arbre quelconque? — Quel est le principal avantage de la greffe? — Ne pourrait-on pas multiplier une bonne espèce de fruit en plantant des noyaux ou des pepins de ce fruit? — Quelles sont les diverses sortes de greffe?

185. Qu'est-ce que la greffe en fente? — Comment se fait la greffe en fente? — Combien peut-on placer de greffes sur un seul sujet? — A quelle époque convient-il de greffer en fente?

186. La greffe en fente convient-elle à toutes sortes d'arbres?

187. Qu'est-ce que la greffe en couronne? — Comment se fait la greffe en couronne? — Quelle est l'utilité de la greffe en couronne? — Combien peut-on placer de greffes en couronne sur le même arbre? — Quelle est la saison convenable pour la greffe en couronne?

188. Qu'est-ce que la greffe en écusson? — Comment se procure-t-on l'écusson? — Qu'est-ce que le greffoir? — Comment greffe-t-on l'écusson sur le sujet?

189. Qu'est-ce qu'écussonner à œil dormant et à œil poussant?

190. L'écusson peut-il être placé aussitôt qu'il a été levé? — Sur quelle partie du rameau doit-on enlever l'écusson? — A quel endroit faut-il placer l'écusson? — Que faut-il faire des bourgeons qui poussent sur le sujet au-dessous de la greffe?

191 à 192. Quels sont, pour planter, les saisons convenables? — Doit-on préférer le printemps ou l'automne? — Pourquoi ne plante-t-on pas toujours en automne? — Quels sont les terrains auxquels les plantations d'automne ne conviennent pas? — Si le printemps est sec, quel danger courent les plantations? — Que faut-il alors pour sauver les jeunes plantes? — Suffit-il d'arroser une fois?

193. Faut-il, pour planter, avoir égard aux phases de la lune?

194. Avant de commencer la plantation, quelles précautions doit-on prendre? — Pourquoi faut-il faire des trous à l'avance? — Faut-il faire les trous bien grands? — Pourquoi? — Quelles précautions faut-il prendre en plantant? Quant aux arbres mêmes, quelles précautions doit-on prendre avant la plantation? — Si l'hiver survient tout à coup et empêche de planter, que faut-il faire? — Faut-il, avant de planter, couper l'extrémité des petites racines?

195. Qu'appelle-t-on tuteurs et pourquoi en donne-t-on aux jeunes plants?

196. Quels soins exige la plantation des arbres en espalier?

197. Faut-il cultiver le pied des arbres, et pourquoi? — A quelle époque cultive-t-on le pied des arbres? — Comment se donne la première façon? — Pourquoi est-il bon de ne point faire ce travail pendant la floraison? Quand et comment doit-on donner la deuxième façon?

198. Quels autres soins doit-on donner aux arbres? — Faut-il mettre du fumier au pied des arbres?

VINGT-SIXIÈME LECTURE.

ARBRES PLEIN VENT. — VERGER.
TAILLE DES ARBRES FRUITIERS. — FORMES QU'ON PEUT LEUR DONNER :
ESPALIER A LA MONTREUIL. — ÉVENTAIL. — PALMETTE.
CONTRE-ESPALIER. — QUENOUILLE. — PYRAMIDE. — GOBELET OU VASE.
ARBRES PLANTÉS EN OBLIQUE.

Arbres plein vent. — 199. On appelle *arbres fruitiers en plein vent* ou *arbres fruitiers à haute tige* ceux qu'on abandonne après la plantation à leur croissance naturelle, et que l'on ne taille point ou presque pas.

Il est bien plus avantageux et plus économique de planter des arbres en plein vent que des arbres demi-tige.

Les fruits des arbres à plein vent sont moins gros que ceux des espaliers et des autres arbres soumis à la taille et plantés dans les jardins, mais ils sont généralement meilleurs, et en beaucoup plus grande quantité.

Verger. — 200. Il vaut mieux, quand on le peut, en former un *verger*. On appelle ainsi un enclos planté d'arbres fruitiers. Il est à désirer que le verger soit placé près de la maison, et même, s'il est possible, attenant au potager.

On peut laisser en prairie, soit naturelle, soit artificielle, le sol du verger, pourvu qu'on ait soin de ne pas laisser pousser l'herbe au pied des arbres. Ainsi, un verger rapporte doublement.

La distance qu'on laisse entre les arbres d'un verger dépend de la qualité du terrain et des espèces qu'on veut planter ; plus il est fertile, plus on doit espacer les plants, parce qu'il est rès-probable que leur accroissement sera considérable et rapide. En général, dans une bonne terre, on met 8 à 10 mètres de distance entre les arbres en plein vent.

Taille. — 201. *Tailler* un arbre, c'est retrancher un certain nombre de rameaux, afin que les autres portent de plus beaux fruits.

Palisser, c'est étendre les branches et les attacher soit à des treillages en bois, soit à du fil de fer, soit contre un mur.

Tailler sur l'œil, c'est couper le rameau au-dessus d'un œil.

On pratique cette opération un peu *en sifflet*, à 2 millimètres au-dessus de l'œil même ; à cet effet, on applique le tranchant de la serpette contre la branche, et on tire à soi de bas en haut.

On donne à la taille la forme d'un léger bec de flûte, afin que l'eau des pluies ne séjourne pas sur la plaie, et n'en altère pas le bois ; on la pratique à 2 millimètres, parce que plus haut il formerait un *onglet* qui empêcherait la nouvelle plaie de se couvrir d'écorce, et que, plus bas, le bouton serait endommagé et périrait par suite de son altération.

Quand l'œil au-dessus duquel on taille est sur la surface interne de la branche, c'est-à-dire sur celle qui regarde l'intérieur de la tête formée par les rameaux, on dit *tailler l'œil en dedans*. Quand le bourgeon, au contraire, se trouve sur la surface opposée, on dit *tailler l'œil en dehors*. Lorsque l'arbre n'a point de tête, mais est conduit en éventail, on dit *tailler sur les yeux latéraux*, à droite ou à gauche du tronc.

Tailler sur deux, sur trois yeux, etc., c'est laisser sur le rameau qu'on coupe deux, trois yeux, etc.

Pour tailler les arbres fruitiers, aussi bien que pour tailler la vigne, on se sert d'une *serpette* ou d'un *sécateur* et quelquefois d'une *égoïne*.

La serpette ne doit jamais être trop courbée vers la pointe. Les serpettes à manche rude sont préférables à celles dont le manche est poli, parce que celui-ci glisse dans la main et rend la taille moins assurée.

Le sécateur est beaucoup plus expéditif que la serpette. Pour que le sécateur n'endommage pas l'écorce de la branche qu'on veut tailler, on a soin de tenir le tranchant de la lame tourné en dehors. Ainsi, dans la taille d'un arbre en quenouille la lame du sécateur doit être dirigée vers l'opérateur.

L'égoïne ou *scie à main* sert à couper les fortes branches.

Principes généraux de la taille. — 202. La taille a

d'abord pour but la formation de l'arbre, et, sous ce rapport, elle est différente suivant qu'on veut former un arbre d'espalier, un arbre nain, une quenouille, une pyramide ou un arbre à haute tige.

Pour bien tailler un arbre, il faut commencer par en considérer l'ensemble, étudier sa nature et ses dispositions, la pente et la direction des branches, la vigueur plus ou moins grande de sa végétation, et régler, d'après cet ensemble d'observations, l'usage qu'il convient de faire de la serpette et du sécateur. Tous les arbres ne doivent pas être taillés de la même manière : dans les uns, il faut tempérer une séve indocile qui pousse abondamment des branches à bois, sans produire des branches à fruits ; dans les autres, il faut donner l'essor à la séve qui s'endort et s'épuise dans les bourgeons à fruits, et qui laisse l'arbre chétif et menacé de périr bientôt. En outre, chaque variété d'arbre ayant des dispositions différentes et des bourgeons de grosseur, de longueur ou de nature diverse, demande une taille qui lui soit appropriée.

Le jardinier, ayant ainsi étudié son arbre, commence à fixer dans sa pensée quelles mères branches il doit réserver, et quelles branches accessoires devront se ramifier sur chacune d'elles. Il supprime tous les chicots, les ergots, les branches mortes, en prenant soin d'unir et de raser toutes les plaies que fait sa scie ou sa serpette ; il creuse les parties chancreuses jusqu'au vif, et, son arbre étant ainsi préparé et nettoyé, il examine s'il doit le pousser à fruits ou le pousser à bois.

Quelquefois il vaut mieux sacrifier les espérances de la récolte d'une année, pour arriver dans la suite à des récoltes abondantes, que d'épuiser l'arbre par des productions hâtives. Ce ne sont donc pas seulement les fruits de l'année qu'il faut considérer, mais l'espoir des années suivantes ; et, dans un certain nombre de circonstances, on doit désirer des branches plutôt que des fruits. Or, l'habileté du jardinier peut transformer une branche à fruits en une branche à bois, et, par un effet contraire, une branche à bois peut être rendue fertile en bourgeons à fruits.

Lorsqu'on veut forcer une branche à bois à produire des rameaux à fruits au lieu de la couper court à un ou deux yeux, on la *rabat*[1] à environ moitié de sa longueur, et, par l'effet de cette taille, les yeux de l'extrémité forment des bourgeons à bois ; ceux au-dessous donnent des brindilles, et les inférieurs donnent des lambourdes.

Cette parfaite connaissance, bien dirigée par le bon sens et le sage calcul du jardinier, est la base de tout l'art de la taille.

Lorsque la séve monte en droite ligne dans un arbre fruitier, sa marche trop rapide produit des branches qui ne donnent presque point de fruits. Il est donc important, pour obtenir des fruits, de supprimer la flèche, qui serait comme la continuation de la tige, et toute branche verticale.

Par les mêmes motifs, on *courbe* les branches des arbres; cette opération est appelée *arcure*.

Il est important de conserver, autant que possible, l'équilibre entre les diverses parties d'un arbre : ainsi on taillera plus long le côté le plus vigoureux, pour l'arrêter dans sa marche, et plus court le côté le plus faible, pour lui faire produire des jets plus puissants.

Souvent les arbres taillés poussent des bourgeons droits et vigoureux appelés *gourmands*, qui absorbent toute la séve et frappent de stérilité la branche qu'ils épuisent ; il est, en général, utile de les retrancher, mais il faut y procéder avec sagesse. Si on les coupe aussitôt raz la branche, une nouvelle pousse, souvent plus vigoureuse, les remplace; il faut les tailler d'abord ou les casser long, pour les supprimer l'année suivante.

Taille des arbres en plein vent. — 203. La taille de formation des arbres en plein vent est fort simple.

On rabat la greffe à deux ou trois yeux. Ces yeux ne manquent pas de pousser, dès la même année, un certain nombre de rameaux. On en choisit trois ou quatre pour en faire des *branches mères* ou *branches charpentières*. On taille celles-ci.

[1] C'est-à-dire *on coupe*.

à l'époque convenable, à deux, à six yeux, selon leur vigueur, mais sur des *yeux en dehors*. On retranche les bourgeons intérieurs, et on abandonne les autres à leur développement spontané jusqu'à la taille suivante, qui doit être la dernière, et qui ne laisse que des branches indispensables.

Les années suivantes on n'a plus qu'à *évider* l'arbre, c'est-à-dire à le débarrasser des bourgeons qui tendraient à prendre une direction verticale ou à pousser vers l'intérieur.

Formes qu'on peut donner aux arbres. — 204. On peut donner aux arbres diverses formes : les plus usitées sont l'espalier à la Montreuil, l'espalier en éventail, l'espalier en palmette, le contre-espalier, la quenouille, la pyramide, le buisson, le gobelet ou vase

Espalier à la Montreuil. — 205. La forme qu'on donne aux espaliers à Montreuil, près Paris, est celle qu'on appelle *forme carrée*. Elle exige une grande attention et beaucoup de temps. Voici comment on opère :

La première année, ou année de la plantation, on ne touche pas à l'arbre : seulement, à la fin de la séve de printemps, on pratique l'ébourgeonnement, c'est-à-dire on supprime les bourgeons mal placés.

La deuxième année, on choisit parmi les bourgeons développés deux branches mères disposées latéralement au-dessus de la greffe, et parallèlement au mur, assez rapprochées par leur base, et auxquelles on puisse donner ou tout de suite ou peu à peu une direction telle, qu'il en résulte un V ouvert; on enlève ensuite tous les autres bourgeons. On *rabat* la tige immédiatement au-dessus de celle des deux branches mères qui est supérieure à l'autre, et raz de cette branche.

On taille ensuite les deux branches mères au-dessus du quatrième ou du sixième œil.

A la fin de la séve du printemps, on ébourgeonne, on conserve les bourgeons latéraux qui ont crû aux extrémités des deux branches mères. On conserve avec soin les rameaux qui portent des branches mères, en prenant garde de ne jamais donner à un de ces rameaux une direction telle qu'il en résulte un angle de plus de 45 degrés[1]. De cette manière, les rameaux placés à l'extérieur du V ont une direction horizontale ; ceux de l'intérieur ont une direction verticale, ce qui a lieu sans inconvénient, puisqu'ils ne sont pas la continuation du canal direct de la séve, et que, tout verticaux qu'ils sont, leur position sur la branche qui leur donne naissance est oblique. Les branches verticales se nomment *branches ascendantes* ou *montantes*, et les horizontales *branches descendantes*. On dit aussi *membres montants* et *descendants*.

La troisième année, on choisit parmi les quatre membres montants de l'intérieur de chaque aile du V les deux qui paraissent occuper la position la plus convenable, et on les taille au-dessus du cinquième œil ; on choisit de la même manière, à l'extérieur du V, deux membres descendants qu'on arrête sur le troisième œil. On ne taille qu'au-dessous du sixième ou du septième œil les bourgeons placés vers l'extrémité des deux branches mères.

Si l'une des deux ailes était plus vigoureuse que l'autre, il serait urgent d'allonger la taille de l'aile vigoureuse, et de tailler plus court l'aile faible ; et si l'accroissement de l'une menaçait d'avoir lieu au détriment de l'autre, on tiendrait horizontalement la branche trop vigoureuse, et verticalement la branche faible.

Les premières années, il peut arriver que la symétrie de l'arbre soit dérangée par le grand nombre de *gourmands* qui poussent des branches des deux ailes. Il s'agit alors, non de couper, mais de diriger habilement ces gourmands, pour les contraindre à fournir des branches à bois ou à fruits. S'ils paraissent propres à remplacer une des branches mères, on coupe celle-ci, et l'on taille long (quelquefois de 1 mètre ou de 14 décimètres) le gourmand, afin que le vide laissé par la suppression d'une branche mère soit plus vite rempli.

Si ce gourmand était nuisible, on le supprimerait.

Pendant le cours de ces premières années, la taille n'a pour but que de diriger le développement de la tige et des branches

[1] Un angle de 45 degrés est la moitié d'un angle droit.

à bois, et d'empêcher que l'arbre ne s'épuise par une fécondité précoce. L'*ébourgeonnage* doit enlever non-seulement les bourgeons superflus ou qui dérangeraient la symétrie, mais encore les boutons *à fruits*.

La quatrième année et les suivantes, on continue de tailler de manière à imprimer à la séve une direction oblique. On dirige les branches de troisième, quatrième et cinquième formation de telle sorte que, les distances étant observées avec symétrie, toutes les lacunes finissent par être garnies; alors on permet à l'arbre de porter du fruit.

Éventail. — 206. L'éventail diffère de l'espalier à la Montreuil en ce qu'au lieu de ne laisser que deux branches mères, on en adapte quatre ou cinq ; les inférieures seront graduellement abaissées, de manière qu'à leur troisième ou quatrième année elles soient dans une position à peu près horizontale.

Palmette. — 207. La palmette consiste principalement en ce que toutes les branches latérales sont dirigées à droite et à gauche horizontalement. Contrairement au principe généralement adopté pour la taille, on ne supprime pas le *canal direct* de la séve, et on prend, à droite et à gauche de la tige qui se continue verticalement, des bourgeons, également espacés, qui fournissent les branches latérales.

Contre-espalier. — 208. L'arbre en contre-espalier n'est pas placé contre un mur, il est adossé à un treillage plus ou moins élevé; du reste, on le taille et on le palisse comme l'espalier.

Quenouille. — 209. Les quenouilles sont des arbres fruitiers qu'on laisse se garnir de branches dans toute la longueur de la tige, et dont on arrête la croissance en hauteur à 2 mètres ou 2^m,50. Les branches latérales des quenouilles sont taillées très-courtes et d'égale longueur dans toute la longueur de la tige. Certaines variétés de poires, greffées sur cognassier, réussissent surtout très-bien de cette manière; mais d'autres, s'épuisant à pousser du bois, restent longtemps improductives. On se procure de bonnes quenouilles en choisissant les variétés les plus faibles de leur nature, ou en les empêchant de pousser de fortes racines au moyen d'une taille rigoureuse.

C'est, en général, la greffe sur le cognassier qui réussit le mieux; elle se fait presque au niveau de terre; on conserve les branches latérales que pousse cette greffe la seconde année; l'hiver suivant, on les taille à deux yeux, et on arrête le montant à 1 mètre. C'est à la fin de la troisième ou de la quatrième année que les quenouilles sortent de la pépinière. Un jardinier soigneux ne choisit ou ne conserve que celles qui sont régulièrement garnies de branches dans toute leur hauteur ; les autres peuvent servir à former des arbres demi-tige ou à mettre en espalier.

La conduite des quenouilles demande tous les soins d'un jardinier habile ; bien dirigées, elles donnent du fruit dès la seconde ou la troisième année de leur plantation.

Voici les règles que l'on doit principalement observer dans la taille des quenouilles : supprimer, pendant l'hiver, les rameaux trop rapprochés, laissant seulement entre ceux que l'on réserve un intervalle de 16 centimètres environ: tailler les rameaux réservés à trois ou quatre yeux, dompter les arbres qui s'emportent en courbant leurs rameaux, ou en enlevant leur extrémité immédiatement après la première séve ; quand les branches s'appauvrissent en raison du nombre de coudes, de calus, de bourrelets et de nœuds qu'elles forment, et au travers desquels la séve a peine à circuler, faire sans crainte des sacrifices de fruits en taillant les bourses pour faire sortir la même année une branche à bois; renouveler ainsi successivement les rameaux épuisés.

Pyramide.— 210. Quel que soit l'avantage des quenouilles, on doit leur préférer les pyramides.

On appelle *pyramide* un arbre fruitier garni de branches depuis sa base jusqu'à son sommet, et auquel on conserve par la taille une forme pyramidale. Les pyramides ne diffèrent des quenouilles que par l'inégalité qu'elles présentent dans la longueur des branches; elles durent plus longtemps que les quenouilles, et fournissent des fruits plus abondamment. On peut mettre en pyramides plusieurs espèces d'arbres qui se refusent à rester quenouilles, comme les pruniers, les cerisiers, les abricotiers.

Dans la taille des pyramides, l'art du jardinier consiste principalement à les tenir suffisamment garnies de branches, et cependant à laisser entre ces branches une distance telle que leurs fruits puissent jouir des rayons du soleil, à empêcher les branches les plus vigoureuses de prédominer et d'entraîner la séve vers elles seules, et à retarder autant que possible l'accroissement de ces arbres en hauteur et en largeur lorsqu'une fois ils sont arrivés à fruit.

Gobelet ou Vase.— 211. Les arbres fruitiers dont la taille a été dirigée de manière à leur donner la forme d'un gobelet ou d'un vase, sont très-productifs. On choisit des sujets jeunes et vigoureux, le plus ordinairement greffés sur franc ou sur *paradis.* A la première taille, on réserve des bourgeons au nombre de trois ou quatre, qui doivent, autant que possible, se trouver régulièrement espacés autour du jeune tronc. Les branches qui en naissent se bifurquent à $0^{m},50$ environ de leur naissance, produisent un nombre double de branches nouvelles, et celles-ci, taillées à leur tour, se divisent de même à $0^{m},50$ au-dessus de la première bifurcation ; et ainsi, à mesure que l'arbre prend des années, et il continue à s'évaser, sans cesser, pour cela, d'être garni de branches.

Arbres plantés en obliques. — 212. De nos jours, on plante dans les jardins, le long des murs ou des contre-espaliers, des poiriers, des pêchers ayant deux ans de greffe, en les inclinant de manière qu'ils aient une *direction oblique.* Ces arbres sont plantés de $0^{m},50$ à 1 mètre de distance les uns des autres ; ils se mettent promptement à fruit, mais leur existence est moins prolongée que celles des arbres dirigés suivant les anciennes méthodes.

QUESTIONNAIRE.

199. Qu'est-ce qu'un arbre en plein vent? — Quels sont ses avantages?

200. Qu'est-ce qu'un verger? — Que sème-t-on dans le sol du verger? — Quelle distance faut-il laisser entre les arbres?

201. Qu'est-ce que tailler un arbre? — Qu'est-ce que palisser? — Qu'est-ce que tailler sur l'œil? — Comment pratique-t-on cette opération? — Qu'est-ce que tailler l'œil en dedans, tailler l'œil en dehors, et sur

les yeux latéraux ? — De quels instruments se sert-on pour opérer la taille ? — Comment emploie-t-on le sécateur ?

202. La taille peut-elle être la même pour tous les arbres ? — Quels sont les principes généraux de la taille ? — Comment nomme-t-on les diverses branches à fruits ? — Comment peut-on changer une branche à fruit en branche à bois ? — Comment peut-on changer une branche à bois en branche à fruits ? — Faut-il laisser la sève monter verticalement ? — Qu'est-ce que l'arcure ? — Comment conserve-t-on l'équilibre entre les diverses parties d'un arbre ? — Qu'est-ce que les branches gourmandes ?

203. En quoi consiste la taille des arbres en plein vent ? — En quoi consiste la taille d'entretien de ces mêmes arbres ?

204. Quelles formes la taille permet-elle de donner aux arbres fruitiers ?

205. Quels soins donne-t-on, pendant la première année, à la Montreuil ? — Quels soins donne-t-on la seconde année ? — Quels soins lui donne-t-on la troisième année ? — Quels soins lui donne-t-on la quatrième année et les suivantes ?

206. Parlez de la forme en éventail.

207. Parlez de la palmette.

208. Parlez du contre-espalier.

209 Qu'appelle-t-on quenouille ? — Quel est l'avantage de cette sorte de taille ? — Comment conduit-on les arbres que l'on veut disposer en quenouille ?

210. Parlez de la pyramide.

211. Parlez des arbres en gobelet ou en vase.

212. Qu'appelle-t-on arbres plantés en obliques ?

VINGT-SEPTIÈME LECTURE

ARBRES FRUITIERS : POMMIER. — POIRIER. COGNASSIER. — PRUNIER. — ABRICOTIER. — CERISIER. — PÊCHER. AMANDIER. — FIGUIER. — GROSEILLIER. — FRAMBOISIER. NÉFLIER. — CHATAIGNIER. — NOYER. — NOISETIER. — VIGNES EN TREILLES ET EN BERCEAUX.

Arbres fruitiers. — 213. On peut diviser les arbres fruitiers en quatre classes principales, eu égard à leurs fruits :

Les arbres *fruitiers à pepins* sont les pommiers et les poiriers, auxquels on peut joindre les cognassiers et les néfliers.

Les arbres *fruitiers à noyaux* sont les pêchers, les abricotiers, les pruniers, les cerisiers, les oliviers.

Les arbres et les arbustes dont *les fruits n'ont ni enveloppes dures, ni noyaux, ni pepins* sont les figuiers, les mûriers, les groseilliers et les framboisiers.

Les arbres dont *les fruits ont une enveloppe dure* sont le châtaignier, le noyer, le noisetier et l'amandier.

214. La culture des *poiriers* et des *pommiers* offre beaucoup d'avantages. Ces arbres sont très-robustes ; ils craignent peu les gelées, croissent à toute exposition et dans presque tous les terrains, et se prêtent à toutes les formes qu'on veut leur donner. Leurs fruits sont extrêmement variés, et il y en a plusieurs variétés qui se conservent jusqu'au printemps suivant. Quelques variétés très-délicates ne réussissent qu'en espaliers, en contre-espaliers, ou en quenouilles, mais la plupart donnent en plein vent d'excellents produits.

Pommier. — 215. Quand on veut greffer le pommier, on emploie pour sujet le *sauvageon* né dans le bois, le *franc*, c'est-à-dire le plant provenant des semis de pepins, et deux espèces appelées *doucin* et *paradis ;* ces deux dernières espèces, surtout le paradis, sont les seules sur lesquelles on puisse greffer avec succès pour avoir des pommiers nains en quenouilles, en vase et en cordons, qui donnent du fruit plus promptement que les autres.

Quelques variétés de pommes mûrissent en été, et sont en général de qualité secondaire, à l'exception de deux variétés assez bonnes, la pomme *rambourg d'été* et la *passe-pomme rouge*, qui mûrissent en août et en septembre.

En automne, on peut manger la *reinette franche*, la *reinette Bretagne*, le *calville rouge*

Les meilleures pommes pour l'hiver sont les *calvilles*, et surtout diverses variétés de *reinettes*, dont la plupart se conservent jusqu'au printemps ; la *reinette grise* est la plus avantageuse de toutes ; outre qu'elle est excellente, elle se conserve en parfait état, comme l'*api rose*, jusqu'au mois de juin de l'année suivante.

Les autres pommes d'hiver sont meilleures cuites que crues.

Poirier. — 216. On multiplie le poirier en le greffant sur sauvageon, sur franc ou sur cognassier ; le cognassier convient mieux pour les arbres qui doivent être plantés dans des sols perméables ; le sauvageon et surtout le franc pour ceux qui doivent végéter sur des terrains froids.

Il y a plusieurs poiriers à fruits précoces, comme le *saint-jean*, la *madeleine ;* tous sont assez médiocres : le seul de ces fruits précoces qui soit vraiment bon, c'est la poire d'*épargne*, ou *beau-présent*, qui mûrit en juillet.

Parmi les poires qui mûrissent du 15 août au 15 septembre, et qui sont généralement bonnes, on distingue le *doyenné d'été*, le *beurré d'amanlis*, et surtout le *bon-chrétien d'été*, qui est excellent, mais qui, dans le nord de la France, ne produit pas aussi abondamment que dans le Midi.

On appelle poires d'*automne* celles qui sont bonnes à manger en septembre et en octobre, comme la *mouille-bouche*, la *duchesse*, plusieurs espèces de *doyenné* et de *beurré* et le *messire-jean*. Les beurrés veulent être détachés de l'arbre au moment où ils quittent facilement la branche, autrement le moindre vent les ferait tomber : ces poires achèvent de mûrir quelques jours après avoir été cueillies. La plus pierreuse est le messire-jean, qui cependant est la meilleure de toutes pour la préparation du résiné.

Quelques poires d'hiver se mangent crues : la *crassane*, de novembre en janvier ; le *saint-germain*, de novembre en mars, le *beurré rance*, le *doyenné d'hiver*, le *doyenné d'Alençon* et le *bon-chrétien d'hiver*, de novembre en février.

Les autres poires d'hiver, comme le *martin-sec* et le *catillac* ne peuvent se manger que cuites.

Cognassier. — 217. On cultive rarement le *cognassier* pour ses fruits, qui ne mûrissent pas toujours dans le nord de la France, et qui ne sont bons qu'à faire des confitures : mais les jeunes plants provenant de semis ou de rejets sont élevés avec soin pour servir de sujet à la greffe des poiriers.

Prunier. — 218. Le *prunier* vient fort bien en plein vent, et n'exige que les soins ordinaires. Il vient aussi très-bien en espalier. Quelques variétés, telles que la reine-claude et la sainte-catherine, se reproduisent avec leurs qualités par le semis de leur noyau; mais, en général, pour reproduire les variétés, on se sert de la greffe. On prend pour sujet ou des rejetons ou des plants venus de semis ; ces derniers valent mieux. On greffe en écusson en été, ou en fente au printemps : l'année suivante on rabat la greffe à quatre ou six yeux.

De toutes les prunes, la *reine-claude* est la meilleure; la prune de *damas* est assez précoce; les prunes de *monsieur*, de *perdrigon*, de *mirabelle*, sont estimées.

Les *pruneaux* sont des prunes qu'on a fait sécher au soleil ou dans un four, et qui se conservent tout l'hiver et même un ou deux ans.

On fait de très-bons pruneaux avec les prunes *robes de sergent*, le *damas de Tours* et les *couetches*.

Si toutes les fleurs du prunier réussissaient, l'arbre ne pourrait porter ses fruits, tant sa floraison est abondante.

Cerisier. — 219. Les *cerisiers* se multiplient de semis, et doivent être greffés sur eux-mêmes ou sur sauvageons dits de Sainte-Lucie; ils viennent parfaitement en espalier, mais on les cultive ordinairement en plein vent. Ces arbres ne réussissent mal que sur les sols froids, humides ou imperméables; le sol le plus rocailleux, le plus rempli de pierres calcaires leur convient très-bien.

Il y a quatre espèces principales de cerisiers : le *cerisier* proprement dit, le *guignier*, le *bigarreautier* et le *merisier*, ou *cerisier sauvage*, qu'on ne cultive pas dans les jardins.

Les meilleures cerises sont celles de *Montmorency;* mais les jardiniers de profession ne les cultivent guère, parce qu'elles sont peu abondantes; ils préfèrent la cerise *royale* et la cerise *courte queue*, qui donnent beaucoup.

Parmi les guignes, on préfère la *grosse guigne noire* ou *mauricaude*, et la *grosse guigne ambrée;* et parmi les bigarreaux, le *gros bigarreau Napoléon* et le *gros cœuret*.

Pêcher. — 220. Dans le midi, le centre et l'ouest de la France, le *pêcher en plein vent* donne des fruits délicieux, mais il ne donne guère de beaux produits que lorsqu'il est cultivé en espalier. Ainsi dirigé, il demande des soins nombreux :

ébourgeonnage, palissage, effeuillage; sa taille est très-difficile. On le greffe sur lui-même, sur amandier et sur prunier.

Les principales sortes de pêches peuvent se diviser en trois classes : 1° les *pêches* proprement dites, c'est-à-dire à peau velue, à chair fondante, et peu adhérente au noyau et à la

Fig. 40. — Pêche d'espalier.

peau (fig. 40) ; 2° les pêches *pavies*, c'est-à-dire à peau velue, à chair ferme, adhérente au noyau et à la peau ; 3° les *brugnons*, ou pêches à peau lisse et sans duvet, appelées aussi pêches violettes.

Les variétés qu'on peut cultiver en plein vent avec succès dans les lieux abrités des départements septentrionaux, sont celles dont la floraison est plus tardive, comme la *belle de Vitry*, la *pourprée tardive* et la *reine des vergers*.

A Montreuil, le pêcher est cultivé en espalier avec un soin et une intelligence rares. Chaque jardin y est coupé intérieurement de murs placés à 12 mètres les uns des autres. La chaleur se concentre et se conserve entre ces murs ; les pêchers occupent le côté des murs le mieux exposé ; des arbres de diverses sortes occupent l'autre côté. Les pêches de Montreuil surpassent en grosseur et en beauté celles des autres pays. Aussi ce village est-il connu sous le nom de Montreuil-les-Pêches.

Abricotier. — 221. L'*abricotier* doit être greffé, non sur sauvageon de son espèce, mais sur prunier ou amandier. Cultivé en plein vent, il donne des fruits ordinairement plus agréables qu'en espalier, mais qui réussissent rarement, à cause des gelées printanières,

Les variétés qu'on peut planter avec le plus d'avantage sont l'abricot *commun*, et l'abricot *rouge précoce*, qui mûrit à la fin de juillet.

Amandier. — 222. L'*amandier* se multiplie de semis. On greffe les variétés sur l'amandier commun. Comme l'amandier fleurit en janvier ou février, on ne peut guère le cultiver pour ses fruits secs et verts que dans le Midi et pour ses fruits frais seulement que dans l'ouest de la France. On le plante en plein vent.

Figuier. — 223. Le *figuier*, dans les départements méridionaux, n'exige aucun soin, s'élève à 4 ou 6 mètres, produit en abondance des fruits excellents, et donne souvent deux récoltes chaque année. Dans les départements septentrionaux, il réclame bien des précautions, et néanmoins ne réussit pas toujours. On le place à l'abri d'un mur ; on ne le laisse pas s'élever au-dessus de 2 à 3 mètres, et on le protége contre les rigueurs de l'hiver en entourant ses tiges de paille, ou en les couchant et en les enterrant à 0m,20 à 0m,30 dans le sol. On le multiplie par les rejetons enracinés qu'il pousse en abondance ; il n'a besoin d'être ni taillé ni greffé.

Groseillier. — 224. Le *groseillier* est un arbrisseau qui forme un buisson touffu par les nombreux rameaux qui partent du collet de la racine. Il s'accommode de tout terrain, de toute exposition, et prend facilement de bouture. Il est utile de diminuer le trop grand nombre de rejets du pied, de retrancher chaque année une partie du vieux bois. On le taille en février ou mars. On distingue le *groseillier ordinaire* à fruits blancs ou rouges, le groseillier noir ou *cassis*, et le *groseillier épineux* ou à maquereau.

Framboisier. — 225. Le *framboisier* est un petit arbrisseau à racines traçantes, qui pousse du collet et des racines une grande quantité de rameaux qui portent à la deuxième année des fruits blancs ou rouges. Il croît partout sans peine et se plaît même au Nord. Le seul soin nécessaire, c'est de couper en février les rameaux qui ont déjà porté du fruit l'année précédente ; on taille à un mètre les pousses d'un an dans le but de les faire ramifier.

Néflier. — 226. On multiplie rarement le *néflier* de semis, parce que les pepins sont deux ans à lever : on le multiplie par la greffe en fente et en écusson sur le néflier des bois, l'épine ou l'azérolier ; on ne le taille jamais. Ses fruits, très-âpres en octobre quand on les cueille, s'améliorent sur la paille et deviennent très-mangeables.

Châtaignier. — 227. Les *châtaigniers* ne se cultivent qu'en plein vent, sur les terrains en pente à sol perméable, siliceux, schisteux ou granitiques; on les multiplie de semence; en les plantant, il faut soigneusement conserver le pivot qui est une longue racine qui s'enfonce en ligne droite dans le sol. On peut greffer les châtaigniers, soit en fente, soit en écusson à œil dormant, ou, ce qui vaut mieux, en *sifflet* ou en *flûte*. Le châtaignier est lent à donner ses fruits, et n'est guère en plein rapport qu'à l'âge de vingt à trente ans. Les plus grosses châtaignes se nomment *marrons*. Quand on voit que les fruits commencent à tomber, on les gaule et on les ramasse avec leur coque hérissée de piquants, dans lesquelles ils achèvent de mûrir.

Noyer. — 228. Le *noyer* offre de grands avantages dans les contrées calcaires. Le bois de cet arbre est précieux pour la menuiserie et pour la sculpture : on mange son fruit, soit en cerneaux, c'est-à-dire avant sa complète formation, soit frais, soit sec, et l'on en extrait une bonne huile; le brou de la noix, c'est-à-dire l'enveloppe charnue de la coquille, sert aussi à quelques usages.

Le noyer ne se reproduit que de semis. En le transplantant, on a grand soin de conserver son pivot; on le greffe en flûte. Les noyers exigent beaucoup d'air et d'espace; leurs racines et leur ombrage nuisent aux cultures voisines; leurs fleurs gèlent assez facilement.

Noisetier. — 229. Le *noisetier* ou *avelinier* se multiplie au moyen des rejetons. Cet arbrisseau s'accommode de tous les terrains. Dans les jardins, on le cultive en touffe; il n'exige presque aucun soin.

Vignes en treilles et en berceaux. — 230. On appelle *treilles* les vignes cultivées en espalier, c'est-à-dire contre les murs, le long desquels elles étendent leurs rameaux, et leurs pampres. Les treilles sont avantageuses, surtout dans les pays où la vigne en grande culture ne mûrit pas bien. Comme la vigne est douée d'une grande force de végétation, et qu'en l'appliquant contre un mur on lui procure la réverbération du soleil, qui augmente la chaleur, il n'existe peut-être pas une propriété rurale, même dans les contrées les plus septentrionales de la France, où l'on ne puisse, par ce moyen, se procurer du raisin bon à manger, c'est-à-dire du *raisin de table*.

Le raisin *madeleine noire*, le *précoce noir de Courtillier* conviennent pour les treilles; mais celui qui réussit le mieux, comme raisin blanc, c'est le *chasselas* de Fontainebleau : cultivé dans un sol léger et riche, dirigé en treille, à bonne exposition et bien soigné, il donne presque partout en France des produits excellents. A ces raisins on peut ajouter le *chasselas Montauban*, le *chasselas doré*, le *verdot*, qui mûrissent plus difficilement sous le climat de Paris.

On peut aussi cultiver la vigne en *berceaux* et en *tonnelles* : elle réussit aussi parfaitement dans le midi et l'ouest de la France; mais, dans le nord, elle mûrit moins bien ses raisins que lorsqu'elle est dirigée en treille.

QUESTIONNAIRE.

213. Comment peut-on classer les arbres fruitiers? — Quels sont les arbres fruitiers à pepins? — Quels sont les arbres fruitiers à noyaux? — Quels sont les arbres dont les fruits ont une enveloppe dure? — Quels sont les arbres et arbustes dont les fruits n'ont ni enveloppes dures, ni noyaux, ni pepins?

214. Quels sont les avantages de la culture des arbres à pepins? — Quel est le double objet de cette culture?

215. Comment multiplie-t-on le pommier? — Quelles sont les meilleures pommes d'été? — d'automne? — d'hiver?

216. Comment multiplie-t-on le poirier? — Quelles sont les meilleures poires d'été? — d'automne? — d'hiver? — Comment se fait la récolte des fruits à pepins?

217. Comment se cultive le cognassier?

218. Comment cultive-t-on le prunier? — Qu'appelle-t-on pruneaux? — Quelles sont les meilleures espèces de pruniers?

219. Comment cultive-t-on le cerisier? — Quelles sont les diverses espèces de cerisiers? — Quels sont les meilleurs cerisiers?

220 et 221. Comment cultive-t-on le pêcher? — Parlez de la culture du pêcher à Montreuil. — Quelles sont les principales sortes de pêches? — Quelles sont les pêches qui réussissent le mieux en plein vent? — Comment cultive-t-on l'abricotier? — Quels sont les abricotiers qui réussissent le mieux?

222 à 226. Comment cultive-t-on l'amandier? — Le figuier? — Le groseillier? — Le framboisier? — Le néflier?

227 à 229. Comment cultive-t-on le châtaignier? — Quels sont les avantages du noyer? — Comment cultive-t-on le noisetier?

230. Qu'est-ce que les treilles, et quelle en est l'utilité? — Quels sont les cépages les plus convenables pour les treilles? — Peut-on cultiver la vigne en berceaux?

VINGT-HUITIÈME LECTURE

ARBRES A PRODUITS INDUSTRIELS : VIGNE. — POMMIER ET POIRIER A CIDRE. — OLIVIER. — MURIER.

Arbres à produits industriels. — Les arbres et arbustes qui donnent des produits industriels, sont au nombre de cinq, savoir : la vigne, le pommier et le poirier, l'olivier et le mûrier.

Vigne. — 231. La *vigne* est un arbuste qui produit le raisin dont on fait le vin.

Le *cep* est le tronc ou la tige de la vigne ; les *sarments* sont les rameaux allongés et flexibles ; les *pampres* sont les feuilles ; le *raisin* est le fruit (fig. 41).

Fig. 41. — Branche de vigne.

Il y a trois principales sortes de vignobles : les hautains, les vignes moyennes et les vignes basses.

On appelle *hautain* une vigne qu'on laisse monter très-haut. Tantôt on l'unit à l'amandier, au figuier, à l'ormeau, au saule ou à l'érable : les sarments, se mêlant avec les branches de ces arbres, forment des têtes touffues, et souvent, pour faire la vendange, on a besoin d'échelles; ou bien on dirige ses jets forts et vigoureux d'un arbre à un autre afin qu'ils forment des festons ou des guirlandes; ou bien on lui donne pour supports des échalas ou des treillages horizontaux en forme de berceaux, dont la hauteur varie suivant les localités. La culture de la vigne en hautains est assez commune dans la Provence, le Languedoc, le Bigorre et le Béarn.

Les *vignes moyennes* s'appellent aussi quelquefois *courantes* et *rampantes*. On laisse à la souche environ 50 à 80 centimètres de hauteur, et les sarments qui en sortent se soutiennent d'eux-mêmes; cependant sur la côte du Rhône, en Alsace et dans les Graves, on les soutient à l'aide d'échalas ou de treillages, qui ont parfois jusqu'à 3 mètres de longueur.

Les vignes moyennes sont communes dans les départements formés des anciennes provinces appelées Dauphiné, Provence, Guyenne et Gascogne, Saintonge et Aunis, Poitou et Anjou.

On ne laisse aux ceps des *vignes basses* qu'une hauteur de 30 centimètres, et même moins. Le vigneron réunit en paquets tous les sarments de l'année et les attache vers le haut de l'échalas par un ou plusieurs liens de paille ou d'osier. Ces vignes sont les plus communes dans les départements du centre et du nord de la France.

Dans le Médoc les vignes basses sont soutenues par de petits treillages formant des lignes parallèles et équidistantes.

La vigne est dite *cultivée en plein* quand elle occupe seule le terrain; quand elle est disposée en lignes et que celles-ci sont réunies trois à trois ou quatre à quatre, puis séparées par un espace de 4 à 10 mètres de largeur occupé annuellement par des céréales ou des plantes fourragères, on dit qu'elle est *cultivée en jouelles* ou en *ouillières*.

232. Le climat de la France convient généralement à la vigne; cependant on ne peut pas la cultiver avec succès dans la plupart des départements situés au nord, par exemple dans ceux qui sont formés des anciennes provinces de Flandre, Picardie, Normandie et Bretagne, non plus que sur les points très-élevés des départements montagneux du Centre et de l'Est;

quoique la vigne puisse y végéter, la chaleur pendant les mois d'août et de septembre n'est pas assez intense pour mûrir le raisin.

Tout champ qui a de 30 à 40 centimètres de terre végétale est propre à la culture de la vigne, mais cet arbrisseau ne saurait réussir ni dans l'argile pure, ni dans le sable, ni dans les terrains humides; il ne faut pas non plus planter la vigne dans les terres très-riches et très-profondes, où elle produit des pampres très-vigoureux et donne peu de fruits.

Quant à la situation la plus convenable, on a remarqué que la vigne réussit principalement sur les coteaux ou dans les plaines à sous-sol perméable et abritées des vents du nord et non éloignées des cours d'eau. Dans un vallon très-étroit, le raisin pourrit souvent avant de mûrir; sur le sommet d'une colline élevée, le fruit durci par la sécheresse et par les vents donne un vin très-acide.

La meilleure exposition pour la vigne, dans les départements méridionaux, c'est le sud-est; dans les autres, c'est le sud; ensuite vient l'est. L'ouest lui est partout nuisible, ainsi que le voisinage des marais et des grands bois. Quoique généralement le nord ne lui soit pas favorable, il y a cependant en France, et principalement en Champagne, en Alsace et en Touraine, de bons vignobles exposés au nord.

233. Il y a une foule de *cépages* différents, c'est-à-dire de variétés de vignes, tant à raisins blancs qu'à raisins noirs. Les noms de mêmes cépages varient dans les différentes contrées de la France. Les *cépages noirs* les plus répandus sont : en Bourgogne, les *pinots;* Bordelais, le *carbenet;* Midi, la *sirrah*, le *mourvède*, le *picpouille*, le *grenache;* Touraine, le *breton* et le *côt;* Alsace, le *riesling*. Parmi les *cépages blancs* on peut citer, dans le Centre, le *sauvignon;* dans Midi, la *clairette*, l'*enrageat;* en Bourgogne, les *pinots*.

En Bourgogne, le *pinot* donne le meilleur vin, mais il est très-peu productif. Le *gamai*, au contraire, produit en abondance des grappes grosses et bien fournies; mais le vin qu'on en tire est de médiocre qualité.

234. Pour planter une vigne, on peut se servir de plants

déjà enracinés, ou *chevelées* ou *chevelus;* mais ces plants coûtent fort cher. Il est plus économique d'employer des *crossettes* ou *crochets*, c'est-à-dire des sarments de l'année, auxquels, en les coupant, on a laissé un peu de bois de la pousse précédente.

On espace plus ou moins les ceps, selon l'usage du pays ; on plante dans des trous ou fossettes creusées à l'avance, ou mieux dans de longues tranchées dites *augeots ;* on y couche les ceps à 20 centimètres de profondeur : il est bon de répandre ensuite un peu de fumier dans le fond de la fosse.

Dans la région du Midi on plante à la barre ou à la *taravelle.* Ce procédé évite des travaux de défoncement. Afin de rendre plus facile la reprise des crossettes, on remplit les trous avec de la terre à laquelle on a ajouté des déjections de bêtes à cornes et de la cendre de bois.

La greffe en fente est souvent employée pour substituer un *cépage fin ou noble* à une variété produisant des vins de mauvaise qualité. Cette greffe se fait en mars ou avril et à 2 ou 3 centimètres au-dessous du niveau du sol.

Après la plantation, la vigne exige de grands soins. On tient toujours le terrain bien net de mauvaises herbes. L'année qui suit la plantation, on taille court et au-dessus de l'œil le plus rapproché de la terre, et l'on supprime toutes les pousses qui paraîtraient ensuite au-dessous. La troisième année, on taille au-dessus du troisième œil les bourgeons de l'année précédente. Les années suivantes on taille et on dirige la vigne suivant les formes qu'elle doit avoir.

235. La taille de la vigne est facile, mais elle varie beaucoup. Nonobstant elle consiste à rajeunir les ceps, c'est-à-dire à couper les sarments à un ou deux yeux, afin que les pousses nouvelles se développent le plus près possible des branches anciennes.

Dans diverses localités on *taille long*, dans d'autres on *taille court.* En général, plus on allonge la taille, plus la récolte est abondante, mais plus le vin perd de sa qualité.

Dans les régions du Sud et du Sud-Ouest on taille la vigne en décembre ou janvier ; dans le Centre et le Nord, cette opération n'est faite qu'en février ou mars. Plus on taille de bonne heure et plus tôt la vigne est disposée à pousser.

236. Le *provignage* a pour objet de remplacer les plants qui ont manqué lors de la plantation, et ceux qui ensuite ont péri ou sont devenus improductifs. On l'exécute aussitôt après la taille. Alors on laisse intact sur l'un des ceps voisins le plus beau sarment, on ouvre une fossette de 20 à 25 centimètres de profondeur et de la longueur nécessaire, et on y couche le sarment, en ayant soin que son extrémité supérieure sorte hors de terre. Ceci fait, on taille le sarment à deux yeux. Quand les marcottes ainsi faites sont enracinées, on les sépare avec la serpette de la souche mère. On doit remplir la fossette de bonne terre.

Dans quelques pays, on renouvelle tous les ans, par le provignage, le vingtième ou le trentième des vignes; on les conserve ainsi dans un bon état de production, et on leur assure une durée à peu près indéfinie.

237. Dans les contrées où l'on récolte d'excellents vins de table, on s'abstient de conduire du fumier dans les vignes : à la vérité, en les fumant, on augmenterait la quantité des produits, mais on en diminuerait la qualité. Le meilleur moyen d'entretenir la fécondité des vignobles, c'est d'y appliquer des composts ou des engrais végétaux verts ou secs, ou d'y conduire de la terre de bonne qualité. Cette dernière opération est surtout indispensable aux vignes situées en pente. Les pluies torrentielles, en entraînant sur les coteaux rapides la terre végétale vers les parties basses, dégarnissent les ceps des parties supérieures, ce qui nuit beaucoup à leur productivité.

238. Trois façons au moins sont nécessaires à la vigne et paraissent suffire à sa prospérité.

La *première façon* se donne après la taille, quand les ceps et le terrain sont débarrassés de sarments qui seraient un obstacle à la bonne exécution du travail. On donne la *seconde façon* aussitôt que le fruit est noué. Ce second travail n'est pas moins important que le premier : la terre n'est partout complétement remuée qu'après l'avoir reçu. La *troisième façon* se donne après que le raisin a tourné ou un peu avant; elle a pour objet d'ameublir la terre, d'en égaliser la surface, d'extirper les herbes et d'attirer les rosées.

L'époque de ces travaux n'est pas invariable. On doit les avancer ou les retarder de quelques jours, selon l'état de l'atmosphère.

Dans le Bordelais, le Languedoc et la Provence, on laboure les vignes à l'aide de charrues spéciales que l'on appelle *charrues vigneronnes*. Le travail exécuté par ces instruments est aussi parfait que possible si le conducteur a soin que les instruments ne touchent ni aux ceps ni à leurs racines. Dans la Bourgogne, la Champagne, l'Orléanais, l'Alsace, etc., où les vignes sont échalassées, le sol est travaillé avec la houe, la pioche et la binette.

Sur les pentes, l'ouvrier ne se place point de haut en bas : l'attitude serait trop gênante; il se dirige de bas en haut, ou en travers.

Après la première façon, on plante les échalas.

Dans les localités où les vignes sont échalassées ou soutenues au moyen de treillages, on a soin d'ébourgeonner, d'accoler et de rogner : *ébourgeonner*, c'est supprimer tous les bourgeons qui ne portent pas de fruits et qui ne sont pas nécessaires pour la taille suivante; *accoler*, c'est attacher les sarments aux échalas; *rogner*, c'est retrancher l'extrémité des sarments, afin que la séve reflue dans les fruits.

On peut *épamprer* la vigne, c'est-à-dire enlever les petites branches secondaires pour modérer le cours de la séve, et pour procurer au raisin le contact immédiat des rayons du soleil. Mais il ne faut faire cette opération, ainsi que l'*effeuillaison*, qu'avec beaucoup de prudence, ne commencer que quand le raisin a acquis presque toute sa grosseur, et cesser dès qu'on s'aperçoit que la pellicule du raisin commence à se rider et le grain à se ramollir.

239. La récolte des raisins s'appelle *vendange*. On vendange à l'époque où le raisin est mûr : cette époque varie selon le climat, la saison et l'exposition, et aussi selon les divers cépages. On doit choisir un temps sec et chaud.

Pommier et poirier à cidre. — 240. Si la Normandie,

la Picardie et la Bretagne récoltent peu ou pas de vin, elle possèdent de nombreux pommiers ou poiriers qui fournissent des fruits à saveur acide et susceptibles de fournir par la fermentation la boisson qu'on appelle *cidre*, lorsqu'elle est faite avec des pommes, et *poiré* quand elle provient des poires.

Les pommier et les poiriers à cidre se cultivent en plein air dans les champs ou les vergers.

On propage les meilleures variétés en les greffant sur sauvageon et sur égrain.

Le poirier demande une terre franche, un sol profond et de bonne qualité; sa racine est pivotante et sa cime est plus élevée que la tête des pommiers. Ces derniers arbres réussissent très-bien sur les terres schisteuses, les sols argilo-calcaires ou argilo-siliceux; leurs racines sont un peu traçantes et leurs branches ont une grande tendance à s'étendre horizontalement.

Chaque année, on doit labourer la terre qui enveloppe la base de ces arbres.

241. Un pommier ou un poirier de force ordinaire produit en moyenne, bon an mal an, de 2 à 3 hectolitres de fruits. Généralement on ne compte une très-bonne récolte de pommes ou de poires que tous les quatre ou cinq ans.

Olivier. — 242. L'*olivier* est un arbre peu touffu, à la verdure pâle, dont les fruits fournissent la meilleure de toutes les huiles.

L'olivier est si sensible aux gelées, que dans la plus grande partie de la Franceil est impossible de le cultiver. Il ne prospère que dans les départements méridionaux appartenant à la Provence et au bas Languedoc. On place les oliviers au milieu des champs à 10 mètres les uns des autres ; ils réussissent dans les plus mauvais terrains non humides. On les multiplie surtout de rejetons et de boutures, et on les greffe en fente ou en écusson, plus rarement en couronne. L'olivier fleurit en mai et juin ; son fruit mûrit en novembre ou décembre.

Mûrier. — 243. Le *mûrier* est un arbre que l'on cultive pour nourrir de sa feuille les vers à soie. On peut aussi le cultiver pour ses fruits noirs ou blancs ; dans ce cas, on l'élève en plein vent, et on le place assez volontiers dans les cours des fermes. Il exige peu de soins, mais il craint la gelée et doit être planté jeune.

Dans les départements méridionaux, on le plante à des distances de 7 à 10 mètres, autour ou à l'intérieur des champs, en vergers que l'on appelle *mûreraies*.

En général, on préfère, pour la nourriture des vers à soie, le mûrier blanc, qu'on cultive en arbre tige, demi-tige, ou en vase nain. On le taille tous les deux ans, en rabattant toutes les pousses sur les anciennes branches. Cette opération se fait ordinairement au mois de juin, c'est-à-dire quand l'éducation des vers à soie est terminée.

On cueille les feuilles au fur et à mesure des besoins.

QUESTIONNAIRE :

231. Qu'est-ce que la vigne? — Qu'appelle-t-on cep, sarments et pampres? — Combien y a-t-il de sortes de vignobles? — Qu'est-ce que les hautains? — Qu'est-ce que les vignes moyennes? — Qu'est-ce que les vignes basses?

232. La vigne, en France, réussit-elle partout? — Quel est le terrain qui convient à la vigne? — Quelle est la situation convenable à la vigne? — Quelle est la meilleure exposition pour la vigne?

233. Quels sont les meilleurs cépages?

234. Comment plante-t-on la vigne? — Quels soins donne-t-on à la vigne après la plantation?

235 et 236. Comment taille-t-on les vignes moyennes? — Comment taille-t-on les vignes en échalas? — Qu'est-ce que provigner? — Provigne-t-on souvent?

237 à 239. Faut-il fumer la vigne? — Quelles sont les façons nécessaires à la vigne? — L'époque des travaux est-elle précise et invariable? — Avec quel instrument faut-il cultiver le sol des vignes? — Comment bêche-t-on les vignes? — Qu'est-ce que rogner et ébourgeonner? — Qu'est-ce qu'effeuiller la vigne? — Quelle est l'époque de la vendange?

240 et 241. Parlez de la culture du pommier et du poirier à cidre.

242. Parlez de la culture de l'olivier.

243. Parlez de la culture du mûrier

VINGT-NEUVIÈME LECTURE

BOIS, FORÊTS, FUTAIES, TAILLIS :
SEMIS ET PLANTATIONS. — ENTRETIEN DES BOIS. — EXPLOITATION DES ARBRES FORESTIERS. — ESPÈCES D'ARBRES FORESTIERS. ARBRES FEUILLUS DES TERRAINS FRAIS.

Bois, forêts, futaies, taillis. — 244. Les mots *forêts* et *bois* ont à peu près la même signification ; ordinairement on ne donne le nom de forêts qu'à un bois d'une grande étendue.

On peut cultiver les arbres forestiers en futaie ou en taillis.

Les *futaies* sont des arbres que l'on ne coupe que lorsqu'ils ont pris tout leur développement : quand un arbre de futaie est coupé, la souche ne peut pas en reproduire un autre.

Les *taillis* sont des bois que l'on coupe ordinairement assez jeunes, et qui repoussent ensuite de leurs souches.

Les *jeunes taillis* sont ceux que l'on coupe tous les sept, huit ou neuf ans : les *taillis moyens*, ceux qu'on exploite de dix à vingt ans ; les *hauts taillis*, ceux qu'on exploite de vingt à trente ans.

Quand on coupe un taillis, on réserve toujours quelques pieds qu'on laisse monter en futaie, et qu'on nomme *baliveaux*. Quand les baliveaux ont séjourné sur le sol pendant deux coupes, on les nomme *modernes ;* quand ils en ont persisté pendant trois à quatre coupes, on les appelle *anciens*. Après cinq coupes, on les appelle *vieilles écorces*.

Les taillis dans lesquels on remarque des baliveaux sont appelés *taillis sous futaie* ou *taillis composes*.

Une forêt entièrement composée de jeunes arbres s'appelle ordinairement *jeune futaie ;* quand les pieds sont rapprochés les uns des autres, et lorsqu'elle est âgée de 30 à 40 ans, on la nomme *gaulis* ou *perchis ; futaie*, lorsqu'elle est âgée de 50 à 80 ans ; *haute futaie*, lorsqu'elle a 100 ans et plus.

Il est rare qu'un bois soit composé d'une seule espèce d'arbres ; la plupart sont composés d'espèces mélangées.

Une *clairière* est un lieu dégarni de bois.

Semis et plantations. — 245. On multiplie les arbres forestiers par le *semis* ou par la *plantation*.

Quand on sème, on recouvre plus ou moins la semence selon sa grosseur.

On doit toujours semer un peu dru le bois qu'on destine à pousser en taillis, parce que l'on est toujours maître de l'éclaircir.

On cultive à la pioche le tour des jeunes plants transplantés pendant un an ou deux, c'est-à-dire jusqu'à ce qu'ils soient assez forts pour que l'herbe ne les étouffe pas.

Ordinairement on ne cultive pas les semis dans les premières années, parce que l'herbe les protége ; cependant, si cette herbe était trop grande, il faudrait les en débarrasser.

Pour procurer une belle tige à un arbre forestier, qu'on veut faire croître isolément ou en massif, il faut, dès la première année de la plantation, l'ébourgeonner de temps en temps, c'est-à-dire détruire avec la main les jeunes bourgeons, depuis le pied jusqu'à 50 centimètres au-dessous de l'extrémité supérieure, choisir ensuite la branche qui doit continuer la tige, la laisser intacte, et écourter ou supprimer les autres pendant cinq ou six ans ; puis émonder avec soin tous les quatre ou ou cinq ans jusqu'à ce que l'arbre ait quarante ans.

Les arbres résineux se multiplient ordinairement de semis. On sème sur place, ou bien on plante les jeunes sujets venus soit de semis dans les pépinières, soit naturellement dans les bois. On peut greffer le pin sylvestre sur le pin maritime à l'aide de la *greffe herbacée*.

On peut utiliser les terrains les plus secs et les plus stériles en y semant ou plantant des arbres verts. Ces arbres viennent lentement : on les sème très-dru ; à mesure qu'ils grandissent, on *éclaircit*, c'est-à-dire on arrache un grand nombre de jeunes arbres, afin que les autres aient plus d'air et plus d'espace.

Semer ou planter des bois sur les terrains en pente, dans les sols stériles, sur le bord des rivières et des étangs, c'est rendre service au pays : on peut presque dire que c'est une bonne action.

Entretien des bois. — 246. *Receper* les jeunes plants, c'est les couper à fleur de terre, afin qu'ils poussent ensuite avec plus de force.

Elaguer, c'est retrancher en tout ou en partie les branches d'un arbre jusqu'à une certaine hauteur : cette opération n'est pas nuisible aux arbres lorsqu'elle est faite avec intelligence. L'élagage se fait depuis la fin de l'automne jusqu'à la fin de l'hiver.

Émonder, c'est couper toutes les branches latérales jusqu'à l'extrémité à laquelle on ne doit pas toucher.

Nettoyer les bois, c'est enlever les branches mortes, et détruire les ronces, les épines, les espèces peu productives et les pousses qui viennent mal.

Exploitation des arbres forestiers.— 247. Les bois des arbres forestiers s'exploitent de trois manières : comme bois de chauffage, comme bois à charbon, comme bois d'œuvre ou de service.

Il y a trois sortes de *bois de chauffage :* les *fagots*, que produisent les taillis et les branchages des arbres de futaie et d'alignement ; les *bûches*, *rondins* ou *bois de corde*, que produisent les futaies, les hauts taillis et quelquefois les taillis moyens, et les *bourrées* qu'on confectionne exclusivement avec du menu bois.

On ne peut pas faire de taillis d'arbres résineux, parce que ces arbres, après avoir été coupés, ne repoussent pas de leur souche.

Le *charbon* est le bois appelé *charbonnette* que l'on réduit, à l'aide du feu, en une masse noire susceptible de brûler sans flamme ni fumée, et qui donne beaucoup de chaleur. C'est dans la forêt même où le bois a été coupé qu'on le convertit en charbon. Les produits des taillis hauts et moyens et les grosses branches des futaies servent à cet usage.

En général, le bois donne en charbon 25 pour 100 de son poids. Ainsi, si 1 stère de bois de chêne sec pèse 600 kilogrammes, il produira en moyenne 150 kilogrammes de charbon. 1 hectolitre de charbon de bois pèse en moyenne de 20 à 24 kilogrammes.

Les bois *d'œuvre*, *de service* ou *de travail* sont ceux qu'on emploie aux constructions, au charronnage, à la menuiserie, à la fabrication des tonneaux et des cuves, et à divers autres usages.

On fait, en outre, avec le bois refendu ou les *bois de fente*, des échalas ou paisseaux, du treillage, des cercles, des lattes, des piquets, des manches d'outils et une foule d'autres objets utiles. Le *bois merrain* est celui qui sert à fabriquer les douves de tonneaux.

Il y a des communes qui sont propriétaires de bois, et qui partagent entre tous les chefs de famille, par portions égales, le produit des coupes annuelles ; c'est ce qu'on nomme *affouage*.

Espèces d'arbres forestiers. — 248. Parmi les arbres forestiers, les uns se plaisent surtout dans les terrains humides ou frais : ce sont l'aune, le frêne, le peuplier, le platane et le saule.

Les autres se plaisent surtout dans les terrains secs : ce sont l'alizier, le bouleau, le charme, le chêne, l'érable, le marronnier d'Inde, le merisier, le hêtre, le châtaignier, l'orme, l'acacia, le sorbier, le tilleul et le micocoulier.

249. Tous les arbres et arbrisseaux dont nous venons de parler sont désignés sous l'appellation générale d'*arbres à feuilles caduques* ou *bois feuillus* ; leurs feuilles tombent tous les ans, à la fin de l'automne.

Il y a aussi une sorte d'arbres forestiers dont les feuilles ne tombent pas ; leur fruit consiste en un assemblage d'écailles que l'on appelle *cône* : c'est pourquoi on les nomme *conifères* ; on les nomme aussi *résineux* ou *bois résineux*, parce que tous donnent de la résine, et *arbres verts*, parce que, à l'exception du mélèze, ils conservent leur feuillage vert toute l'année.

La *résine* est une matière grasse et inflammable qui découle des entailles ou *quarres* qu'on fait sur le tronc des arbres conifères : on en extrait de la poix, du goudron, etc.

Les arbres résineux ou conifères sont le pin, le sapin, le cèdre, l'if, le cyprès, le mélèze.

Il y a aussi des arbrisseaux toujours verts : ce sont, le genévrier, le buis et le houx.

On appelle *bois blancs* ou *bois tendres* les essences qui fournissent des bois blanchâtres ou rougeâtres, légers et à texture molle, et *bois durs* ceux dont le bois est lourd et à grain serré, fin et fibreux.

Arbres feuillus des terrains frais. — 250. L'AUNE, aussi appelé *vergne*, vient parfaitement dans les terrains les plus marécageux ; il se reproduit surtout de semis. On le plante volontiers sur les bords des étangs et des fossés d'irrigation ; là, ses racines nombreuses, traçantes et entrelacées retiennent les terres et les empêchent d'être entraînées par le débordement des eaux. La croissance de l'aune est très-rapide dans sa jeunesse ; son bois est fin, veiné et prend un beau poli. Il donne peu de chaleur, mais une flamme claire, et est excellent pour chauffer les fours.

251. Le FRÊNE vient dans tous les terrains, pourvu que le sol soit profond et un peu frais ; il peut s'élever à 30 mètres ; il ne se reproduit guère que de semis et croît assez lentement. Quand on le replante, on ne doit jamais lui couper la tête. On ne le plante pas volontiers dans le voisinage des habitations, parce qu'il est souvent attaqué par des insectes nommés *cantharides*, qui le dépouillent de toutes ses feuilles et répandent une odeur désagréable. Le bois de frêne est excellent pour l'ébénisterie, la boissellerie, et l'on en fait toutes les grandes pièces de charronnage qui ont besoin d'avoir beaucoup de force et de légèreté, comme les brancards et timons de voitures.

252. Le PEUPLIER est un bel arbre dont quelques espèces s'élèvent à 25 et 30 mètres : c'est surtout dans les endroits frais qu'il déploie la force de sa végétation et la beauté de son feuillage. Sa croissance est rapide. On peut élaguer le peuplier tous les trois ou quatre ans, afin que le tronc devienne plus fort : le produit de l'élagage sert à faire des fagots. Le bois de peuplier sert à faire des planches ou de la *volige*.

Les espèces les plus remarquables sont le *peuplier blanc* ou *ypréau*, ou *blanc de Hollande ;* le *peuplier d'Italie*, qui s'élève en pyramide ; le *peuplier du Canada* et le *peuplier noir*. Tous les peupliers ne se reproduisent que par la bouture, excepté le peuplier blanc, qu'on propage au moyen des rejetons qu'il produit en abondance.

Une plantation de peupliers est une opération qui peut devenir lucrative. Un peuplier qui réussit très-bien gagne chaque année une valeur de 50 centimes au moins.

Le *tremble*, qui croît en abondance dans les forêts, est une espèce de peuplier. On lui donne ce nom, parce que ses feuilles sont continuellement agitées.

253. Le PLATANE s'élève à 30 mètres : son tronc peut acquérir avec les années une grosseur extraordinaire ; il croît rapidement, et se reproduit surtout de marcottes. Quand on plante le platane pour l'ornement des promenades et des grands jardins, on peut le tailler au croissant ; quand on le plante dans les prairies sur le bord des rivières, on peut l'élaguer tous les cinq ans, et il donne alors de bons fagots. Le bois de platane est sujet à se fendre et à être attaqué par les vers ; mais il perd ces mauvaises qualités lorsque, avant de l'employer, on a eu la précaution de le tenir pendant quelque temps plongé dans l'eau. Il sert au charronnage et à la menuiserie.

254. Le SAULE BLANC ou *saule de rivière* s'élève à 12 ou 15 mètres lorsqu'on fait monter sa tige, et donne un bois assez fin, qui sert à divers usages, et surtout à faire des sabots. Mais on cultive plus ordinairement le saule en *têtard* (fig. 42), c'est-à-dire qu'on ne laisse s'élever le tronc que jusqu'à 2 mètres environ, et que l'on coupe tous les trois ou quatre ans toutes les branches. Avec les plus grosses on fait des gaules qui servent pour échalas, palissades, etc.; avec le reste on fait des fagots pour le chauffage. Le tronc des têtards est presque toujours pourri dans le cœur et n'est bon qu'à brûler.

Le saule se reproduit très-facilement à l'aide de grosses boutures qu'on appelle *plançons*. Ce sont des branches de quatre à cinq ans, ayant environ 15 à 18 centimètres de tour par le bas: on taille cette partie inférieure en bec de flûte. On enfonce d'abord en terre à 40 centimètres un gros pieu dont la pointe inférieure est garnie en fer ; puis on retire ce pieu, et dans le vide qu'il a laissé, on enfonce le plançon ; on butte ensuite le pied avec de la terre, pour l'empêcher de vaciller. Ces plançons s'enracinent facilement et deviennent promptement d'assez beaux arbres.

Le *saule marceau* est très-commun dans les bois ; il s'élève à 10 mètres, et croît avec beaucoup de rapidité, surtout quand

Fig. 42. — Saules en têtard.

il repousse sur sa souche. On le cultive ordinairement en taillis; on peut aussi le cultiver en têtard.

L'*osier* est une espèce de saule dont on coupe les pousses annuelles ; les belles pousses ont jusqu'à 3 mètres de longueur. Les rameaux d'osier sont rouges, jaunes, verts, gris, extrêmement flexibles et servent à faire des corbeilles, des paniers, des claies, des hottes, des liens de toute sortes.

QUESTIONNAIRE.

244. Quelle différence y a-t-il entre ces mots : *bois* et *forêts?* — Qu'est-ce que les futaies? — Qu'est-ce que les taillis? — Distinguez les jeunes taillis, les taillis moyens, les hauts taillis. — Qu'est-ce que les baliveaux? — Qu'appelle-t-on modernes, anciens, vieilles écorces? — Distinguez la jeune futaie, — le gaulis, — la futaie, — la haute futaie. — Un bois est-il composé d'une seule espèce d'arbres?

245. Comment multiplie-t-on les arbres forestiers? — Comment fait-on les semis? — Comment se fait la plantation? — Cultive-t-on les jeunes plants? — Cultive-t-on les semis? — Comment propage-t-on les arbres résineux? — Comment fait-on les plantations d'arbres résineux? — Comment élève-t-on un arbre forestier à haute tige? — Est-ce une chose utile que de semer ou planter des bois?

246. Qu'est-ce qu'élaguer les arbres? — Qu'est-ce qu'émonder? — Qu'est-ce que nettoyer les bois?

247. Comment exploite-t-on les arbres forestiers? — Combien y a-t-il de sortes de bois de chauffage? — Qu'est-ce que le charbon? — Combien le bois rend-il en charbon? — Qu'appelle-t-on bois d'œuvre ou de service? — Qu'appelle-t-on affouage?

248. Quels sont les arbres forestiers qui se plaisent dans les terrains humides? — Quels sont ceux qui se plaisent dans les terrains secs? — Quels sont les arbrisseaux forestiers?

249. Qu'appelle-t-on arbres estivaux ou à feuilles caduques? — Qu'appelle-t-on arbres verts, — ou conifères, — ou résineux? Qu'est-ce que la résine? — Quelles sont les diverses espèces de conifères? — Quels sont les arbrisseaux toujours verts?

250 à 254. Parlez de l'aune, — du frêne, — du peuplier, — du tremble, — du platane, — du saule de rivière. — Comment plante-t-on le saule de rivière? — Parlez du saule marceau. — Qu'est-ce que l'osier?

TRENTIÈME LECTURE

ARBRES FEUILLUS DES TERRAINS PERMÉABLES.

ARBRES RÉSINEUX OU CONIFÈRES.

ARBRISSEAUX FORESTIERS OU MORT-BOIS A FEUILLES CADUQUES,

A FEUILLES PERSISTANTES OU TOUJOURS VERTES.

Arbres feuillus des terrains perméables. — 255. L'ALIZIER ou *allouchier* s'élève à 10 ou 15 mètres : il donne des fruits, que l'on peut manger quand on les a laissés blettir. Son bois est très-dur, d'un grain fin et serré, susceptible d'un beau poli : on en fait des montures d'outils, des alluchons et des fuseaux de moulin; le charbon qu'il donne est excellent.

256. Le BOULEAU, qui s'élève à 15 ou 16 mètres, réussit dans tous les terrains, sauf les sols compactes et marécageux. Son bois, nuancé de rouge et d'un grain assez fin, prenant assez bien le poli, est recherché des menuisiers, des tourneurs, des ébénistes et des sabotiers. Il brûle rapidement en donnant une flamme claire; dans les villes, on l'emploie à chauffer les fours.

257. Le CHARME s'élève ordinairement à 15 mètres, et peut en atteindre 25; il vient assez bien dans tous les terrains, pourvu qu'ils aient de la profondeur et qu'ils ne soient pas très-secs et arides; il résiste aux plus grands vents. Sa croissance est fort lente. On le tond et on le taille comme on veut, pour en faire des allées et des murailles de verdure qu'on nomme *charmilles*. Le bois de charme est excellent pour le chauffage; il est bon aussi pour le charronnage, pourvu que l'on ne l'emploie que très-sec.

258. Le CHÊNE est de tous les arbres le plus utile et le plus précieux : il vit deux cents ans et même davantage, et s'élève à une grande hauteur. Son bois est indispensable à la construction des maisons et à celle des vaisseaux; il est aussi très-bon à brûler. L'écorce du chêne sert à tanner les peaux; 1 stère de bois fournit de 25 à 36 kilogrammes d'écorce. Le tan qui a servi à la préparation des peaux sert ensuite à faire des mottes à brûler.

Fig. 43. — Glands.

Ce bel arbre commence à devenir moins commun en France. On ne saurait trop en encourager la multiplication. Il ne se reproduit que de semis, au moyen de ses fruits qu'on appelle *glands* (fig. 43) et qui sont excellents pour engraisser les porcs et la volaille.

On peut semer les glands sur place, ou bien en pépinière et planter les jeunes chênes quand ils ont deux ans.

Le bois de chêne a une grande durée et il résiste très-bien aux intempéries.

Il y a une sorte de chêne qu'on appelle *yeuse* ou *chêne vert*, parce qu'en effet ses feuilles sont toujours vertes. L'yeuse, dans le nord de la France, est sensible au froid. Cet arbre, qui croît avec une extrême lenteur, dure plusieurs siècles.

Une espèce de chêne vert, qui ne se trouve que dans les départements du Midi et du Sud-Ouest, s'appelle *chêne-liége* ou *surier*. Cet arbre, qui ne s'élève qu'à 10 ou 12 mètres, est précieux par son écorce, qu'on appelle *liége*, et qu'on détache de l'arbre vivant, tous les huit ou dix ans ; quoique ainsi périodiquement écorché, ce chêne vit cent cinquante ans. Le liége sert à faire des bouchons et à beaucoup d'autres usages.

259. Le CHATAIGNIER est un des arbres les plus précieux de nos forêts, par sa grandeur, par les qualités de son bois, par l'abondance et la bonté de ses fruits, et parce qu'il prospère dans des sables où les autres arbres réussissent mal. Le bois de châtaignier, employé dans la charpente et dans la menuiserie, dure plusieurs siècles sans s'altérer. Dans quelques départements de la France, la population se nourrit en grande partie de châtaignes.

Son bois, quand il est jeune, est liant et sert à faire d'excellents cercles.

260. L'ÉRABLE s'élève à 9 ou 10 mètres. Son écorce est dure et crevassée. Son bois, dur et susceptible d'un beau poli, est excellent pour les ouvrages de tour et d'ébénisterie. Ses jeunes tiges servent à faire des manches de fouets ordinaires. Ses feuilles sont recherchées par les bestiaux.

Deux espèces d'érable, qu'on appelle *sycomore* et *plane*, croissent rapidement et s'élèvent à 20 ou 25 mètres.

Une autre espèce, appelée *champêtre*, croît moins vite, et ne s'élève qu'à 10 ou 15 mètres.

261. Le HÊTRE est un très-bel arbre. Sa tige arrondie est couverte d'une écorce grise et unie, et s'élève quelquefois, sans branches ni nœuds, jusqu'à 20 mètres. Il se plaît dans presque

tous les terrains, pourvu qu'ils ne soient pas trop compactes et humides et qu'ils aient 50 centimètres de profondeur ; mais il réussit difficilement sur les sols secs et brûlants. Le bois de hêtre n'a ni assez de force ni assez d'élasticité pour être employé à la charpente ; mais il peut servir à tous les autres usages ; c'est un des meilleurs bois de fente : il fournit un excellent chauffage.

Son fruit, qu'on appelle *faîne*, donne une huile qu'on utilise dans l'industrie ou l'éclairage. On ramasse les faînes à mesure qu'elles tombent, on les met dans une chambre bien aérée, et l'on a soin de ne pas les entasser, de peur qu'elles ne s'échauffent. Lorsqu'elles sont bien sèches, on les dépouille de leur peau et on les presse pour en exprimer l'huile.

Le hêtre, comme le chêne, ne se reproduit que de graines.

262. Le MERISIER ou *cerisier sauvage* se plaît sur les coteaux et sur les montagnes. Son bois, doux et facile à travailler, est employé par les menuisiers et les ébénistes. En le trempant trente ou quarante heures dans l'eau de chaux, il prend une belle couleur rouge brun. Le merisier peut aussi être employé comme bois de charpente.

Son fruit, qu'on appelle *merise*, sert dans les Vosges et l'Alsace à la fabrication de la liqueur appelée *kirsch*.

263. Le MICOCOULIER, qui croît dans le midi de la France, s'élève de 12 à 15 mètres. Son bois sert à faire des fourches, des manches de fouets appelés vulgairement *perpignans*, et à fabriquer des meubles.

264. L'ORME a un bois jaune, marqué de couleurs brunes, dur, pesant, susceptible d'un beau poli. C'est le meilleur de tous les bois pour le charronnage ; c'est, après le chêne, le meilleur pour les constructions. Le bois de l'*orme tortillard* se vend trois fois plus cher que l'autre. L'orme est un arbre de première grandeur : il se plaît dans tous les terrains, excepté dans les sols compactes et très-humides et dans les sables mouvants.

265. Le ROBINIER, ou *acacia*, peut s'élever de 12 à 18 mètres. Son feuillage ne donne pas beaucoup d'ombre ; ses fleurs, disposées en belles grappes pendantes (fig. 44), sont d'une odeur suave ; ses rameaux, dans leur jeunesse, sont armés de fortes épines. Le bois d'acacia est bon pour tous les usages et

est très-dur, quoique l'arbre croisse fort vite. En général, on évite de planter l'acacia sur la lisière des champs cultivés, parce que ses racines traçantes peuvent nuire aux récoltes.

Fig. 44. — Fleur de l'acacia.

266. Le SORBIER, ou *cormier*, s'élève de 10 à 20 mètres. Il donne des fruits, d'abord verts, puis jaunâtres ou rougeâtres dans la parfaite maturité, ayant la forme d'une petite poire, connus sous le nom de *sorbes* ou de *cormes*, et qui ne sont bons à manger que lorsqu'ils ont passé quelque temps sur la paille.

Son bois est d'une couleur fauve ou rougeâtre, peu ou point veiné, dur, compacte, solide, excellent pour tous les ouvrages, surtout pour les pièces qui supportent de grands frottements, comme les vis de pressoir, les montures de rabots et de varlopes, les dents de roues pour les moulins.

Une espèce, qu'on appelle *sorbier des oiseaux*, ne s'élève qu'à 8 ou 10 mètres, et donne des fruits rouges de la grosseur d'une petite cerise dont les grives et d'autres oiseaux sont très-friands.

267. Le TILLEUL est un grand arbre dont les fleurs ont une odeur agréable et servent à faire des infusions ou des tisanes. Le tilleul croît assez vite, vit fort longtemps et peut devenir énorme. On peut le tailler à volonté et lui donner la forme qu'on désire, à l'aide du croissant et des cisailles. Le bois est blanc et assez peu dur, mais liant et peu sujet à être piqué des vers. Il y a deux principales espèces : le tilleul *commun* et le tilleul *de Hollande*, dont les feuilles sont très-larges et qu'on ne rencontre pas dans les bois.

Arbres résineux ou conifères. — 268. Le PIN s'élève quelquefois à 40 mètres et gagne en croissance et en qualité pendant cent ans. Ses feuilles sont roides et aiguillées, longues de 7 à 10 centimètres, réunies de 2 à 5 à la base par une petite gaîne et d'un vert assez clair. Le fruit, qui s'appelle vulgairement *pomme de pin*, mûrit en deux ou trois ans. Le bois est de longue durée et excellent pour les constructions.

L'espèce la plus utile est le *pin sylvestre* ou *pin d'Écosse*, qui croît aux expositions les plus froides. Sa tige, qui s'élève droite comme un cierge jusqu'à une hauteur de 33 mètres, fournit des mâts aux plus grands vaisseaux. Il est commun dans la Champagne pouilleuse.

Le pin *laricio* est très-commun en Corse et s'élève sur les montagnes de cette île, jusqu'à la hauteur de 45 mètres. C'est un arbre magnifique, aussi droit et plus gros que le pin sylvestre, et d'une culture aussi facile.

Le pin *maritime* croît abondamment dans les landes de Bordeaux, en Sologne et en Provence. Son tronc n'est jamais parfaitement droit, ce qui fait qu'il est impropre à la mâture ; mais il fournit beaucoup de bois de charpente et de bois à brûler, ainsi qu'une grande quantité de résine, de brai et de goudron; il ne réussit dans le nord de la France que sur les dunes de la Manche.

Le pin maritime est associé sur les bords de la Méditerranée au *pin d'Alep* ou *de Jérusalem.*

269. Le SAPIN COMMUN (fig. 45) est un bel arbre, droit comme une flèche, et dont les branches s'élèvent par étage en pyramide: ses feuilles, d'un vert sombre, sont longues de 4 à 5 centimètres. Son écorce est toujours lisse. Le sapin peut s'élever à 40 mètres. Son bois, qui sert à la marine, à la charpente et à la menuiserie, est léger. Le sapin se plaît surtout à l'exposition du nord et dans les pays froids.

Une espèce qu'on appelle *épicéa* ou *pesse*, dont le feuillage est d'un vert très-sombre, qui croît assez rapidement, est très-commune en France, surtout dans les Vosges. C'est cet arbre résineux qui fournit la *poix jaune* ou *de Bourgogne*. Son bois sert au même usage que celui du sapin commun, mais comme il est vibrant, les luthiers l'emploient pour fabriquer des instruments de musique.

270. Le MÉLÈZE est le seul des arbres résineux qui perde ses feuilles pendant l'hiver. Cet arbre, dont le bois résiste très-bien à l'air et à l'humidité, et qui s'élève à plus de 30 mètres, est abondant sur les Alpes de la France, de la Suisse et du Tyrol; on en extrait la résine connue sous le nom de térébenthine de Venise.

271. Le CÈDRE est un arbre magnifique, très-rare en France.

L'IF s'élève à 12 mètres; c'est, de tous les arbres, celui qui croît le plus lentement. Il est peu utile et peu répandu. On le taille à volonté; il porte de petits fruits rouges que l'on ne doit pas manger.

Le CYPRÈS est un arbre pyramidal, qui ne se cultive guère que pour l'ornement ou pour former des abris dans la vallée du Rhône.

Arbrisseaux forestiers ou mort-bois à feuilles caduques. — 272. La *bourgène* ou *bourdaine*, assez commune dans les bois humides, s'élève à 2 ou 3 mètres. Son bois est tendre

Fig. 45. — Sapin.

et cassant; mais le charbon qu'on en tire est très-léger et excellent pour la fabrication de la poudre à canon; et, pour cette raison, l'administration des poudres a le droit de mettre cet arbrisseau en réquisition dans les bois particuliers.

Le *cornouiller* est un grand arbrisseau ou un petit arbre qui peut s'élever à 6 ou 7 mètres. Ses fleurs paraissent de très-bonne heure au printemps, et ses fruits rouges mûrissent très-tard en automne; on peut les manger. Le bois de cornouiller est très-dur et très-fin; lorsqu'il est bien sec, on en fait des échelons, des chevilles, des rayons de roue. Le cornouiller croît avec beaucoup de lenteur et vit très-longtemps.

Le *fusain*, qu'on appelle vulgairement *bonnet de prêtre*, s'élève à 4 ou 5 mètres; ses fleurs, petites et blanchâtres, paraissent en mai et en juin; ses fruits, d'un rouge éclatant, restent presque tout l'hiver sur les rameaux. Son bois est léger, d'un blanc jaunâtre; on en fait des fuseaux et des quenouilles. Son charbon peut servir à la fabrication de la poudre à canon. Ce même charbon, obtenu dans un tube de fer et réduit en poussière, sert aux dessinateurs à tracer des esquisses, parce qu'il s'efface plus facilement que le crayon ordinaire.

Le *noisetier*, ou *coudrier*, croît naturellement dans les bois et dans les haies. Son fruit est bon à manger. Son bois est tendre, et n'est pas susceptible de prendre un beau poli. Il ne devient jamais assez gros pour qu'on puisse en faire des ouvrages de quelque importance. On en fait des cerceaux, des échalas, des pieux et différents ouvrages de vannerie.

Le *sureau* est un grand arbrisseau, qui, cultivé avec soin, peut devenir un arbre de 6 à 7 mètres de hauteur; mais on ne le laisse guère croître qu'en haie et en buisson. Le bois des tiges de 4 à 6 ans sert à faire de bons échalas.

La *mancienne*, ou *viorne mancienne* ou *bourdaine blanche*, est un arbrisseau de 3 à 4 mètres de hauteur, dont les rameaux sont velus; ses fleurs sont blanches et ses petits fruits noirâtres ne contiennent qu'une seule graine. Ses jeunes rameaux sont souples et peuvent servir aux mêmes usages que l'osier.

Le *troëne* est remarquable par ses petites fleurs blanches et ses fruits noirs. Cet arbrisseau est à peu près sans utilité; mais on s'en sert volontiers dans les champs et les jardins d'agrément pour faire des haies et des palissades, parce qu'on le taille facilement et qu'il vient à la hauteur qu'on veut.

Mort-bois à feuilles persistantes. — 273. Le *genévrier* est un arbrisseau qui, si on le cultivait, pourrait s'élever à 4 mètres, mais dont on ne prend aucun soin, et qui ne croît guère que sous forme de broussailles dans les terrains incultes et surtout calcaires. Il produit de petits fruits qui mûrissent en automne au bout de deux ans, dont on fait usage en médecine et avec lesquels on fabrique l'*eau de-vie de genièvre.*

Une espèce qui se nomme *sabine* et qui croît sur les montagnes dans les régions du Midi, est remarquable par son odeur forte et désagréable. On l'utilise dans la médecine vétérinaire.

Le *buis* est un arbuste toujours vert, très-abondant sur les montagnes calcaires de la région du Midi. Sa tige est quelquefois très-grosse. Son bois, d'un jaune pâle, d'un tissu serré et compacte, est excellent pour une foule de petits ouvrages.

Il y a une espèce que l'on nomme *buis nain*, qui sert à faire des bordures dans les jardins.

Le *houx*, que dans quelques pays on appelle vulgairement *laurier piquant*, vient ordinairement en buisson ; mais dans les clairières des forêts il peut s'élever de 4 à 6 mètres. Ses feuilles sont roides et armées de piquants. Son bois, dur et solide, est très-recherché par les tourneurs. C'est avec son écorce qu'on fait la meilleure glu pour prendre les oiseaux.

QUESTIONNAIRE.

255 à 267. Parlez de l'alizier, — du bouleau, — du charme, — du chêne, — de l'yeuse, — du chêne-liége, — du châtaignier, — du hêtre, — de l'érable, — du sycomore, — du merisier, — du micocoulier, — de l'orme, — du robinier ou acacia, — du sorbier, — du tilleul.

268 à 271. Parlez du pin sylvestre, — du pin laricio, — du pin maritime, — du sapin, — de l'épicéa, — du mélèze, — du cèdre, — de l'if, — du cyprès.

272. Parlez de la bourgène, — du cornouiller, — du fusain, — du noisetier, — du sureau, — de la mancienne, — du troëne.

273. Parlez du genévrier, — du buis, — du houx.

QUATRIÈME PARTIE

ANIMAUX DOMESTIQUES

TRENTE ET UNIÈME LECTURE

DÉFINITION. — MULTIPLICATION.
ÉLEVAGE.
ÉDUCATION. — ENTRETIEN. — AMÉLIORATION. — ENGRAISSEMENT.
INFLUENCE DU CLIMAT.
DU SOL. — DE L'ALIMENTATION. — D'UNE BONNE CONFORMATION.
ALIMENTATION DU BÉTAIL. — BOISSONS.
PRÉPARATION DES ALIMENTS. — RATIONS JOURNALIÈRES.
TRAITEMENT DES ANIMAUX. — DEVOIR DU PATRE.

Définitions. — 274. Les animaux domestiques sont les serviteurs de l'homme. Dieu nous les a donnés pour nous aider dans nos travaux, pour nous servir, nous nourrir, quelques-uns même pour nous garder et nous défendre. Tous nous sont utiles. La chèvre et la vache nous donnent du lait, le mouton de la laine; le cheval, le bœuf, le mulet et l'âne labourent nos champs, portent nos fardeaux, nous portent nous-mêmes; leur peau sert à de nombreux usages; et, en outre, la chair du bœuf, de la vache, du veau, du mouton et du porc, est pour nous une excellente nourriture; la poule, le canard, l'oie, le dindon, le pigeon nous fournissent des œufs, de la viande et de la plume; l'abeille, du miel; le ver à soie, un fil précieux dont nous composons de riches étoffes; enfin, le chien nous garde. Quelle reconnaissance ne devons-nous pas à la Providence, qui met à notre disposition tant de richesses!

On nomme *gros bétail* le cheval (nom sous lequel on comprend aussi la jument) et les bêtes à cornes, dont les divers noms sont : bœuf, taureau, veau, vache et génisse; le mulet et l'âne font aussi partie du gros bétail.

On appelle *petit bétail* les moutons, brebis, agneaux et béliers, qui ne sont qu'une seule et même espèce; on peut y joindre le cochon ou porc, la truie et le verrat, la chèvre, le chevreau et le bouc.

On appelle *animaux de travail* les animaux qui tirent les voitures et les charrues et qui portent des fardeaux. On nomme *animaux de rente* les animaux qui ne travaillent pas, mais auxquels on demande du lait, du beurre, de la viande, de la laine, du suif, des veaux, des agneaux et des porcelets.

Les volailles, les abeilles, les vers à soie et les lapins appartiennent aussi aux animaux de rente.

On désigne sous le nom collectif de *bêtes chevalines :* le cheval, l'âne et le mulet; *bêtes bovines :* le bœuf et la vache; *bêtes ovines :* le mouton et la brebis; *bêtes porcines :* le porc et la truie; *bêtes caprines :* le bouc et la chèvre.

Les *oiseaux de basse-cour* comprennent la poule, le dindon, l'oie et le canard.

Multiplication. — 275. La multiplication est l'action de propager les races par un bon choix dans les reproducteurs. Cette spéculation n'est lucrative qu'autant que le cultivateur s'est préalablement rendu compte de la destinée ultérieure des produits qu'il veut obtenir.

Élevage, éducation. — 276. *L'élevage* est l'art d'élever les animaux domestiques. Cette opération est régie par les soins, le régime alimentaire et les locaux que demandent les espèces et les races, eu égard à leur constitution, au climat et au sol qu'elles habitent.

L'*éducation* est la manière de gouverner, de dresser les animaux. Le cheval aime les caresses de l'homme ; il plie sous sa volonté. Le bœuf n'est pas moins sociable que le cheval ; il obéit à la voix, quoiqu'il ne s'attache pas à l'homme qui le nourrit.

C'est donc à tort qu'on négligerait l'éducation des animaux domestiques ; sans elle, le cheval serait moins intelligent, le bœuf aurait un caractère de sauvagerie et la vache n'abandonnerait plus à des mains caressantes le lait qui remplit ses mamelles.

Entretien. — 277. Sous le nom d'entretien, on entend les soins, l'alimentation que l'on accorde aux animaux adultes de rente ou de travail pour qu'ils se maintiennent en bon état.

Amélioration. — 278. L'amélioration représente tous les efforts, tous les soins qui tendent à rendre les animaux plus parfaits, plus utiles, en leur donnant plus d'aptitude au travail ou à l'engraissement, ou en augmentant la valeur vénale de la toison des bêtes à laine.

Engraissement. — 279. L'engraissement est l'opération à l'aide de laquelle on augmente en quantité et en qualité a viande et la graisse chez les animaux domestiques. Engraisser un bœuf est donc augmenter son embonpoint dans le but de rendre son suif plus abondant et sa viande plus savoureuse et plus nourrissante. Un animal gras est triste ; sa démarche devient lourde et cadencée et sa sensibilité diminue.

Influence du climat. — 280. Le climat a une grande influence sur la manière d'être des animaux domestiques. Ceux des contrées où la température est sèche et chaude ont un poil fin et soyeux, une durée d'existence plus longue, une constitution plus vigoureuse, des muscles plus gros, plus énergiques, des os plus petits, plus denses, des cornes plus longues, plus sèches que les animaux qui vivent dans les contrées humides et froides.

Le climat tempéré est le plus favorable. Ainsi, une température ni trop sèche, ni trop humide favorise la fermeté des chairs, la prédominance du tempérament sanguin, la richesse du sang et la régularité des fonctions vitales.

Influence du sol. — 281. Généralement les animaux qui

se multiplient sur les terres argileuses humides ont une grande taille, un tempérament plutôt lymphatique que sanguin, peu d'énergie et de vigueur, une peau épaisse et des crins longs, abondants et grossiers. Ainsi, les chevaux y ont des formes massives, une tête forte, le ventre volumineux et les pieds très-évasés. Les bêtes ovines ont aussi une grande taille et une laine lisse, longue et grossière.

Les sols calcaires sont les terrains par excellence pour les chevaux et les bêtes à laine. Les premiers se distinguent par beaucoup de finesse, d'agilité et d'énergie; les secondes portent des toisons d'une grande finesse. Les terrains siliceux perméables exercent sur ces animaux les mêmes influences.

Enfin, si les animaux qui vivent dans les vallées ont les défauts et les avantages des animaux qu'on rencontre dans les pays un peu brumeux, ceux qui habitent les montagnes sont remarquables par leur grande vigueur et leur excellent tempérament. Ces qualités, ils les doivent à l'air qui y est pur et plus vif et aux plantes qui y sont plus nutritives.

Influence de l'alimentation. — 282. Les aliments ont une grande influence sur le tempérament et la taille des animaux. On commence, enfin, à comprendre en France la nécessité de mieux nourrir le bétail. Ainsi, on est convaincu dans beaucoup de localités de la vérité de cette vieille maxime : *Bien nourrir, c'est améliorer!* C'est pourquoi les animaux qu'on y élève reçoivent dans leur jeune âge une abondante alimentation, Si depuis longtemps on avait mieux compris en France les avantages que présente une excellente alimentation, toutes nos races d'animaux domestiques seraient bien autrement perfectionnées qu'elles ne le sont.

C'est en donnant des aliments riches et abondants dans le jeune âge qu'on arrive à accroître la précocité des races.

Influence d'une bonne conformation. — 283. Les bons éleveurs recherchent avec empressement les animaux bien conformés. Ainsi, ils veulent que le *corps* soit cylindrique, bien proportionné, la *poitrine* large et profonde ou descendue, afin que les organes de la respiration y soient plus à l'aise et qu'ils y fonctionnent avec plus de liberté et d'activité; que le *dos* et surtout les *reins* soient étendus, larges et droits, parce qu'ils contiennent la viande la plus savoureuse; que les *hanches* soient longues, développées et très-écartées l'une de l'autre, les *cuisses* charnues et coniques, pour que les morceaux de première qualité aient plus de développement; que le *cou* soit court, fin et se confonde avec la partie antérieure du corps; que les *épaules* soient longues, peu saillantes, peu inclinées sur les côtes et arrondies, car alors la chair est plus abondante, se couvre mieux de graisse et n'appartient plus à la viande de basse boucherie.

En outre, ils attachent une grande importance à ce que la *chair*, en général, soit ferme lorsque l'animal est gras, qu'elle se distribue également sur le dos et sur les côtes, parce qu'une chair flasque, qui cède sous la pression de la main, lorsqu'on palpe les endroits sur lesquels elle est abondante, n'est jamais de bonne qualité.

Enfin, ils désirent que la peau soit douce, souple, peu épaisse et recouverte de poils fins et soyeux, afin qu'elle ne s'oppose pas aux fonctions de la transpiration et qu'elle cède plus facilement pendant l'engraissement, lorsque la viande et la graisse s'accumulent sur toutes les parties du corps.

Alimentation du bétail. — 284. La nourriture du bétail doit toujours être de bonne qualité; on ne doit en donner ni trop ni trop peu; il faut en régler la quantité sur les besoins de l'animal. Plus il travaille, plus ses aliments doivent être fortifiants et abondants.

La nourriture qui fortifie le plus les chevaux, c'est l'avoine dans le nord de l'Europe et l'orge dans les pays méridionaux. Les chevaux consomment beaucoup plus d'avoine que les bêtes à cornes.

L'orge, dans les départements du Nord, est à la fois nutritive et rafraîchissante.

Les meilleurs fourrages sont : le foin des prairies naturelles, pour tous les animaux; la luzerne et le sainfoin, pour les chevaux, les mulets et les moutons; le trèfle, pour les bêtes à cornes; le seigle, le maïs, les feuilles de choux, la vesce, le trèfle incarnat, la bisaille coupés en vert et même les feuilles des arbres remplacent avantageusement le foin ou l'herbe des prairies naturelles et artificielles.

On peut faire manger au bétail des racines, comme la betterave, le navet, la carotte, les pommes de terre. Cette nourriture est succulente, rafraîchit les animaux et accroît la production du lait; mais il faut la donner avec quelque précaution, et la faire alterner avec les fourrages secs.

Il n'est pas vrai que la paille soit un mauvais fourrage; on l'a dit, mais c'est une erreur. La paille n'est mauvaise que quand elle est avariée ou qu'elle a été altérée par les pluies et lorsque le bétail ne reçoit pas de racines ou de pulpes de sucrerie, de distillerie ou de féculerie.

En hiver, on peut employer les feuilles comme fourrage supplémentaire. Pour les faire servir à cet usage, on les récolte à la fin de septembre ou au commencement d'octobre; on les fait sécher au soleil ou dans des greniers aérés pour ensuite les entasser très-fortement après les avoir recouvertes d'un lit de paille.

Il ne faut pas ramasser pour cet usage les feuilles qui sont déjà sèches ou mortes; elles ne sont pas nourrissantes.

285. Le passage de la nourriture sèche à la nourriture verte, qui a lieu au printemps ou en été, doit se faire avec précaution. Chaque jour, on mêle aux fourrages secs un peu d'herbe verte, et l'on en augmente la dose progressivement.

Mettre les *animaux au vert*, c'est substituer entièrement la nourriture verte à la nourriture sèche; ce qui peut se faire dans la belle saison.

On met les animaux au vert de deux manières. On les conduit dans les prairies et on les y laisse paître librement; ou l'on coupe chaque jour la provision d'herbe nécessaire aux animaux, et on la leur apporte dans l'étable. La première manière s'appelle *nourrir le bétail au pâturage;* la seconde, l'*entretenir en stabulation*.

Pour faire passer les animaux du vert à la nourriture sèche, ce qui se fait à la fin de l'automne, il faut aussi quelques précautions; la plus usitée pour les bêtes à cornes et même pour les chevaux est de leur donner du foin et du son farineux légèrement numecté, ou de les mettre à l'eau blanche pendant quelques jours.

On appelle *eau blanche* de l'eau dans laquelle on a délayé de la farine d'orge ou des recoupettes ou du son.

286. L'usage du *sel* contribue à entretenir la santé et les forces des animaux : ceux qui endurent beaucoup de fatigue en ont plus besoin que les autres ; il est bon aussi de leur en donner dans les temps où les pluies se prolongent et lorsque les foins et les pailles ne sont pas de bonne qualité. L'usage en est plus utile dans le Nord que dans le Midi ; on peut s'en passer dans les lieux voisins de la mer ou des sources salées.

Pour donner le sel aux animaux, quelques personnes leur présentent dans le creux de la main ; c'est un bon moyen pour les rendre plus familiers et plus doux ; mais cela demande trop de temps. Il vaut mieux le projeter en petite quantité sur les racines coupées ou sur les fourrages, ou le faire dissoudre dans une quantité d'eau suffisante, et en arroser le fourrage qu'on se propose de leur donner.

La dépense qu'exige l'achat du sel est bien compensée par la bonne santé des animaux, et même par l'économie du fourrage; 6 kilogrammes de fourrage salé nourrissent aussi bien que 7 à 8 kilogrammes sans sel.

Boissons. — 287. Pour la boisson des animaux, l'eau des rivières, des ruisseaux et des fontaines est la meilleure; ensuite vient celle des lacs et des étangs qui ont un écoulement régulier; celle des mares et des fossés est moins bonne. L'eau des puits et des citernes doit être exposée quelque temps au contact de l'air avant d'être présentée aux animaux. Celle qui provient de la fonte des neiges n'est pas précisément mauvaise, mais il vaut mieux éviter d'en faire usage, parce qu'elle est toujours très-froide.

En été, il ne faut pas faire boire les chevaux aux sources mêmes : l'eau y est trop fraîche ; en hiver il n'y a rien à craindre.

L'eau des abreuvoirs est mauvaise lorsqu'elle est fangeuse et fétide.

Il faut laisser boire les animaux à volonté quand ils vont au pâturage ou qu'ils en reviennent.

Quand ils sont nourris à l'étable, il faut les conduire à l'abreuvoir au moins deux fois par jour, le matin de bonne heure et le soir avant la nuit, toujours après qu'ils ont pris leur repas. Avant de les faire rentrer, on les laisse prendre l'air et de l'exercice.

En hiver, cependant, il suffit de conduire les bêtes à cornes à l'abreuvoir une fois par jour, à midi.

Préparation des aliments. — 288. Les aliments ne sont pas donnés au bétail tels qu'on les récolte.

Avant de les leur administrer, on doit secouer ou agiter avec une fourche les vieux foins, les foins moisis ou poudreux ; on doit nettoyer ou cribler les avoines chargées de poussière ou de parties terreuses et les débarrasser complétement des pierres qu'on y observe quelquefois ; on doit aussi nettoyer, laver, couper ou diviser les racines de betterave, de carotte et de navet et les tubercules de la pomme de terre ou du topinambour ; enfin, il est nécessaire de réduire en poudre grossière les divers tourteaux et de faire tremper dans l'eau pendant quelques heures la graine de maïs, de la féverolle et des pois, si on ne peut diviser ces semences à l'aide de la meule ou au moyen d'un concasseur.

C'est en opérant ainsi qu'on donne aux animaux des aliments de meilleure qualité et plus assimilables.

Quand on manque de foin, on peut mêler la quantité dont on dispose avec de la bonne paille et diviser le mélange avec un hache-paille pour l ajouter ensuite à une quantité déterminée de drèche, de pulpe de sucrerie ou de distillerie de betterave, du marc de raisin ou de résidu de féculerie.

Rations journalières. — 289. Les rations qu'on donne chaque jour aux animaux domestiques varient suivant leur poids et les services qu'on leur demande. Voici les quantités de foin qu'on donne par chaque 100 kilogr. de poids vif aux animaux de taille et poids moyens :

Cheval de travail	3 kilogr.
Vache	3 —

Bœuf de travail	3 kilogr.
Bœuf à l'engrais	5 —
Mouton	5 —

Généralement les animaux de petite taille, proportion gardée, exigent plus d'aliments que les animaux de grande taille appartenant à la même espèce et à la même race.

On peut remplacer 100 kilogrammes de bon foin de prairie naturelle par :

300 à 400	kilogrammes	de paille de froment
400 à 450	—	de trèfle ou luzerne verte
40 à 45	—	de graine de maïs
300 à 400	—	de racines de betterave
200 à 250	—	de racines de carotte
150 à 160	—	de pulpe de sucrerie
300 à 350	—	de marc de raisin
55 à 60	—	de tourteau de lin ou de colza.

Les animaux à l'engraissement exigent des rations plus fortes, plus alimentaires que les autres animaux de rente ou de travail.

On appelle *ration d'entretien* la quantité d'aliments nécessaire pour entretenir la vie sans que l'animal ne maigrisse ou diminue de valeur. On appelle *ration de production* les quantités alimentaires dont l'animal a besoin pour produire du lait, du travail, de la viande, etc.

Traitement des animaux. — 290. Les bestiaux sont indispensables à l'agriculture, car sans bestiaux il n'y a point d'engrais : sans engrais, la plupart des champs ne produiraient presque rien. Plus les bestiaux sont nombreux, plus la terre acquiert de valeur.

Nous devons donc être pour les animaux des maîtres bons et soigneux, et les traiter avec douceur, leur donner une nourriture saine, abondante et bien réglée, ne jamais les fatiguer inutilement et mal à propos, les tenir propres, ne pas les soumettre à un travail excessif, qui finirait par les énerver et les faire maigrir.

L'animal domestique est un être doué de sentiment : si on le traite avec bonté, il s'accoutume à son esclavage et fait volontiers tout ce qu'on exige de lui ; mais si on le maltraite, il devient rétif, mutin, dangereux; la contrainte ne sert qu'à l'irriter davantage ; les coups de fouet ou d'aiguillon ne font que le pousser à la révolte.

C'est être bien méchant, bien cruel, que de maltraiter un animal qui ne peut pas se défendre. Il y a des charretiers et des bouviers d'une brutalité féroce. On a vu quelquefois des jeunes gens imiter leur odieux exemple. Il n'en résulte que du mal. Ce sont les mauvais traitements qui rendent le cheval ombrageux, la vache indocile, le chien hargneux, le mulet revêche, et qui font que le taureau cherche quelquefois à tuer son gardien. Quand, au contraire, on agit à leur égard avec une douceur constante, on n'a qu'à se louer de leur soumission : ils se plient sans répugnance à toutes les habitudes qu'on veut leur imposer.

Une loi, rendue en 1851, inflige des peines sévères aux personnes qui maltraitent les animaux et qui les frappent sans nécessité.

Devoirs du pâtre. — 291. Un bon gardien doit être vigilant et fidèle ; il faut qu'il soit propre, adroit et patient, qu'il aime les animaux et qu'il les traite avec douceur. Un bouvier vigilant remarque tout de suite quand un animal est triste ou manque d'appétit, ou s'est blessé ; il lui donne des soins ou le préserve de la violence ou du choc des autres animaux.

Avant de partir pour le pâturage, le pâtre ou le vacher s'assure si ses animaux sont en bonne santé ; il les fait boire ; puis il les laisse un instant dans la cour, pour avoir le temps de nettoyer l'étable, d'enlever la vieille litière, de laver les auges et de débarrasser les râteliers ; il ouvre les portes et les fenêtres, afin que l'air se renouvelle partout ; et ensuite il se met en route et prend soin que sur son chemin ses animaux ne commettent aucun dégât.

Quand il est arrivé au pâturage, il s'occupe attentivement de ses animaux; il empêche qu'ils ne se battent entre eux ; il veille à ce que d'autres bestiaux ne viennent pas les troubler et leur donner le germe de quelque maladie contagieuse ; il prend bien garde qu'ils ne s'écartent, qu'ils ne s'échappent, qu'ils ne commettent quelque dégât aux environs du pâturage, dans les bois, dans les vignes, dans les champs; il prend soin qu'ils ne s'exposent pas à tomber dans quelque trou, dans quelque flaque d'eau, ou qu'ils ne grimpent pas sur quelque rocher escarpé d'où ils ne pourraient ensuite descendre sans danger; il choisit pour eux l'endroit où se trouve la meilleure herbe ; il ne les laisse pas trop longtemps exposés aux rayons ardents du soleil ; il leur parle de temps en temps, les flatte, les caresse et ne les maltraite jamais.

En revenant, il prend les mêmes précautions qu'à son départ; de retour à la maison, il distribue à chaque animal sa portion de fourrage, après l'avoir examinée et rendue aussi propre que possible ; il met de la litière fraîche, et ne se livre au repos qu'après s'être assuré que les animaux ne manquent de rien.

Les charretiers, les bergers doivent agir de la même manière à l'égard des animaux qu'on leur a confiés.

QUESTIONNAIRE.

274. Quels sont les animaux auxquels on donne le nom d'animaux domestiques ? — Le bétail est-il indispensable à l'agriculture ? — Qu'appelle-t-on gros et petit bétail ? — Bétail de travail et de rente ? — Quels sont les animaux que l'on désigne sous le nom de bêtes chevalines ? — Bêtes bovines ? — Bêtes ovines ? — Bêtes porcines ? — Bêtes caprines ?

275. Qu'est-ce que la multiplication ?

276. Qu'entend-t-on par élevage et éducation ?

277 à 279. Qu'est-ce que l'entretien ? — La multiplication ? — L'engraissement ?

280 à 282. Quelle est l'influence exercée par le climat ? — Par le sol ? — Par l'alimentation ?

283. Quelle est la conformation regardée comme la plus parfaite ?

284. Comment doit-on nourrir le bétail ? — Quels sont les grains qu'on donne au bétail ? — Quels sont les meilleurs fourrages ? — Les racines peuvent-elles servir de nourriture au bétail ? — Est-il vrai que la paille soit un mauvais fourrage ? — Comment peut-on suppléer au fourrage par les feuilles d'arbres ? — Les feuilles sèches ou mortes peuvent-elles servir à cet usage ?

285. Comment fait-on passer les animaux de la nourriture sèche à la nourriture verte ? — Qu'est-ce que mettre les animaux au vert ? — Com-

ment met-on les animaux au vert? — Comment fait-on passer les animaux de la nourriture verte à la nourriture sèche?

286. L'usage du sel est-il avantageux aux animaux? — Comment leur donne-t-on le sel? — Cette dépense est-elle vraiment utile?

287. Quelle eau faut-il faire boire aux animaux? — Doit-on les faire boire aux sources? — Faut-il tenir les abreuvoirs propres? — Quand doit-on conduire les bestiaux à l'abreuvoir?

288. Quelles sont les préparations qu'on fait subir aux aliments avant de les donner au bétail? — Quand doit-on hacher le foin et la paille?

289. Les rations journalières varient-elles? — Quelle quantité de paille, betterave, etc., faut-il donner pour remplacer 100 kilogrammes de foin?

290. Comment doit-on traiter les animaux? — Quels sont pour les animaux les résultats des bons ou des mauvais traitements? — Est-il permis de battre les animaux? — N'y a-t-il pas une loi qui punit ceux qui maltraitent les animaux domestiques?

291. Quelles sont les qualités d'un bon gardien ou pâtre? — Que doit-il faire avant de partir pour le pâturage? — Que doit-il faire quand il est arrivé au pâturage? — Que doit-il faire en revenant?

TRENTE-DEUXIÈME LECTURE

ESPÈCES BOVINE, — CHEVALINE, — MULASSIÈRE, — ASINE, — OVINE, CAPRINE, — PORCINE.

Espèce bovine. — 292. L'espèce bovine est la plus utile et la plus répandue; elle comprend un grand nombre de races que l'on divise en trois classes : 1° celles qui ont une grande aptitude pour le travail; 2° celles qui donnent beaucoup de lait; 3° celles qui s'engraissent aisément.

Les meilleures races pour le *travail* sont les suivantes : de *Salers* (Cantal) (fig. 46), d'*Aubrac* (Aveyron), *limousine* (Haute-Vienne), *choletaise* (Vendée et Maine-et-Loire), *bretonne* (Finistère et Côtes-du-Nord), *bazadaise* (Gironde).

Les meilleures *races laitières* sont les suivantes : *flamande* (Nord), *normande* et *cotentine* (Manche et Calvados), *bretonne*, *bressane* (Ain), de *Lourdes* (Basses-Pyrénées).

Les races qui s'*engraissent* le plus facilement sont les suivantes : *charolaise*(Nièvre), (fig. 47) *agenaise* (Lot-et-Garonne), *mancelle* (Mayenne), *choletaise*, *limousine*.

Les races les plus fortes sont les races *garonnaise* (Gironde), *maraîchère* (Marais de la Vendée), *normandes* et de *Salers*. La plus petite est la race bretonne.

Fig. 46. — Race de Salers.

293. Le pelage des bêtes bovines est désigné par des noms spéciaux : la *robe bringée* est un mélange de poil rouge et noir; la *robe caille* offre des taches blanches ou brunes sur un fond brun ou blanc; la *robe froment* est jaune rougeâtre plus ou moins clair ; la *robe pagne* est composée de poil rouge, noir et blanc ; la *robe tigrée* est grise parsemée de petites bandes brunes ou rouges.

La race *flamande* est entièrement rouge foncé ou brun ; la

race de *Salers* est rouge acajou ; la race *normande* est bringée ; les races *limousine*, *agenaise*, *garonnaise*, *comtoise*, sont froment plus ou moins blond ; la race *charolaise* est entièrement blanche ; les races d'*Aubrac* et *bazadaise* ont une robe grise plus ou moins foncée ; la race de *Camargue* est entièrement noire.

Fig. 47. — Race charolaise.

294. Les bêtes bovines n'ont pas de dents incisives à la mâchoire supérieure, et elles ruminent ou mâchent une seconde fois les aliments qu'elles ont avalés. On détermine leur âge à l'inspection des incisives. Ainsi, elles ont deux ans quand les dents de lait sont accompagnées de 2 grandes dents ou incisives permanentes ; deux ans et demi quand on en observe 4, trois ans

quand elles sont au nombre de 6, et trois ans et demi quand elles n'ont plus de dents de lait. A quatre ans, la *bouche est faite* et *l'animal est rangé*.

295. Les vaches donnent ordinairement un veau chaque année ; cet animal pèse un quinzième ou un vingtième du poids de sa mère. C'est vers le quinzième jour après le velage que le lait a toutes ses qualités. Une vache peut donner jusqu'à 20 et 25 litres de lait par jour, mais elle est bonne laitière quand elle en produit en moyenne 6 à 7 litres ou environ 2,000 litres par an.

Généralement, 100 litres de lait donnent 12 litres de crème, 2,500 grammes de beurre. De ces faits, il résulte qu'il faut en moyenne 24 litres de lait ou 5 litres de crème pour fabriquer 1 kilogramme de beurre.

Les bœufs commencent à travailler à l'âge de deux ans, et c'est à l'âge de six à sept ans qu'on les engraisse pendant la belle saison dans les embouches et durant l'hiver dans les bouveries. Un bœuf qui est bien nourri dans les herbages ou les étables augmente de 700 à 900 grammes par jour. Il faut ordinairement 25 kilogrammes de bon foin pour produire 1 kilogramme de poids brut. Un bœuf gras ordinaire donne à l'abatage, par 100 kilogrammes de poids vif, environ 56 kilogrammes de viande et 7 kilogrammes de suif.

Un veau gras rend 65 pour 100 de viande.

Les vaches laitières doivent consommer des aliments à la fois nutritifs et humides, les bœufs de travail des aliments secs, et les bœufs d'engrais d'abord des aliments un peu aqueux et ensuite des aliments très-nutritifs, comme des pulpes additionnées de tourteaux ou des grains concassés.

On doit accorder tout l'exercice possible aux jeunes animaux et les bien nourrir.

296. La *race Durham* (fig. 48) a été importée d'Angleterre. Cette race, si remarquable par sa belle conformation et sa robe fleur de pêcher, est très-précoce et elle s'entretient et s'engraisse avec une grande facilité. Elle est très-répandue dans la Normandie, le Maine et le Charolais. On l'a croisée très-heureu-

sement avec les races françaises qui ont le plus d'aptitude pour l'engraissement.

La *race hollandaise* est excellente pour le lait. Elle est de moyenne taille et bien conformée ; sa robe est pie. Cette race est assez répandue dans les départements du Nord.

Fig. 48. — Race Durham.

La *race Schwitz* est meilleure laitière que la *race de Berne*. La première a une robe gris brun avec une raie fauve sur le dos ; la seconde a une robe caille. Ces deux races suisses sont assez communes dans les provinces du Nord-Est.

Espèce chevaline. — 297. Les chevaux ont 6 dents incisives à chaque mâchoire. Les dents de lait commencent à tomber à l'âge de trois ans, et elles sont toutes remplacées à cinq ans.

On divise les races chevalines en cinq classes :

1° Les chevaux de gros trait ; 2° les chevaux de trait légers ; 3° les chevaux demi-sang carrossiers ; 4° les chevaux de demi-sang léger ; 5° les chevaux pur sang.

Les *races de gros trait* sont les suivantes : *boulonnaise* (Pas-

Fig. 49. — Cheval de trait.

de-Calais), *flamande* (Nord) (fig. 49), *picarde* (Somme), *poitevine* (Deux-Sèvres), *franc-comtoise* (Doubs).

Les *races de trait légères* les plus estimées sont les suivantes : *percheronne* (Eure-et-Loir), *bretonne* (Finistère), *lorraine* (Meurthe), *landaise* (Landes), *ardennaise* (Ardennes).

Les *races demi-sang carrossières* sont peu nombreuses. La plus belle et la plus recherchée est la race *normande* (Calvados) (fig. 50).

Les *races demi-sang legères*, sont : *navarrine* (Basses-Pyrénées), *Merlerault* (Orne) et *limousine* (Haute-Vienne).

Les *races de pur sang* sont au nombre de deux : la race *arabe* et le *cheval anglais*.

298. Les couleurs de robes sont très-nombreuses. Les robes

Fig. 50. — Cheval carrossier.

simples sont *blanches*, *noires*, *alezanes* ou jaune brunâtre, *café au lait*, *isabelle* ou blanc jaunâtre, *baies*, plus ou moins clair et foncé, *souris* ou gris. Les robes composées sont *gris* clair, foncé, ardoisé, truité, pommelé, selon que les poils blancs ou noirs dominent ou qu'il existe des taches noires, blanches ou rougeâtres ; *rouannes* quand elles sont composées de poils noirs, blancs et rouges; *pies*, lorsqu'on remarque des taches blanches sur un fond noir.

Dans les robes alezanes, les poils et les crins sont de la même couleur ; dans les robes baies et les robes isabelles, les crins et les extrémités sont toujours noirs. Enfin, la *raie de mulet* est une bande foncée ou noire qui se prolonge sur le dos du garrot à la queue.

Un cheval est beau quand il n'a pas des formes massives ou très-développées, quand sa tête est peu développée, lorsque ses membres sont nerveux et non empâtées, enfin lorsqu'il a à la fois de l'étoffe, de la finesse, de la vigueur et de l'élégance.

299. Le cheval est plus difficile à élever que le bœuf. Il doit vivre une partie de l'année dans un pâturage jusqu'à ce qu'on puisse le dresser ou lui demander des travaux légers et de peu de durée. On doit donner après le sevrage, et jusqu'à l'âge de dix-huit mois à deux ans, une nourriture à la fois tonique et rafraîchissante ou un mélange d'avoine et d'orge préalablement humectée avec de l'eau tiède afin qu'elle soit moins dure. Les fourrages verts donnés en trop grande quantité ont l'inconvénient de rendre les formes trop massives et de les prédisposer à avoir un tempérament lymphatique.

Un cheval adulte doit consommer au moins 1 litre d'avoine par heure de travail. Pendant les semailles ou les grands travaux, on élève souvent cette quantité à 1 litre 1/4 ou 1 litre 1/2.

Espèce mulassière. — 300. Le mulet est produit par le baudet et la jument. On l'élève surtout dans le Poitou et la Gascogne.

Le mulet et la mule sont des animaux très-utiles dans les contrées méridionales. Ils ont la corne solide, le pas allongé, ils supportent bien la chaleur et sont plus sobres que le cheval. On les emploie aussi dans les montagnes comme bêtes de somme ou de trait à cause de la sûreté de leurs pieds.

Ces animaux aiment, comme le cheval, l'air, la lumière, la propreté et une bonne litière.

Espèce asine. — 301. L'âne, si utile dans les localités où les terres sont pauvres ou très-morcelées, serait plus docile, moins difficile à diriger si on l'élevait avec plus de douceur. La sûreté de son pied et sa sobriété sont devenues proverbiales.

Cet animal vit longtemps et mange toutes les plantes, même les chardons.

La *race de Poitou* est plus forte que la *race des Pyrénées* et la *race commune*, qui est la plus petite et peut-être la plus gracieuse.

Fig. 51. — Race solognote.

Espèce ovine. — 302. Les bêtes ovines sont très-nombreuses en France dans les contrées où les terres sont calcaires et perméables. Elles constituent d'importants troupeaux dans les plaines de la Beauce, de la Champagne, du Poitou, de la Provence, etc.

Ces animaux appartiennent, comme les bêtes bovines, aux ruminants ; ils ont les pieds fourchus et n'ont pas d'incisives à la mâchoire supérieure. De douze à quinze mois, 2 dents de lait sont remplacées par 2 dents permanentes ; à deux ans, ils ont 4 dents incisives et 4 dents de remplacement ; à trois ans, ils n'ont plus que 2 dents de lait, et à trois ans et demi, la bouche est faite.

303. Les races ovines qui vivent en France, peuvent être divisées en quatre classes, savoir :

Fig. 52. — Race mérinos.

1° Les *races à laine noire, brune ou rousse : solognote* (Loir-et-Cher) (fig. 51), *landaise* (Landes), *bretonne* (Morbihan), *ardenaise* (Ardennes), *vosgienne* (Vosges). Ces races sont petites, tardives, mal conformées, mais leur chair est excellente.

2° Les *races à laine blanche, grossière et longue : artésienne* (Pas-de-Calais), *barbarine* (bas Languedoc), *normande*, *picarde*, *maraîchine* (marais de la Vendée), *barbarine* (bas

Languedoc). Ces races sont fortes et élevées, mais elles s'engraissent lentement.

3° Les *races à laine blanche commune : berrichonne* (Indre), *lauraguaise* (Aude), *poitevine* (Deux-Sèvres), *puyricarde* (Bouches-du-Rhône), *ségalaise* ou *lauraguaise* (Aveyron).

4° Les *races à laine blanche ondulée et fine : mérinos*,

Fig. 53. — Race Southdown.

(fig. 52) *mérinos de Naz*, *roussillonnaise* (Pyrénées-Orientales), *arlésienne* (Bouches-du-Rhône), *métis mérinos* (Ile-de-France, Brie, Beauce).

Les races étrangères, les meilleures pour la boucherie, sont au nombre de trois : la *race Dishley*, d'une parfaite conformation, mais un peu exigeante sous le rapport de la nourriture; la *race Southdown* (fig. 53), que l'on propage le plus dans les localités où les terres sont sèches et de moyenne qualité, et qui se distingue de la précédente par sa tête et ses pattes noires; la *race de la Charmoise*, qui convient très-bien à la région des plaines du Centre.

La race Dishley croisée avec la race mérinos donne des animaux qui ont une laine brillante et de moyenne finesse, et qui s'engraissent plus facilement que les mérinos; on les nomme Dishley-mérinos.

304. La *plus belle laine*, dans toutes les races, réside sur les épaules, le garrot, le dos et les reins; la *laine de deuxième qualité* est située à la base de l'encolure sur les côtes et les côtés du ventre ; les *laines les plus communes* résident sur le front, sous le ventre, sur les fesses et autour de la queue.

Une toison pèse de 1 kil. 500 gr. jusqu'à 5 et même 6 kilogrammes, suivant les races, la taille et le développement des animaux. Au lavage à froid les laines perdent de 33 à 35 pour 100, et au lavage à chaud de 33 à 42 pour 100, suivant qu'elles ont plus ou moins de suint ou matière grasse.

305. Les agneaux naissent ordinairement pendant l'hiver; on les sèvre généralement à la pousse de l'herbe, c'est-à-dire en avril.

On doit éviter de faire pâturer les troupeaux pendant le milieu du jour, lorsque le sol est sec et la chaleur brûlante, et il faut aussi avoir le soin de ne pas les laisser longtemps sur les pâturages humides. Dans le premier cas, ils meurent souvent du *sang de rate ;* dans le second, ils gagnent la *pourriture*, maladie aussi redoutable que les coups de sang.

Un mouton convenablement engraissé donne à l'abattage de 45 à 55 pour 100 de viande nette et 3 à 6 pour 100 de suif.

C'est avec le lait de brebis qu'on fabrique le fromage de Roquefort.

Espèce caprine. — 306. La chèvre est commune dans les contrées montagneuses. C'est avec raison qu'on l'a toujours regardée comme un animal nuisible, quand elle est mal gardée, parce qu'elle broute tous les arbres et arbustes.

Le lait qu'elle fournit est utilisé dans la fabrication d'excellents fromages. La peau des chevreaux sert à fabriquer des gants.

La viande de la chèvre est de moins bonne qualité que la viande des chevreaux.

Espèce porcine. — 307. Le porc est aussi utile que le bœuf; il consomme tout ce qu'on lui donne, s'engraisse aisément et fournit après sa mort des produits alimentaires très-variés. Toutefois, il ne se développe promptement que quand on le ren-

Fig. 54. — Race porcine perfectionnée.

ferme dans un bâtiment chaud en hiver et frais pendant l'été et qu'on lui renouvelle souvent sa litière.

On connaît en France six principales races porcines : la *race augeronne* (Normandie), qui est assez précoce et qui s'engraisse aisément ; la *race craonnaise* (Mayenne), qui fournit une viande excellente; la *race périgourdine*, dont la chair est très-estimée ; la *race bressane*, qui est aussi très-belle, et la *race py-*

rénéenne, qui est commune dans les départements des Hautes et Basses-Pyrénées. Ces diverses races sont supérieures sous tous les rapports à la *race commune* qui est très-tardive et mal conformée.

On propage de plus en plus en France les races anglaises, si remarquables pour leur grande précocité et la facilité avec laquelle elles s'engraissent. Les plus répandues sont : la *race Berkshire*, à pelage truité ou noir (fig. 54), la *race Yorkshire*, à pelage blanc et oreilles droites et petites, et la *race New-Leicester*, qui est très-peu élevée sur jambes.

308. On doit donner aux porcs, pendant les temps froids, des aliments cuits et légèrement chauds. Pendant l'été, on doit leur donner du trèfle vert dans le but de les rafraîchir. Les porcs à l'engrais exigent des aliments substantiels ou des eaux de vaisselle additionnées de pommes de terre cuites et de substances farineuses.

Les porcs gras donnent à l'abattage de 70 à 75 pour 100 de viande nette.

QUESTIONNAIRE.

292. Quels sont les meilleures races bovines pour le travail, — pour le trait, — pour l'engraissement ?

293. Quels noms donne-t-on aux diverses robes des bêtes bovines? — Quelles sont les robes des principales races françaises ?

294. Comment reconnaît-on l'âge d'une bête bovine ?

295. Combien une vache donne-t-elle de litres de lait par jour ? — Combien faut-il de litres de lait pour faire un kilogramme de beurre? — A quel âge les bœufs peuvent-ils commencer à travailler? — Combien faut-il de kilogrammes de foin pour produire un kilogramme de poids brut ? — Quel est le poids en viande et en suif que peut donner un bœuf gras? — Quels sont les aliments que doivent consommer les laitières.

296. Quels sont les avantages que possède la race durham ? — la race hollandaise ? — les races suisses ?

297. Comment divise-t-on les races chevalines, eu égard aux services qu'on leur demande ? — Quelles sont les principales races françaises?

298. Comment appelle-t-on les robes des chevaux? — Esquissez le portrait du beau cheval ?

299. Comment élève-t-on le cheval?

300 et 301. Parlez du mulet et des services qu'on lui demande — Parlez de l'âne.

302. Quels sont les principaux caractères de l'espèce ovine.

303. Comment divise-t-on les principales races de bêtes à laine?

304. Sur quelles parties du corps trouve-t-on les plus belles laines e les laines les plus communes?

305. Comment élève-t-on les brebis à laine?

306. Parlez de la chèvre.

307 et 308. Quelles sont les principales races porcines? — Commen élève-t-on le porc? — Quelles sont les règles à suivre pendant les temp froids et les grandes chaleurs?

TRENTE-TROISIÈME LECTURE

OISEAUX DE BASSE-COUR : — POULE. — OIE. — DINDON. CANARD. — PIGEON.

Oiseaux de basse-cour. — 309. On appelle *oiseaux de basse-cour* les poules, les pigeons, les dindons, les canards, les oies, parce qu'on les élève et qu'on les nourrit dans une *cour* voisine de l'habitation.

Les poules, les oies et les dindons demandent de l'eau en petite quantité, mais toujours fraîche et limpide.

Poule. — 310. Parmi les oiseaux qu'on élève dans la basse-cour, le plus utile est la *poule,* qui donne des œufs en grande quantité.

311. On possède en France cinq races principales de poules : 1° la *race commune,* qui est de grosseur moyenne; 2° la *race de Crèvecœur,* dont le plumage est noir avec une houppe de même couleur; cette race est peu coureuse et produit de très-beaux œufs, mais en quantité moindre que la race commune; 3° la *race de Houdan,* qui a cinq doigts à chaque patte et qui est la plus estimée dans les fermes des environs de Paris; 4° la *race de la Flèche,* qui a une crête dentelée et qui fournit une chair excellente; 5° la *race de Caussade,* qui est très-appréciée dans le Languedoc.

Les *races cochinchinoises* et *Bramapoutra* sont très-belles, mais leur chair n'est pas de première qualité quand elle a été rôtie.

312. Il naît ordinairement un *poussin* de chaque œuf qu'on a fait couver par une poule ou une dinde. Une poule peut couver treize œufs et une dinde seize à dix-huit.

Les poussins sont pour la *mère* ou *couveuse* l'objet de la sur-

Fig. 55. — Coq, poule et poussins.

veillance la plus attentive ; en grandissant ils prennent le nom de *poulets*, de *coqs* ou de *poules* (fig. 55).

On nourrit les poules en leur donnant de l'avoine, du sarrasin, du millet et d'autres grains ; elles aiment à se rouler dans la poussière et à gratter la terre, où elles trouvent des vers, et à chercher des insectes et des graines dans le fumier.

Le poulailler doit être tenu proprement et être abrité du grand froid et de l'humidité, et assez bien fermé pour que la belette, la fouine, le renard et les autres bêtes malfaisantes ne puissent y pénétrer.

Une poule pond en moyenne cent vingt œufs par an.

Généralement, il faut avoir un coq par quinze ou vingt poules.

On engraisse les poules en les tenant renfermées et en les gorgeant deux fois par jour avec de la farine d'orge ou de maïs détrempée avec de l'eau ou du lait. On peut remplacer ce mélange, qui est un peu liquide, par des boulettes ou des pâtons de farine.

Dindon. — 313. Le *dindon* est le plus gros des oiseaux de basse-cour, mais il est le plus difficile à élever. C'est surtout dans les contrées sèches et calcaires qu'on le multiplie très en grand. Il perche comme les poules.

La dinde est excellente couveuse. Quand les petits ou *dindonneaux* sont éclos, on doit les conserver pendant plusieurs jours dans un local bien chaud. Si l'aire de la chambre était carrelée, il serait bon de couvrir les carreaux de sable sec ou de sciure de bois. Si le temps est beau, on les laisse sortir avec leur mère vers le dixième ou douzième jour. On leur donne du millet, du chènevis et des œufs émiettés. On doit s'empresser de les rentrer si le temps menace de pluie.

C'est entre le deuxième et le troisième mois que les *dindonneaux prennent le rouge ;* on doit éviter qu'ils mangent de l'herbe, il faut leur donner des graines très-alimentaires et leur faire boire un peu de vin, une ou deux fois par jour.

Quand cette crise est terminée, les dindonneaux sont robustes et ne craignent ni la chaleur, ni la pluie, ni le froid. Après la moisson, on les conduit sur les chaumes en les confiant à la garde d'un enfant ou d'une personne âgée.

On engraisse les dindons quand ils ont de six à huit mois, avec des noix, du maïs, des boulettes de farine. Une dinde bien engraissée peut peser jusqu'à dix kilogrammes.

Oie. — 314. L'oie est un oiseau très-rustique et partout on l'élève avec facilité. Il fournit de la chair, des plumes à écrire, des plumes de literie et du duvet. L'oie ne se perche pas.

On connaît deux races assez distinctes l'une de l'autre : 1° l'*oie commune;* 2° l'*oie de Toulouse*, qui est plus forte et plus belle.

Une oie donne généralement quinze œufs par an. L'éducation des oisons ne présente aucune difficulté. Toutefois, il est utile de prendre toutes les précautions nécessaires pour que les oisons ne sortent pas avant la disparition de la rosée et qu'ils n'aillent pas à la pluie pendant les quinze jours qui suivent leur naissance.

Les oies pâturent comme les bêtes à laine; à cause de leur fiente qui est brûlante, on doit éviter qu'ils puissent errer sur les prairies naturelles. Généralement, c'est dans les chemins herbeux ou sur les pâtures qu'on les laisse circuler librement.

315. On commence à plumer les oisons quand les bouts de leurs ailes se touchent ou qu'ils sont *croisés*. On les plume une seconde fois pendant le mois de septembre.

Une belle oie qu'on a plumée trois fois dans l'année peut donner de 150 à 300 grammes de plumes et de duvet.

On engraisse les oies pendant les mois d'octobre et de novembre. On les nourrit comme les dindes qu'on veut engraisser. Une belle oie pèse de six à huit kilos.

Canard. — 316. Le *canard* est l'oiseau par excellence des localités qui ont des eaux courantes et stagnantes.

La race dite *canard de Rouen* est plus belle que le *canard commun*.

Les *cannetons* ne sont pas délicats, mais on ne les laisse circuler dans les ruisseaux ou les cours d'eau que lorsqu'ils ont de vingt à vingt-cinq jours. Jusqu'à ce moment, on leur donne à manger sur le bord d'un bassin ou d'un réservoir.

On les loge avec les oies.

C'est en septembre que les canards peuvent être livrés à la vente. A cette époque, ils sont *croisés*. Quand ils sont beaux, ils pèsent environ 2 kilos.

Une canne donne par an de trente à quarante œufs.

Pigeon. — 317. Le *pigeon* peuple de nombreux colombiers surtout dans l'Artois et l'Agenais.

Le colombier est disposé à la partie supérieure des bâtiments.

Le *pigeon-fuyard* est très-commun en France, mais on doit lui préférer les races sédentaires, parce qu'il va chercher sa nourriture dans les champs ensemencés ou couverts de récoltes arrivées à maturité. Cette espèce aime à se percher sur les toits. Le *pigeon de volière*, qui est plus gros, s'éloigne rarement des cours de ferme. Le plus beau et le plus facile à élever est le *pigeon mondain*.

Le pigeon est très-productif; il fait deux ou trois pontes par an de deux œufs chacune.

On mange ou on vend les pigeonneaux quand ils sont couverts de plumes, mais avant qu'ils ne puissent voler.

On donne aux pigeons de l'avoine, de la vesce ou du petit blé.

QUESTIONNAIRE.

309. Qu'appelle-t-on oiseaux de basse-cour?

310 à 312. Quel est l'espèce la plus utile? — Quelles sont les principales races de poules? — Comment nourrit-on les poules? — Combien une poule donne-t-elle d'œufs par an. — Comment engraisse-t-on les poules?

313. Comment élève-t-on les dindons? — Quelles précautions doit-on prendre quand les dindonneaux prennent le rouge? — Comment engraisse-t-on les dindons?

314. Parlez de l'élevage des oies.

315. A quelle époque doit-on plumer les oisons?

316. Parlez du canard.

317. Parlez des pigeons.

TRENTE-QUATRIÈME LECTURE

VERS A SOIE. — ABEILLES.

Vers à soie. — 318. Les *vers à soie* (fig. 27) sont des chenilles grisâtres que l'on nourrit soigneusement avec des feuilles de mûrier [1], et qui filent, avec un art admirable, des cocons dont on obtient la soie.

[1] Voir 28e lecture, page 158

Autrefois on n'élevait des vers à soie que dans nos départements méridionaux, aujourd'hui l'on plante aussi des mûriers dans quelques départements du Centre, afin de pouvoir élever ce précieux insecte.

L'éducation des vers à soie est une occupation aussi agréable qu'utile et qui ne dure que pendant deux mois de la belle saison.

Le local où ces éducations se font en grand s'appelle *magna-*

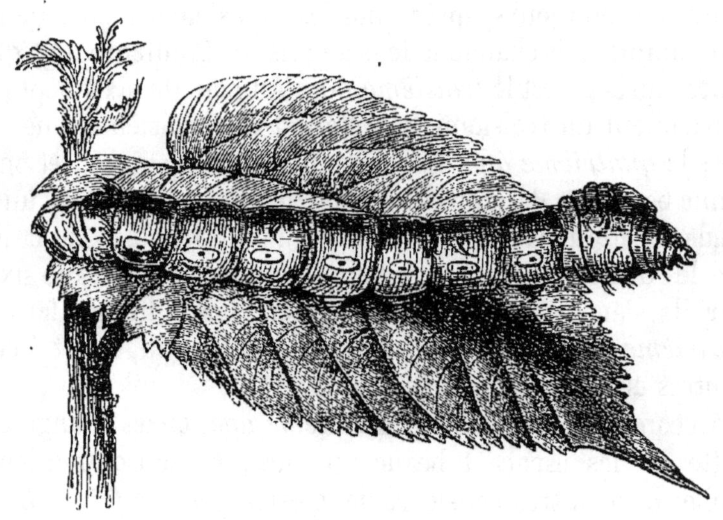

Fig. 56. — Ver à soie.

nerie ; les éducations faites en petit réussissent ordinairement mieux : si elles manquent, la perte est presque nulle, parce qu'elles sont très-peu coûteuses.

Il est à désirer que cette industrie s'étende en France le plus possible.

319. Les œufs de vers à soie se nomment *graine ;* on en hâte l'éclosion à l'aide de la chaleur artificielle. Une once de graine produit de trente-cinq à quarante mille vers à soie.

Une extrême propreté doit être maintenue dans le local réservé aux vers à soie.

On les place sur de petites tablettes étagées les unes au-dessus des autres et garnies de papier.

Le *premier âge* des vers dure cinq jours ; on leur donne de la feuille du mûrier douze fois par vingt-quatre heures.

Au bout de cinq jours, les vers, après un sommeil de vingt-quatre heures, ont changé de peau : c'est le *second âge*. Alors on les change de place : le moyen le plus ordinaire est de mettre à leur portée de petites pousses de mûrier sur lesquelles ils grimpent. On enlève ces rameaux et l'on transporte ainsi les vers sur d'autres tablettes. On continue de leur donner des feuilles douze fois par jour. Ce second âge ne dure guère que quatre ou cinq jours, après quoi les vers s'endorment. Pendant leur sommeil, ils changent de peau ; ils se réveillent vingt-quatre heures après ; c'est le *troisième âge*. Au bout de six à sept jours, surviennent un troisième sommeil et une troisième mue ; c'est alors le *quatrième âge*. Les vers ont beaucoup grossi, et on leur donne beaucoup de nourriture ; on les *délite* au moins une fois pendant cette période, c'est-à-dire qu'on les enlève de la litière que les débris de feuilles ont formée sous eux. Vers le sixième jour ils s'endorment pour la dernière fois, afin de faire une *quatrième et dernière mue*, quelques-uns en vingt heures, d'autres en vingt-six heures et plus.

Au commencement de ce *cinquième âge*, on les change de tablette en les espaçant beaucoup plus ; la consommation des feuilles devient très-considérable, c'est la *grande frèze*. Au bout de dix jours ils mangent moins, ils sont devenus tout à fait blancs, ils ne grossissent plus : on reconnaît qu'ils vont filer leurs cocons.

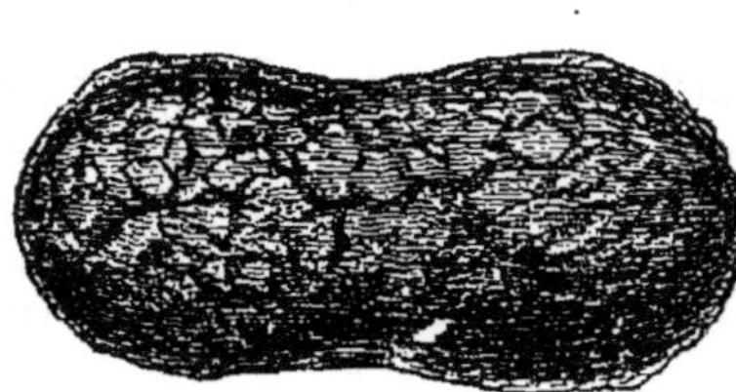

Fig. 57. — Cocon de ver à soie.

Les vers provenant de 1 once de graine consomment de 1,000 à 1,300 kilogrammes de feuilles.

Pour faciliter aux vers le moyen de filer, on leur fait de petites *cabanes* avec des ramilles de genêt, de bruyère, de colza ou de bouleau ; les vers montent sur ces ramilles et filent leurs *cocons* (fig. 57). On appelle ainsi la coque dans laquelle ils s'enveloppent et qu'on dévide ensuite pour obtenir de la soie.

320. Le ver, en filant son cocon, se raccourcit peu à peu et

se métamorphose en *chrysalide*, c'est-à-dire en une sorte de fève d'où sortira un papillon. On met le cocon dans une boîte en fer-blanc qu'on plonge pendant quelques minutes dans l'eau bouillante, pour que la chrysalide périsse et que le cocon ne soit pas percé et gâté par le papillon qui viendrait à naître.

Quant aux cocons que l'on conserve pour graine, les papillons en sortent au bout de quelques jours; ils pondent des œufs en fort grand nombre, que l'on conserve pour l'année suivante, et ils meurent au bout d'une douzaine de jours.

1 kilogramme de cocons produit ordinairement de 50 à 60 grammes de graine.

Les vers provenant de 1 once de graine donnent généralement de 50 à 60 kilogrammes de cocons quand l'éducation a été parfaite.

Enfin, 10 kilogrammes de cocons donnent 1 kilogramme de soie.

Abeilles. — 321. Les *abeilles* sont des mouches industrieuses, qui, avec un art admirable, composent le miel et la cire; les paniers dans lesquels elles travaillent, se nomment *ruches;* l'endroit où les ruches sont réunies s'appelle *rucher*, et doit être garanti des vents du nord, de l'est et de l'ouest.

Chaque ruche d'abeilles a une *reine* ou mère (fig. 58), qui

Fig. 58. — La reine des abeilles.

est plus grande que les autres, plusieurs milliers d'abeilles *ouvrières* (fig. 59), et quelques centaines de mouches appelées *faux-bourdons* (fig. 60).

L'abeille est d'un naturel très-doux; mais quand elle est irritée, elle pique ceux qui s'approchent d'elle, et sa piqûre, dans la grande chaleur du jour, est dangereuse. Ceux qui n'ont point l'habitude de soigner les abeilles ne doivent approcher de leurs ruches que doucement, sans faire de bruit et sans agiter l'air autour d'elles, surtout quand le temps est à l'orage. L'abeille ne pique pas loin de sa ruche.

Fig. 59. — Abeille ouvrière.

Fig. 60. — Faux-bourdon.

Quand l'abeille pique, elle périt ordinairement ensuite, parce qu'elle laisse son aiguillon dans la plaie.

322. Les abeilles sont très-laborieuses et très-actives. Pendant que les unes vont recueillir le suc des fleurs, les autres, à l'intérieur, travaillent à la confection des rayons ou *gâteaux*.

Les rayons des abeilles sont un ouvrage merveilleux ; ils sont composés d'alvéoles en cire, d'une construction régulière et uniforme, qu'elles remplissent de miel.

La ruche n'a qu'une étroite ouverture pour l'entrée et la sortie des abeilles ; si un gros insecte ou un petit quadrupède pénètre dans la ruche, les abeilles l'attaquent, le tuent, et, ne pouvant le traîner dehors, l'enduisent d'une couche de cire pour empêcher qu'il ne corrompe l'air de la ruche.

323. Les jeunes abeilles qui sont nées dans la belle saison quittent la ruche pour se loger dans une autre : c'est ce qu'on appelle un *essaim*. On a soin de recueillir les essaims quand ils sortent. Ordinairement l'essaim sort par un très-beau jour, entre dix heures du matin et trois heures de l'après-midi ; il va quelquefois se grouper contre une branche d'arbre ou contre un mur, en formant comme une boule ou une grappe (fig. 61). Il se laisse facilement ramasser à la main. S'il va plus loin, on le poursuit, et l'on finit toujours par le prendre. On le place dans une nouvelle ruche qu'on a lavée intérieurement avec de l'eau miellée, et dès ce moment il commence à travailler.

Un essaim moyen pèse de 2^k,500 à 3 kil., et il est formé de 20,000 à 25,000 abeilles.

Les ruches les plus simples sont en osier, en paille (fig. 62) ou en bois léger ; elles ont le plus ordinairement un couvercle mobile (fig. 63).

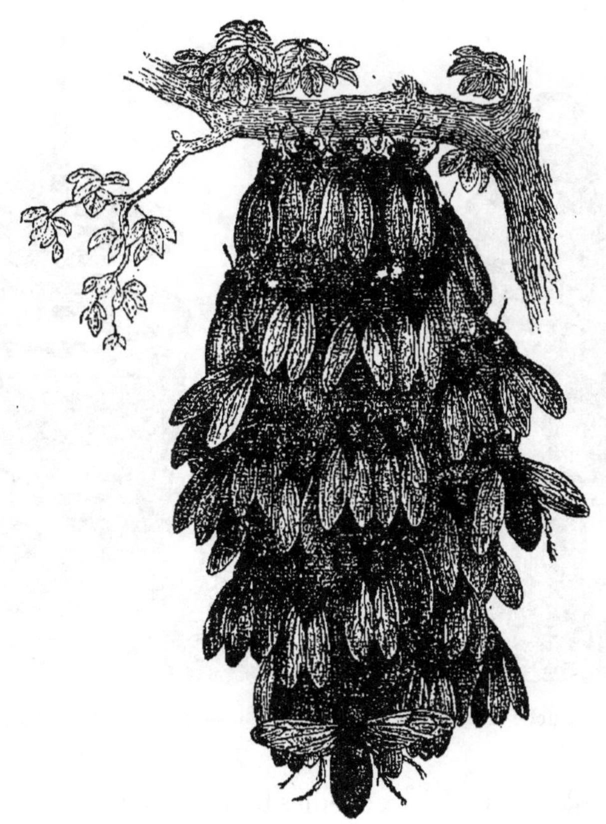

Fig. 61. — Essaim.

Les entrées des ruches doivent être exposées au midi.

324. Les abeilles remplissent de miel l'intérieur de ce couvercle, que l'on enlève quand on veut, pour prendre les rayons dont il est plein, sans rien déranger au reste de la ruche ; on le remplace par un autre.

Outre les rayons du couvercle, on enlève au moins une fois par an le contenu des ruches.

Cette opération n'est pas sans danger : celui qui la fait doit avoir un masque en canevas très-fin qui lui serre fortement tous les passages par où les abeilles pourraient s'introduire entre ses vêtements et son corps ; car elles le piqueraient avec fureur.

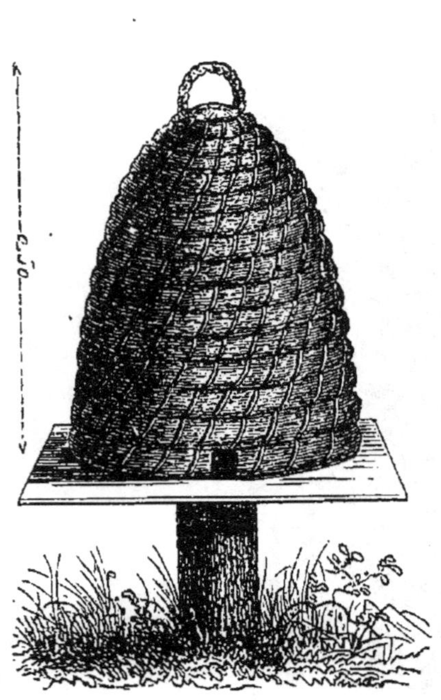

Fig. 62. — Ruche villageoise.

Fig. 63. — Ruche à calotte.

On n'enlève jamais aux abeilles tout le miel, on leur en laisse une quantité suffisante pour qu'elles puissent se nourrir pendant l'hiver.

Quand l'hiver se prolonge ou que les premiers jours du printemps sont froids et pluvieux, on porte à manger aux abeilles devant leur ruche ou dedans ; on leur donne du vieux miel ou un mélange d'eau et de vin sucré.

Pendant l'hiver, on enduit les ruches de bouse de vache et de terre franche et on les couvre à l'aide d'un capuchon de paille pour les garantir du froid.

Dans plusieurs contrées, on transporte les ruches pendant l'été, soit dans un endroit voisin de grandes surfaces calcaires occupées par le sainfoin, soit au milieu des forêts dans lesquelles les clairières sont garnies de bruyères. Dans le premier cas, le miel qu'on récolte en abondance est blanc, fin et odorant; dans le second, il a une saveur particulière et une couleur brune analogue au miel produit par les abeilles qui ont butiné dans des champs de sarrasin ou blé noir en fleur.

Une ruche moyenne donne par an de 3 à 6 kilogrammes de miel et 500 à 700 grammes de cire; elle pèse brut environ 6 kilogrammes.

Aussitôt qu'on a récolté des gâteaux, on doit s'empresser d'en extraire le miel pour le livrer à la vente ou le conserver dans un lieu aéré, plutôt frais que chaud.

On extrait le miel des gâteaux en les plaçant entiers ou divisés en plusieurs parties sur un châssis muni d'un canevas en fil un peu serré qu'on pose au-dessus d'une terrine ou de tout autre vase. On peut exposer le tout à l'action du soleil ou d'une température artificielle de 60 à 65 degrés. Quand le miel et la cire ont passé au travers du canevas, on descend le vase dans une cave, et lorsque la cire a été séparée du miel, on verse le tout sur un tamis de soie placé au-dessus d'une terrine. Le miel se traverse et la cire y reste.

Quelques personnes séparent le miel de la cire en soumettant les gâteaux à une pression, mais ce procédé doit être abandonné.

On fait ensuite fondre la cire dans une eau bouillante pendant environ quinze minutes, on l'épure à l'aide d'un canevas, on la laisse se reposer pour qu'elle s'épure encore et on la verse dans un moule ayant la forme d'une brique de savon.

QUESTIONNAIRE.

318. Qu'est-ce que les vers à soie ? — Dans quels départements élève-t-on les vers à soie ? — Qu'est-ce qu'une magnanerie? — Les éducations faites en petit réussissent-elles ordinairement ?

319. Qu'est-ce que la graine de vers à soie ? — Où place-t-on les vers

à soie? — Parlez du premier âge des vers à soie; — du second âge; — du troisième et quatrième âge; — du cinquième âge.

320. Comment facilite-t-on aux vers le moyen de filer leurs cocons? — Comment le ver devient-il chrysalide? — Que deviennent les papillons qui en sortent?

321. Qu'est-ce que les abeilles? — Qu'appelle-t-on ruche et rucher? — Quelles sont les trois sortes d'abeilles qui habitent une ruche? — Quand la piqûre d'une abeille est-elle dangereuse?

322. Parlez des travaux des abeilles. — Qu'arrive-t-il quand un insecte s'introduit dans les ruches?

323. Qu'est-ce que les essaims? — Comment les recueille-t-on? — Comment sont faites les ruches?

324. Comment enlève-t-on la cire et le miel? — Enlève-t-on tout le miel? — Quelles précautions prend-on pour conserver les abeilles l'hiver? — Comment sépare-t-on le miel de la cire? — Comment moule-t-on la cire?

CINQUIÈME PARTIE

ÉCONOMIE AGRICOLE

TRENTE-CINQUIÈME LECTURE

CAPITAUX AGRICOLES. — FERMIER. — MÉTAYER. — PROPRIÉTAIRE.
ACHAT ET LOCATION D'UN DOMAINE.

Capitaux agricoles. — 325. L'agriculture n'est productive que lorsqu'elle possède tous les capitaux dont elle a besoin.

Les capitaux qui lui sont nécessaires ont été divisés en trois classes, savoir :

1° Les *capitaux engagés*, qui comprennent le capital foncier ou immobilier et le capital mobilier.

Le *capital foncier* est représenté par la valeur de la terre; il n'est indispensable qu'aux agriculteurs qui achètent un domaine pour le faire valoir.

Le *capital mobilier* sert à acheter tous les objets nécessaires à l'exploitation du sol : instruments, machines, animaux. On le divise en *capital mort* et en *capital vivant*; le premier, qui est représenté par la valeur de tout le matériel qu'on a acheté, reste engagé jusqu'à la fin du bail et perd de sa valeur d'année en année; le second a permis l'acquisition des animaux de travail et de rente ; il peut augmenter de valeur par le croît du bétail et si les animaux acquièrent annuellement une plus-value.

2° Les *capitaux libres* se subdivisent en capital de circulation et en capital de réserve.

Le *capital de circulation* ou *capital de roulement* sert à payer les salaires des domestiques, des journaliers et des tâcherons, à acheter des semences et des engrais, à payer les assurances, etc. Il rentre chaque année dans la caisse par la vente des denrées ou des animaux.

Le *capital de réserve* est destiné à faire face à des dépenses imprévues occasionnées par la grêle, la gelée, l'incendie, la mortalité du bétail. Il est confié à un banquier qui le fait valoir afin qu'il ne reste pas improductif, et qu'on en retire un intérêt convenable. Ce capital est bien moins considérable que le capital de circulation.

3° Le *capital de fabrication* n'est utile à un agriculteur que lorsqu'il existe sur le domaine une industrie agricole, soit une distillerie de betterave, soit une féculerie, etc. Il permet d'acheter en dehors de l'exploitation soit des betteraves, soit des pommes de terre, sans diminuer le capital de circulation. On le dégage ou on le réalise en vendant les produits qu'il a permis de fabriquer.

Dans les fermes où la culture est lucrative, le capital est six à huit fois plus fort que la rente du sol. Ainsi, lorsque les terres sont louées 40 francs l'hectare, le capital d'exploitation nécessaire pour le bien cultiver s'élève au minimum à 240 francs. Les cultivateurs qui sur de telles terres ne possèdent pas ce capital, ne peuvent pas réaliser annuellement des bénéfices satisfaisants.

Fermier. — 326. Le fermier est l'agriculteur qui loue des terres pour les cultiver pendant un temps déterminé et d'après un prix fixé. Il doit posséder tous les capitaux précités, à l'exception du capital foncier et du capital de fabrication s'il n'a aucune industrie annexée à son exploitation.

Lorsqu'un fermier loue des terres pauvres ou peu fertiles, ou qui ont été mal cultivées, il doit exiger du propriétaire un long bail, afin d'avoir la certitude de pouvoir rentrer dans les avances qu'il aura faites à la terre pour l'améliorer, l'assainir, la fertiliser.

Les baux à court terme ne sont admissibles que quand les terres sont bonnes ou fécondes.

Le prix du bail est ordinairement payé en deux termes éloignés l'un de l'autre de six mois environ.

Généralement les terres sont louées de manière à ce qu'elles rapportent à ceux qui les possèdent un intérêt de 3 à 4 pour 100. Un fermier intelligent, ayant suffisamment de capitaux et jouissant de la terre en vertu d'un bail de quinze à dix-huit ans, est aussi indépendant et heureux que le propriétaire.

Métayer. — 327. Le *métayer* ou *colon partiaire* est l'agriculteur qui exploite un domaine après avoir pris l'engagement de partager tous les produits avec le propriétaire du sol. Le métayage est une véritable association : le propriétaire fournit la terre et s'engage à diriger la culture, le colon apporte son outillage et ses bras et ceux de sa famille et de ses domestiques. Le plus ordinairement il ne possède pas de capital de roulement ; souvent même il lui est impossible de fournir en nature ou en argent la moitié du capital engagé par le bétail.

Le métayer court moins de risques que le fermier. Quand sa récolte est mauvaise, si sa part ne lui suffit pas toujours pour vivre largement, du moins n'a-t il pas à payer la rente du sol entre les mains du propriétaire.

Il existe des contrées en France où les métayers sont encore pauvres, où les colons partiaires vivent au jour le jour, où ils ne cherchent pas à suivre une culture plus lucrative, parce qu'ils n'ont pas de bail et qu'on peut les renvoyer à la fin de chaque année; il y en a dans lesquelles les colons partiaires vivent pour ainsi dire dans l'aisance, parce que leurs propriétaires les ont aidés par des capitaux sagement employés. Il en sera toujours ainsi toutes les fois que les propriétaires reconnaîtront qu'ils ne seront riches que s'ils enrichissent leurs métayers.

Propriétaire. — 328. Le propriétaire qui se fait agriculteur agit comme cultiverait un fermier, si son domaine est en bon état. Lorsque les terres qu'il possède sont pauvres, humides, etc., il doit suivre une voie différente, adopter une culture fourragère et l'élevage du bétail, et s'engager avec une extrême prudence dans la voie des améliorations, s'il ne veut pas engager immédiatement les capitaux dont il dispose.

La culture qui a pour but l'amélioration d'un domaine est très-séduisante, mais elle est pleine de périls.

L'expérience a mille fois démontré qu'il fallait six à dix ans pour réaliser les capitaux consacrés à l'amélioration des terres labourables, des prairies, des chemins, des bâtiments, etc.

Achat d'un domaine. — 329. Tout agriculteur qui veut acheter un domaine pour le faire valoir doit examiner avant tout s'il a un capital suffisamment élevé pour solder sa valeur et le cultiver. Il vaut mieux être fermier d'une petite exploitation que de cultiver une propriété grevée de dettes ou d'une inscription hypothécaire.

S'il est utile de n'acheter que des terres de bonne qualité, quand on est limité par les capitaux dont on dispose, il est cependant quelquefois avantageux d'acheter des terres pauvres ou ayant une faible valeur foncière. Dans ce cas, on ne devra pas oublier qu'on a intérêt à posséder, à côté de ces terrains peu fertiles, des terres d'excellente qualité auxquelles, pendant plusieurs années, on ne demandera rien que des fourrages.

Location d'un domaine. — 330. Quiconque veut louer un domaine doit examiner, avant d'accepter les conditions du propriétaire, la nature, la propreté et la fertilité des terres labourables, la manière d'être du sous-sol, l'état des prairies naturelles et des voies de communication, la disposition des bâtiments, les débouchés qu'offre la contrée, l'abondance ou la rareté de la main-d'œuvre et le prix des salaires; enfin, il est utile de savoir si la contrée renferme des marnières, des fours à chaux, des carrières de cendres pyriteuses, etc.

Cet examen terminé, il faut s'enquérir dans la contrée du prix de location des terres, des conditions générales et spéciales inscrites dans les baux et de leur durée moyenne.

Ces études terminées, il ne s'agit plus que d'arrêter les clauses du bail. Le fermier ne devra pas accepter des charges spéciales qui viendraient indirectement accroître la valeur locative des terres et il devra insister pour qu'on lui concède un long bail et qu'on l'autorise à suivre une culture libre, à la condition, cependant, qu'il n'ensemencera pas chaque année au delà de la moitié de l'étendue totale des terres labourables en plantes céréales ou industrielles. Cette clause satisfera à la fois et ses propres intérêts et ceux du propriétaire, puisqu'elle ne lui permettra pas d'amoindrir la richesse du sol.

QUESTIONNAIRE.

325. Comment divise-t-on les capitaux agricoles ? — Qu'est-ce que le capital foncier? — Le capital mobilier ? — Le capital de circulation? — Le capital de réserve ? — Le capital de fabrication ? — Quel est en général le multiplicateur de la rente du sol?

326. Qu'est-ce qu'un fermier? — Quels sont les avantages des baux à longs termes ?

327. Qu'est-ce que le métayer? — Qu'est-ce que le métayage?

328. Parlez du propriétaire qui se fait agriculteur.

329. Parlez de l'achat d'un domaine.

330. Quelle est l'étude qu'il faut faire quand on veut louer un domaine? — Quelle est la clause dont on doit demander l'insertion dans le bail ?

TRENTE-SIXIÈME LECTURE

ASSOLEMENT OU SUCCESSION DE CULTURE. — JACHÈRE.
SYSTÈMES DE CULTURE : CULTURE PASTORALE MIXTE, — CÉRÉALE, FOURRAGÈRE, — INDUSTRIELLE.
ORGANISATION DES TRAVAUX AGRICOLES.

Assolement. — 331. Pour obtenir du sol arable de bonnes récoltes, il ne suffit pas de le labourer et de le fertiliser, il faut encore en varier les cultures. La terre à laquelle on demande continuellement la même récolte s'épuise et finit par ne plus même indemniser celui qui la cultive.

C'est en adoptant un assolement bien combiné qu'on varie les cultures. On appelle *assolement* ou *succession de culture* l'ordre dans lequel se succèdent les diverses productions sur un même terrain.

On appelle *rotation* le retour d'un assolement donné sur le même champ.

Tout assolement doit commencer par une *jachère* ou une *culture nettoyante* ou une *plante sarclée,* et chaque culture qui concourt par les binages qu'elle exige au nettoiement du sol doit précéder une culture *salissante* ou une céréale qui favorise la croissance des mauvaises herbes; enfin, il est utile d'intercaler les *plantes étouffantes* ou les cultures fourragères fauchables, entre deux plantes céréales ou entre une avoine, une orge ou un blé de mars et un blé d'automne, ou une plante industrielle.

Un assolement est bien combiné quand toutes les plantes qu'il comprend s'harmonisent avec le climat sous lequel on cultive, la nature et la fécondité des terres qu'on exploite, les capitaux qu'on possède, les spéculations animales qu'on peut entreprendre et les débouchés que présente la contrée dans laquelle on réside.

Jachère. — 332. On appelle *jachère* le repos d'un an donné à la terre. Pendant ce temps on donne à la couche arable deux, trois ou quatre labours pour la diviser, l'aérer et la débarrasser des mauvaises herbes qui l'envahissent.

De nos jours, dans beaucoup de localités, on supprime les jachères et on s'en trouve bien ; car quelle est l'utilité des jachères? C'est d'offrir un pâturage au bétail ou de reposer la terre. Mais, d'un côté, le pâturage fourni par les jachères est maigre et insuffisant ; de l'autre côté, la terre ne se repose pas, puisqu'elle se couvre de mauvaises herbes; et, en réalité, elle ne demande qu'à produire ; seulement il faut varier ses productions, et remplacer les céréales qui sont épuisantes, soit par des prairies artificielles, qui fécondent naturellement le sol, soit par des cultures comme des racines fourragères, qui exigent des binages et des sarclages fréquents qui détruisent les mauvaises herbes. Ainsi les bestiaux, au lieu de la nourriture insuffisante qu'ils trouvaient sur les jachères, auront en abondance des aliments excellents : le cultivateur pourra les nourrir à meilleur marché, et par conséquent, avoir plus de fumier : or le fumier est la richesse de l'agriculteur.

Quoi qu'il en soit, il ne faut pas proscrire absolument la jachère, car il y a des localités et des circonstances où elle est encore nécessaire. Ainsi elle doit être conservée dans les pays où les marnages et les chaulages sont utiles, sur les exploitations où le sol est facilement envahi par les mauvaises herbes, où les moyens de fertilisation sont très-faibles.

Enfin, la jachère a cet immense avantage, qu'on peut la modifier à l'infini dans sa durée, dans son commencement et dans sa fin, qu'elle exerce une action incontestable sur la puissance et la fertilité du sol.

La jachère est dite *jachère nue* quand, pendant sa durée, la terre reste inculte ou improductive ; on l'appelle *jachère verte* quand elle produit une récolte fourragère ou une plante destinée à être enfouie comme engrais vert.

Systèmes de culture. — 333. On connaît quatre systèmes de culture : la *culture pastorale mixte*, dans laquelle la culture des céréales est alliée aux pâturages; la *culture céréale*, dans laquelle le froment, le seigle ou le maïs, l'orge et l'avoine occupent annuellement plus de la moitié de l'étendue totale des terres labourables ; la *culture fourragère*, dans laquelle les plantes destinées au bétail occupent une surface plus grande que celle destinée aux céréales; la *culture industrielle*, qui comprend à la fois des plantes fourragères, des plantes céréales et des plantes industrielles oléagineuses, ou textiles, ou tinctoriales, etc.

Culture pastorale mixte. — 334. La culture pastorale mixte existe dans la Vendée, l'Anjou, le Limousin, le Bourbonnais, etc. Elle favorise à la fois la production des céréales et l'élevage ou l'engraissement du bétail, ou la production de la viande. Elle est améliorante, parce qu'elle oblige à transformer successivement les terres labourables en pâturages et les pâturages en terres arables. Ainsi, lorsque les champs ont produit plusieurs récoltes de céréales, ils restent pendant deux ou trois, et quelquefois quatre années à l'état de pâturages ou *pâtis* tantôt naturels, tantôt artificiels, si on a semé du trèfle et du ray-grass dans la dernière céréale.

La culture pastorale mixte est simple; elle exige moins de travaux que les autres systèmes de culture; mais elle ne peut être adoptée avec succès que dans les localités où les terres sont encloses par des haies vives ou des palissades, et dans celles où l'atmosphère favorise la végétation de l'herbe.

Culture céréale. — 335. La culture céréale comprend deux assolements principaux :

1° L'*assolement biennal*, qui est composé de deux *soles* ayant chacune la même étendue. La première année, la terre reste en jachère ou on y cultive du maïs : la seconde année on y sème du seigle ou du froment, suivant sa nature et sa fécondité.

Cet assolement est répandu dans les régions du Sud et du Sud-Ouest; il est soutenu par une sole de luzerne ou de sainfoin, située en dehors de la rotation.

2° Dans la plupart des localités où les terres sont encore peu fertiles, et où la culture pastorale mixte n'est pas possible, l'assolement le plus suivi est l'*assolement triennal*, qui est ainsi disposé : 1re *année*, jachère ; 2e *année*, blé ou seigle; 3e *année*, avoine ou orge.

Cet assolement est aussi soutenu par une sole de luzerne ou de sainfoin; il n'est ni épuisant, ni améliorant; mais il est peu favorable au bétail, parce qu'il ne lui fournit pas une abondante nourriture, et il a l'inconvénient d'élever le prix de revient du blé, puisque le tiers des terres labourables reste improducdi pendant une année.

On peut, quand on a intérêt à conserver cet assolement, supprimer la jachère nue en semant au printemps du trèfle, de la lupuline ou du sainfoin sur la sole occupée par l'avoine. L'année suivante on fauche ou on fait pâturer ces plantes, on laboure le sol pour l'ensemencer, comme de coutume, en blé ou en seigle d'automne.

On peut aussi, pendant l'année destinée à la jachère, semer de la vesce, des pois gris, du maïs-fourrage et cultiver une étendue donnée en betteraves, pommes de terre ou navets.

Culture fourragère. — 336. La culture fourragère est

généralement connue sous le nom de *culture alterne*. Elle consiste à faire succéder la culture des plantes sarclées, des céréales et des prairies artificielles, de telle sorte que la terre ne reste jamais improductive, et qu'il n'y ait point de jachère.

Les assolements qui appartiennent à ce système de culture peuvent être diversifiés à l'infini, selon la nature et la richesse du sol et les débouchés offerts par la contrée.

Voici un assolement de quatre ans sans jachère : 1re *année*, betteraves ou pommes de terre fumées ; 2e *année*, avoine ou orge avec laquelle on sème du trèfle que l'on couvre parfois de fumier long l'hiver suivant, si la terre n'est pas de bonne qualité ; 3e *année*, coupe du trèfle, qu'on retourne en automne pour les semailles de blé ; 4e *année*, blé ou escourgeon d'automne.

Quand cet *assolement quadriennal*, auquel on a donné le nom d'*assolement de Norfolk*, est précédé par une abondante fumure et soutenu par une prairie naturelle ou une prairie artificielle située en dehors de la rotation, on dit qu'il appartient à la *culture améliorante*, parce qu'il accroît la fécondité de la terre au lieu de l'épuiser.

Culture industrielle. — 337. Les successions de cultures qui appartiennent à cette classe sont toutes épuisantes, et elles doivent être soutenues par de très-fortes fumures. On ne les rencontre que dans les localités où les terres sont fertiles, où les capitaux sont nombreux. Elles comprennent toutes les plantes qui appartiennent au domaine agricole, mais plus particulièrement les céréales et le lin, chanvre, tabac, colza, pavot, œillette, cardère, etc.

Ces assolements sont répandus dans la Flandre, l'Artois, l'Alsace, les vallées du Rhône et de la Garonne, etc.

Organisation des travaux agricoles. — 338. Il ne suffit pas, pour réussir en agriculture, d'avoir combiné un bon assolement, il faut aussi prendre toutes les mesures voulues pour que les travaux des attelages et de la main-d'œuvre soient bien coordonnés, parfaitement organisés. C'est en organisant le travail d'une manière rationnelle, c'est en surveillant sans cesse son exécution qu'on parvient à diminuer les dépenses et a réaliser des bénéfices plus considérables.

En premier lieu, il est très-utile de combiner l'assolement qu'on doit suivre, de manière que les animaux de travail soient occupés pendant toute l'année. L'assolement triennal peut être cité comme exemple sous ce rapport. Ainsi, au printemps, les animaux de travail labourent les terres qui doivent être ensemencées en avoine, celles occupées par les jachères ; au mois de juin ils transportent les foins des champs à la ferme ; en juillet ils conduisent les fumiers sur les jachères, et les enterrent ; au mois d'août, ils rentrent les céréales ; en septembre ils labourent de nouveau les jachères ; en octobre ils traînent les herses sur les terres ensemencées ; en novembre ou décembre ils conduisent la marne qu'on appliquera sur la sole qui sera ensemencée l'année suivante en avoine.

En général, diminuer les dépenses par tous les moyens possibles, éviter les pertes de force, substituer le travail à la tâche au travail à la journée, remplacer en partie le travail des journaliers par le travail des machines, surveiller continuellement le départ et la rentrée des attelages, la distribution de la nourriture, la récolte et la conservation des engrais, être juste et sévère envers tous les agents de la culture, s'imposer la mission que chaque objet, chaque véhicule occupe la place qui lui est destinée, ne négliger jamais de donner l'exemple du travail et de l'ordre, c'est prouver qu'on est à la hauteur de sa mission, c'est être en droit de compter sur une complète réussite.

QUESTIONNAIRE.

331. Qu'est-ce qu'un assolement ? — Qu'appelle-t-on rotation ? — Quelles sont les cultures que l'on appelle cultures nettoyantes, cultures salissantes, cultures étouffantes ?

332. Qu'est-ce que la jachère ? — Quel est l'avantage de la suppression des jachères ? — Qu'appelle-t-on jachère nue et jachère verte ?

333. Combien connaît-on de systèmes de culture ?

334. Parlez de la culture pastorale mixte.

335. Parlez de la culture des céréales, — de l'assolement biennal, — de l'assolement triennal.

336. Parlez de la culture fourragère ou de la culture alterne. — Citez un exemple d'un assolement alterne.

337. Dites quelques mots de la culture industrielle.

338. Comment doit-on organiser les travaux agricoles?

TRENTE-SEPTIÈME LECTURE

CIRCONSTANCES QUI INFLUENT SUR LES SYSTÈMES AGRICOLES. DÉBUT OU PRISE DE POSSESSION D'UN DOMAINE. — COMPTABILITÉ.

Circonstances qui influent sur les systèmes agricoles. — 339. Un grand nombre de circonstances influent sur le choix et la réussite des divers systèmes de culture.

La manière d'être du *climat* détermine toujours les spéculations agricoles qu'on peut entreprendre. Ainsi, le climat du Midi est tellement sec et favorable à la végétation des plantes arbustives, qu'il oblige l'agriculteur à spéculer de préférence sur la production du vin, de l'huile et de la soie. Le climat du Nord-Ouest, étant toujours brumeux, favorise la production de l'herbe et oblige à spéculer à l'aide des herbages ou des *embouches* sur l'élevage du cheval, l'engraissement des bêtes à cornes et la production du beurre.

La nature et la fertilité du sol exercent une influence non moins puissante. Quand la terre est légère et peu fertile, il faut adopter de préférence la culture pastorale mixte; par contre, lorsque la terre est un peu argileuse et féconde, on a intérêt à suivre un assolement comprenant des plantes exigeantes, et à spéculer sur l'entretien et l'engraissement du bétail à l'étable.

L'*étendue des exploitations* influe aussi dans le choix du système cultural qu'on peut adopter. Ainsi, les *petites exploitations*, où les travaux se font toujours à bras, cultivent de préférence les gros légumes, pommes de terre hâtives, haricots, etc., et les plantes industrielles. La culture des *moyennes exploitations* varie aussi suivant la nature et la richesse du sol; mais il est rare qu'on y conserve la jachère. Les *grandes exploita tions* adoptent ordinairement une culture ayant pour soutien ou la jachère ou l'existence des prairies artificielles. C'est sur de telles fermes qu'on spécule ordinairement en grand sur la multiplication ou l'entretien des bêtes à laine.

L'abondance ou la rareté de la main-d'œuvre et le *taux des salaires* autorisent ou ne permettent pas de cultiver les plantes racines ou les plantes industrielles sur de grandes étendues. C'est pourquoi il est toujours utile, avant d'entreprendre de telles spéculations végétales, de bien connaître si, à l'époque des binages et des sarclages ou au moment d'opérer les récoltes, on pourra disposer d'une main-d'œuvre suffisante et laborieuse.

Mais il ne suffit pas de faire naître des produits, il faut aussi pouvoir les vendre facilement et à des prix rémunérateurs. On devra donc, avant d'adopter une culture différente de celles qui sont suivies dans la contrée, examiner l'*état des routes* qui conduisent aux marchés, et si ces mêmes *marchés sont assez importants* pour qu'on puisse y écouler facilement les produits fournis par les végétaux qu'on a introduits sur le domaine. Généralement le bétail circule plus aisément sur des chemins en mauvais état que des voitures chargées de graines de colza, de tiges de chanvre, de betteraves à sucre ou de foin.

Enfin, il est indispensable, avant d'entreprendre la culture d'un domaine, d'examiner si les *capitaux* dont on dispose suffiront aux avances réclamées par les cultures, et s'ils permettront d'acheter le matériel et le bétail qu'il est utile de posséder. La culture des plantes industrielles engage un capital beaucoup plus élevé que celui qui est nécessaire pour cultiver les plantes fourragères et les plantes céréales. C'est commettre une très-grande faute que d'entreprendre la culture d'un domaine ou d'adopter un système de culture qui exige un capital plus fort que celui dont on dispose. On a dit avec raison : *à petits capitaux petite fumure; à petite fumure petites récoltes; à petites récoltes petits profits.*

Prise de possession d'un domaine. — 340. L'agriculteur qui prend possession d'un domaine, soit comme propriétaire, soit comme fermier, soit comme métayer, se doit à lui-même d'étudier les terres qui le composent, afin de bien connaître leurs propriétés physiques. Cette étude, si elle est faite avec soin et complétée par des renseignements recueillis dans la contrée, lui permettra de savoir : à quels moments de l'année la terre devient sèche ou brûlante, fraîche ou humide ; à quelles époques elle doit être labourée le plus avantageusement, et si elle n'a pas le défaut, au printemps, sous l'influence des hâles, de se prendre en mottes dures ; quelles sont les mauvaises herbes qui l'envahissent et à quels moments ces plantes nuisibles apparaissent ; si les semailles doivent être faites de bonne heure en automne, etc., etc.

L'agriculteur doit ensuite examiner les prairies pour les assainir si elles sont humides ou marécageuses, pour y arracher les mauvaises plantes qui y croissent.

Il devra, en outre, se demander s'il ne devra pas conserver la jachère jusqu'à ce que les terres aient été bien labourées, et surtout débarrassées des plantes indigènes à racines traçantes et vivaces.

Enfin l'agriculteur prendra toutes les mesures voulues pour recueillir les engrais liquides, fabriquer des composts et donner la plus grande extension possible à la fabrication des fumiers, et il devra examiner la nature de la couche arable, et chercher à se procurer ou de la chaux ou de la marne, si elle est argileuse, schisteuse, granitique ou sablonneuse.

Tous ces travaux doivent être entrepris avec sagesse. En agriculture plus que dans toute autre industrie, *le temps est un grand maître*, et il permet toujours d'éviter des revers souvent irréparables.

Comptabilité. — 341. C'est par la comptabilité ou des *écritures régulièrement tenues* qu'on s'éclaire sur la valeur respective des diverses spéculations qu'on peut entreprendre. Malheureusement bien peu de cultivateurs ont une comptabilité ou, pour mieux dire, des registres sur lesquels ils inscrivent les produits qu'ils ont récoltés, les animaux, les engrais et les instruments qu'ils ont achetés, les salaires qu'ils ont payés aux journaliers ou aux tâcherons, et les denrées ou les animaux qu'il ont vendus à crédit ou au comptant.

On connaît deux sortes de comptabilité : *la comptabilité en partie simple*, qui est celle que doivent tenir la plupart des cultivateurs et la ***comptabilité en partie double***, qui exige un certain nombre de registres, et qui oblige à *passer* de nombreuses écritures. Cette dernière méthode est la seule qui permette de déterminer le prix de revient des divers produits de l'agriculture, et de savoir exactement, à la fin de chaque année, si l'exploitation est en perte ou en bénéfice.

Quiconque veut adopter une comptabilité doit inventorier tous les objets mobiliers existant sur le domaine. Le détail est ensuite transcrit sur un registre ayant pour titre : *inventaire*.

Le registre sur lequel on inscrit, par ordre de dates, les recettes et les dépenses, se nomme *livre de caisse ;* il est disposé de la manière suivante :

RECETTES.			DÉPENSES.		
DATES.	OPÉRATIONS.	F. C.	DATES.	OPÉRATIONS.	F. C.
2 juin.	Vente à Robin, 20 hectolitres de blé à 25 fr.	500 »	1er juin.	Payé au maréchal.	33 50
6 — .	Vente d'un veau .	45 50	2 — . .	— les gages de Nicolas . .	300 »

A la fin de chaque mois, on balance les recettes avec les dépenses, afin de pouvoir vérifier la caisse et rectifier les erreurs qu'on aurait pu faire.

Les denrées récoltées : grains, foin, lin, etc., sont mentionnées sur le registre appelé : *livre de magasin*. Chaque denrée emmagasinée a un compte spécial disposé comme il suit :

ENTRÉE.	BLÉ			SORTIE.	
DATES.	DENRÉES.	LITRES.	DATES.	DENRÉES.	L
4 juin.	Battu au fléau. . .	650	5 juin.	Envoyé au moulin.	200
8 — .	— à la machine.	2,000	12 — .	Vendu à Colson. .	1,000

En balançant l'entrée avec la sortie, on voit de suite la quantité de blé qui existe encore en magasin.

Le registre qu'on appelle *livre de paye* contient un certain nombre de feuilles divisées en colonnes, dans lesquelles on mentionne le travail des journaliers. Si la paye a lieu tous les huit ou quinze jours, on inscrit au livre de caisse la somme qu'on a payée, sans détailler celles qui concernent chaque ouvrier. Voici comment sont disposées les feuilles :

DU 1er AU 15 JANVIER 1868.							
DATES.	BURDON.	JEAN.	ROBIN.	CARON.			PRIX CONVENU.
2 janv.	1 j.	1/2 j.	1/3 j.	1 j.			1f75
3 — .	3/4	1	1	1/2			1 50
4 — .	1	1	1/2	1			2 »

A la fin de l'année, on fait un nouvel inventaire sur lequel on inscrit l'argent et les valeurs mobilières qu'on a en caisse, et les sommes qui sont dues pour les ventes faites à terme, et on déduit du total les dettes qui n'ont pas été soldées. Alors on balance le reliquat avec le montant de l'inventaire opéré à pareille époque l'année précédente. La différence indique le bénéfice ou la perte de l'année.

Ainsi, le compte annuel doit être établi de la manière suivante :

Montant de l'inventaire.	25,600	»
Argent en caisse.	800	»
Valeurs mobilières.	11,400	»
Ventes non soldées.	3,400	»
Total. . . .	40,200	»

Si on devait, pour diverses acquisitions faites et non soldées, une somme totale s'élevant à 1,360 fr., il faudrait déduire cette somme des 40,200 fr., ce qui donnerait 38,840 fr. Or, si le compte général de l'année précédente avait accusé un avoir total de 34,320 fr., le bénéfice réalisé pendant l'année s'élèverait à 4,520 fr.

Lorsqu'on vend ou achète à crédit, on est forcé d'avoir un registre spécial qui a pour titre : *livre des débiteurs et des créditeurs*, et sur lequel on ouvre des comptes à tous les débiteurs et créditeurs.

Le *débiteur* est celui qui doit à l'exploitation; le *créditeur* est celui auquel on doit.

QUESTIONNAIRE.

339. Quelles sont les circonstances qui influent sur le choix des systèmes agricoles? — Quelle est l'influence du climat?—De la nature et de la fertilité du sol? — De l'étendue des exploitations? — De l'abondance ou de la rareté de la main-d'œuvre? — De l'état des routes et des débouchés? — Des capitaux?

340. Comment faut-il procéder lorsqu'on prend possession d'un domaine?

341. Qu'est-ce que la comptabilité? — Combien y a-t-il de systèmes de comptabilité? — Parlez de l'inventaire, — du livre de caisse, — du livre de magasin, — du livre de paye. — Comment connaît-on le bénéfice ou la perte de l'année — Qu'appelle-t-on débiteur et créditeur?

SIXIÈME PARTIE

CULTURE DES JARDINS

TRENTE-HUITIÈME LECTURE

DIVISION DE L'HORTICULTURE : JARDIN FRUITIER. — JARDIN POTAGER
JARDIN D'AGRÉMENT. — CHOIX D'UN JARDIN.
EXPOSITION. — PRÉPARATION DU TERRAIN. — TERREAU.
OPÉRATIONS CULTURALES. — SEMIS.
MOYENS DE PRÉSERVER LES PLANTES DU FROID. — ARROSAGES.
RÉCOLTE ET CONSERVATION DES GRAINES.

Division de l'horticulture. — 342. L'*horticulture* est l'art de cultiver et d'entretenir les jardins. On lui a donné aussi le nom de *jardinage*.

L'horticulture comprend trois parties bien différentes les unes des autres : 1° le *jardin fruitier*, dans lequel on cultive exclusivement des *arbres à fruits ;* 2° le *jardin potager*, où on cultive surtout les légumes; 3° le *jardin d'agrément*, que l'on appelait autrefois *jardin à fleurs* ou *jardin fleuriste*, parce qu'on n'y rencontre que des plantes et arbustes d'ornement.

343. La culture des jardins est aussi agréable qu'avantageuse.

Il y a dans le voisinage des villes de grands jardins que l'on cultive pour en vendre les produits. Mais dans les villages éloignés des villes il n'y a presque jamais de jardinier de profession : chacun doit donc, autant que possible, cultiver un petit jardin qui lui fournira les fruits et les légumes nécessaires à sa consommation.

La culture d'un petit jardin n'est jamais embarrassante ; elle se fait, pour ainsi dire, à moments perdus, quelquefois le matin avant de partir pour le travail, quelquefois le soir en revenant.

Choix d'un jardin. — 344. Quand on veut établir un jardin, il faut choisir le meilleur terrain dont on puisse disposer, à portée de la maison.

A la vérité, il y a presque autant de variétés de sol que de localités; souvent un demi-hectare offre plusieurs natures de terrain. Mais avec du temps, des soins, des engrais et des transports de terre, il n'est personne qui ne puisse établir un jardin dans un enclos voisin de son habitation.

Il est à désirer que la couche de bonne terre, dans un jardin, soit très-profonde; autrement les légumes d'hiver et plusieurs sortes d'arbres, entre autres les poiriers, n'y réussiraient que médiocrement.

Si la couche de terre n'est pas profonde, on ne doit pas pour cela renoncer à avoir un jardin. On pourra y cultiver encore avec succès plusieurs légumes, des fleurs et quelques arbres, par exemple, les pommiers, les pruniers, dont les racines s'étendent beaucoup et s'enfoncent peu.

La meilleure terre pour les jardins, comme pour toutes les cultures, est la terre *franche* [1]. Les terres très-légères et les terres fortes et tenaces ne conviennent ni les unes ni les autres au jardinage.

Dans une terre légère sans excès, les légumes et les arbres peuvent réussir; ils ne poussent pas avec beaucoup de vigueur, et les fruits ne deviennent pas très-gros, non plus que les légumes; mais les uns et les autres sont généralement savoureux et délicats, et mûrissent d'assez bonne heure.

[1] Voir page 15.

Quand les terres fortes ne sont pas trop argileuses, les diverses cultures potagères y réussissent, quoique un peu tard : les engrais qu'on y emploie ne sont jamais perdus, et l'effet s'en fait sentir longtemps. Mais, si l'argile s'y trouve en trop grande quantité, le terrain ne se laisse pas assez facilement pénétrer par l'air ni par les racines : il conserve l'humidité et fait périr les végétaux; la chaleur le dessèche fortement; il se fend, et, par suite, il presse et étrangle les racines.

On remédie aux inconvénients des terres fortes en y répandant du sable, de la marne, des débris de démolitions, en les retournant par des labours fréquents et profonds, en les exposant à l'action des gelées à glace. L'hiver est un excellent jardinier; il améliore considérablement une terre qu'on a eu soin de remuer et de soulever pendant le mois de novembre.

Le sol d'un marais desséché est fertile, et convient parfaitement à certaines cultures, surtout à celles des choux, des carottes, des artichauts, des haricots verts.

Exposition. — 345. Dans un jardin, on peut, à la vérité, tirer parti de toutes les expositions, même de celle du nord, qui, dans les étés secs et chauds, se trouve quelquefois avantageuse; mais on peut dire qu'en général, excepté dans quelques-uns de nos départements méridionaux, l'exposition du midi et celles qui s'en rapprochent, comme celles de l'est et du sud-ouest, sont les meilleures. Elles exigent plus de soin et d'arrosement, mais elles payent plus généreusement les peines du cultivateur.

Dans un jardin situé en plaine, on a au pied des murs les diverses expositions. En effet, le long du mur situé au nord, on a l'exposition du midi, et ainsi des autres.

Préparation du terrain. — 346. Pour créer un jardin, il est bon de défoncer entièrement le sol à $0^m,60$ de profondeur, en sorte que le dessus soit mis dans le fond, et que le fond soit mis par-dessus, mais seulement dans le cas où la bonne terre est profonde; autrement il ne faudrait pas défoncer au delà de $0^m,40$.

Lorsqu'on opère ainsi, on défonce tout le jardin, et non pas seulement les endroits où seront plantés les arbres.

Cette opération, à la vérité, sera surtout très-utile aux arbres, qui, dans cette terre remuée, pousseront des racines en grande quantité; mais elle sera aussi fort avantageuse aux légumes. Il est vrai qu'un grand nombre, comme les laitues, les chicorées, les oignons, peuvent s'en passer; mais ceux dont les racines descendent profondément dans le sol, comme les artichauts, les asperges, les carottes, les salsifis, les choux, réussiront mieux.

Le défonçage n'est pas indispensable quand on veut créer un jardin sur un fond profond et de bonne qualité. Alors on se contente de bêcher le terrain jusqu'à 30 centimètres de profondeur.

En défonçant ou en bêchant le sol du jardin, il faut soigneusement enlever toutes les pierres et les racines des plantes vivaces : chiendent, etc. On peut, si l'on veut, mettre les cailloux dans les allées, les briser et les recouvrir de gravier et de sable, ce qui empêchera l'herbe d'y pousser.

Emploi du terreau. — 347. Il est utile de mêler du *terreau* à la terre du jardin. Ce mélange est quelquefois indispensable pour obtenir de beaux produits.

On appelle *terreau* toute espèce de débris végétaux, entièrement décomposés par l'effet du temps et réduits en une terre douce, pulvérulente et très-noire, et qui est un excellent engrais, surtout pour les légumes annuels : salades, melons, concombres, etc., et les fleurs.

On appelle *terreau de couche* le fumier qui a servi à faire des couches l'année précédente; ce fumier, décomposé par le temps, est comme réduit en une sorte de poudre noire très-grossière; il communique au sol de la fécondité et de la chaleur; il ne saurait être trop divisé; c'est pourquoi, avant de le répandre, on l'émiette à l'aide de la fourche, du râteau ou de la main.

On peut obtenir du terreau avec des feuilles. Dans un coin du jardin, on fait une fosse à l'abri du soleil, on y entasse des feuilles de toutes sortes d'arbres; on peut jeter aussi dans la fosse des mousses, des fougères, toutes espèces de mauvaises herbes, les débris de légumes, et même des fruits pourris. Au bout de deux ans, cette masse décomposée forme un terreau moins actif, il est vrai, que celui des couches, mais peut-être plus durable.

Un jardinier soigneux ne doit rien laisser perdre, il doit tirer parti de tout.

Il est bon de ne pas mêler avec les autres débris les feuilles de chêne, ni celle du hêtre, du noyer, ou des arbres résineux: elles sont acides; il ne faut les employer que lorsqu'elles sont tout à fait réduites en terreau après avoir été mêlées à de la chaux vive; ce qui exige plus de temps que pour les autres feuilles.

Fig. 64. — Bêche.

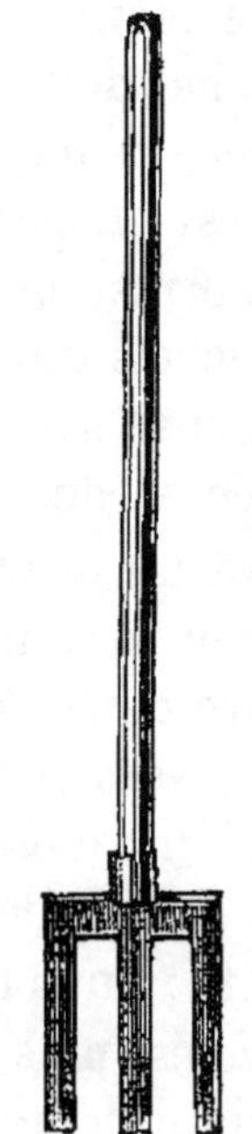

Fig. 65. — Fourche à dents larges.

Opérations culturales. — 348. Les principaux soins qu'exige le jardin, sont les labours, les binages, le sarclage, les arrosages, etc.

Le *labour* du jardin se fait à l'aide de la bêche (fig. 64) et de la houe fourchue ou de la fourche à dents plates (fig. 65), lorsque la terre est forte ou engazonnée, et accidentellement du pic et de la houe.

L'emploi de la bêche consiste à couper une tranche de terre, à la soulever, à retourner le dessus dessous ; et, si la terre n'est pas émiettée, à la briser avec le plat de la bêche après l'avoir divisée par quelques coups du tranchant.

Pour couper la tranche de terre, vous appuyez la bêche contre le sol ; puis, mettant un pied dessus et tenant le manche des deux mains, vous pressez du pied et vous faites entrer la bêche jusqu'à ce que le bord supérieur de la lame effleure la surface du sol ; la bêche se trouve enfoncée à la profondeur d'environ 25 à 30 centimètres.

Il faut préférer, non pas la bêche la moins chère, mais la meilleure. Elle servira mieux et durera bien plus longtemps. Une bonne bêche, dont le fer est bien corroyé d'acier sans être trempé trop sec, peut durer plusieurs années.

Si la terre est un peu forte et sujette à se durcir ou si elle contient des pierres, on emploie une houe dont l'extrémité présente deux crochets qui entament mieux le sol.

On peut aussi se servir de la bêche bretonne, qui est légèrement recourbée en dedans.

La *pioche* est un instrument de fer long et étroit, un peu recourbé vers son extrémité tranchante, qui sert à remuer la terre et à y faire des trous. L'ouvrier en piochant se tient plus ou moins baissé vers la terre.

La pioche piémontaise est double : l'une de ses extrémités est semblable à celle de la pioche commune ; l'autre est terminée en pointe ; on la nomme *tournée*.

Le fer du *pic* est plus étroit et long au moins de 60 centimètres, ce qui lui donne beaucoup de force et lui permet d'entamer le sol le plus dur.

La *houe* ou *pioche à lame large*, a un fer assez semblable à celui de la bêche, mais légèrement recourbé, avec le manche court et aussi un peu recourbé ; le sens dans lequel le fer est courbé se rapproche de celui du manche ; quelquefois le fer est triangulaire et terminé en pointe.

Pour façonner le terrain à la houe, l'ouvrier se tient courbé très-près de terre, il entame le sol en avançant, et il rejette derrière lui la terre remuée.

On se sert aussi du mot *labourer* pour indiquer le travail de la houe pleine et de la houe fourchue, aussi bien que pour désigner celui de la bêche.

La *serfouette* ou *sarcloir* sert à remuer légèrement une terre qui a déjà été travaillée ; c'est une petite houe dont ordinairement une des extrémités est à deux fourchons.

La *binette* sert à enlever les mauvaises herbes et à trancher leurs racines ; c'est une espèce de truelle courbe à bords tranchants.

Biner, c'est donner une seconde ou troisième façon à une terre déjà labourée ; on se sert pour cela des instruments nommés binette, serfouette.

Le *sarclage* est encore plus nécessaire dans les jardins que dans les champs. Il faut tenir continuellement le sol net et le débarrasser des mauvaises herbes, qui épuiseraient les sucs de la terre et qui étoufferaient les semis et les plantations. On sarcle avec la main.

Le *râteau* est un instrument de fer ou de bois, armé de dents, qui sert à unir et à égaliser la terre qu'on a façonnée, et à nettoyer les planches du jardin.

La *ratissoire* sert à nettoyer les allées. Il y en a une dont on se sert en la tirant à soi ; elle est la meilleure quand la sécheresse a durci les allées.

L'autre ratissoire se pousse en avant, elle convient mieux quand le sol est ramolli par l'humidité.

Semis. — 349. La plupart des plantes potagères se reproduisent de graines. Selon que la graine est plus ou moins fine, on sème à la volée, on enterre la graine plus ou moins profondément, ou on dépose la semence à la main soit dans de petits sillons, soit dans de petits trous ; on recouvre ensuite la semence, soit à la main, soit à l'aide de l'instrument nommé *râteau*.

On *sème sur place* lorsqu'on a l'intention de laisser grandir les plantes dans le terrain où on les a semées. On *sème pour repiquer* lorsqu'on doit enlever les plantes devenues un peu fortes, pour les placer dans un terrain où on les espacera davantage et où elles pourront se développer plus à l'aise; cette transplantation s'appelle *repiquage*.

Quelquefois les plantes repiquées, ayant pris de l'accroissement, sont transplantées encore une fois dans un terrain qu'elles doivent définitivement occuper : on dit alors qu'elles sont *plantées à demeure*.

Pour que le semis lève plus promptement et que la végétation soit plus active, on peut *semer sur ados* ou *côtière*.

L'*ados* est une portion de terrain *adossée* à un abri, ou inclinée de manière à recevoir moins obliquement les rayons du soleil ; c'est comme une petite colline artificielle inclinée vers le midi, le sud-ouest ou le sud-est.

On *sème sur couche* quand on veut activer plus encore la végétation.

Les couches sont des tas de fumiers qu'on dépose dans des fosses garnies d'un peu de feuilles ; sur le fumier l'on étend du terreau ou de la terre très-fine. Les graines semées dans ce terreau, activées par la chaleur du fumier, poussent très-vite.

Pour hâter les produits et obtenir des *primeurs*, c'est-à-dire des fruits et des légumes venus avant leur saison, les jardiniers de profession font des couches qui sont dispendieuses et exigent une grande surveillance.

Le simple cultivateur peut aussi faire pour son usage une petite couche économique, qui lui donnera très-peu de peine et qui lui sera avantageuse.

Au commencement du printemps, creusez une fosse profonde de $0^{m},50$, large de $1^{m},32$; longueur à volonté, par exemple 2 ou 3 mètres; remplissez-la de fumier d'écurie, auquel vous pouvez mêler un tiers de feuilles sèches; le tout excédera de $0^{m},35$ le niveau du sol. Recouvrez ensuite cette masse de fumier avec du terreau disposé en talus sur les côtés et légèrement bombé vers le milieu.

Le fumier de la couche s'échauffera d'abord beaucoup. Quand il aura *jeté son feu*, ce qui aura lieu au bout de deux ou trois jours, vous sèmerez sur le terreau de la couche les graines que vous voulez faire pousser promptement.

Moyen de préserver les plantes du froid. — 350. Pour réserver du froid les semis faits sur couche, on place de distance en distance des demi-cercles de tonneaux, au-dessus desquels on étend des *paillassons* pendant la nuit, ou même le jour quand on craint la gelée ou lorsque le soleil est trop ardent.

Les *paillassons* se fabriquent avec des poignées de paille de seigle qu'on lie les unes aux autres par de la ficelle, et quelquefois par de l'osier. On n'achète point les paillassons : chacun est obligé de faire ceux dont il a besoin.

Voici comment on les fait :

On plante en terre six chevilles formant deux rangs parallèles, distants entre eux de toute la longueur qu'on assigne aux paillassons et situées au deux tiers de leur largeur. On étend, au moyen de ces six chevilles, deux ficelles; on prend ensuite successivement une petite poignée de paille que l'on attache par des nœuds coulants, à chacune des deux cordes tendues, au moyen d'une navette entourée de ficelle. On continue de la même manière.

On ne donne pas ordinairement aux paillassons une longueur de plus de 3 mètres. Ils se roulent très-facilement, et on les conserve à l'abri de la pluie pendant la belle saison.

Les *cloches* sont des ustensiles en verre ayant la forme d'une cloche sans battant. Elles sont destinées à couvrir les jeunes plants et à conserver autour d'eux la chaleur transmise par la fermentation de la couche, sans les priver de l'influence de la lumière et de la chaleur du soleil.

Il y a des cloches à facettes formées par l'assemblage d'un certain nombre de petites lames de verre fixées à l'aide d'une sorte de charpente en plomb. Les autres, qu'on appelle cloches soufflées ou *verrines*, sont en verre seulement et tout d'une pièce : elles coûtent moins que les cloches à facettes.

Les *châssts* sont des cadres ou *coffres* de bois que l'on assujettit sur les couches, et auxquels on adapte des *panneaux* vitrés.

On élève et on abaisse au besoin ces panneaux sur l'un des grands côtés du châssis, au moyen de crémaillères en bois, et on les [illegible]e contre l'impétuosité du vent au moyen de crochets en fer.

Mais cette toiture si mince de carreaux de vitre devient insuffisante pendant un grand nombre de nuits froides et de jours sans soleil : on a recours alors aux paillassons, et on les étend sur les panneaux.

Arrosage. — 351. La pluie et la rosée ne suffisent point pour entretenir en état d'humidité convenable le sol des jardins : les plantes qu'on y cultive ont presque toutes besoin d'être fréquemment arrosées.

On doit arroser ni trop ni trop peu, et n'employer, s'il est possible, que de l'eau exposée à l'air au moins depuis quelques heures.

A cet effet, on a ordinairement dans le jardin un tonneau ou une grande pierre creuse ou bassin, dans lequel on verse d'avance l'eau tirée d'une citerne, d'un puits ou d'une rivière : on puise ensuite l'eau dans le bassin à l'aide d'un arrosoir, et on la répand sur les légumes et sur les fleurs. C'est ce qu'on appelle l'*arrosage à la main.*

Si le jardin est un peu grand, on peut y enterrer de distance en distance des tonneaux qui communiquent entre eux par des tuyaux.

Le premier tonneau est placé près du puits ; on y verse l'eau, qui, de là, se répand dans tous les autres, et le jardinier remplit son arrosoir dans le tonneau le plus voisin des planches qu'il veut arroser, ce qui lui épargne beaucoup de temps et de peine.

Pendant l'été, on arrose plus volontiers le soir, parce que, si l'on arrosait le matin, l'ardeur du soleil ferait trop promptement évaporer l'humidité et durcirait la terre. Au printemps, on arrose au milieu du jour ; en automne, on arrose plus volontiers le matin, parce que la fraîcheur des nuits rend l'arrosage du soir inutile, et aussi dans la crainte des gelées.

Dans les parties les plus méridionales de la France on n'arrose guère à la main, parce que, à cause de l'excessive chaleur, l'eau épandue à l'aide des arrosoirs est bientôt évaporée, et qu'il faut sans cesse recommencer ce travail pénible. On arrose par *imbibition* ou *irrigation.*

Voici comment on opère : on divise le potager en planches fort étroites, dont la terre est relevée sur les deux bords et légèrement creusée au milieu. Chacune de ces planches est séparée par un intervalle de 30 à 40 centimètres, formant une rigole bouchée seulement à l'une de ses extrémités.

L'eau, entrant dans la première rigole au sommet de la pente du terrain, circule entre toutes les planches, et les imbibe suffisamment, sans donner au jardinier d'autre fatigue que celle de boucher et de déboucher la première ouverture.

Ainsi, dans ces contrées, on ne peut guère cultiver avec avantage un jardin un peu grand que dans le voisinage d'un cours d'eau, ou dans les terrains qui sont naturellement assez frais pour se passer d'un arrosage fréquent.

Récolte et conservation des graines. — 352. On appelle *porte-graines* ou *mères* les pieds que l'on destine à fournir les semences de l'année suivante ; et comme de bonnes graines donnent de beaux plants, l'une des occupations essentielles du jardinier est d'élever avec le plus grand soin les porte-graines.

Le jardinier doit visiter chaque jour ses porte-graines, pour ne pas laisser échapper, à son détriment, le moment favorable de recueillir les semences. On ne récolte les graines que lorsqu'elles sont parfaitement mûres.

La récolte terminée, on s'occupe de bien éplucher les graines; on en sépare tous les corps étrangers, les insectes et les graines des mauvaises herbes. On les renferme ensuite dans des sacs de papier très-fort, ou doublé, que l'on *étiquette* du nom de la plante. On met ces sacs dans des tiroirs.

Il est bon de visiter tous les mois les tiroirs et les sacs, pour s'assurer que les graines se conservent en bon état.

La faculté germinative des graines ne peut se conserver chez quelques espèces, comme le panais, l'arroche, que pendant un an ; mais elle persiste chez la plupart pendant deux à trois ans. Les graines de melon, de concombre, de choux conservent leur faculté germinative pendant cinq à six années.

Les graines de chou ou de navet sont souvent attaquées par les *mites*. Les pois et les lentilles sont ordinairement ravagées intérieurement par un insecte noirâtre appelé *bruche*.

QUESTIONNAIRE.

342. Comment divise-t-on l'horticulture?

343. Que pensez-vous de l'art du jardinage? — Est-il utile que chacun cultive un petit jardin?

344. Toute espèce de terrain est-elle convenable pour l'établissement d'un jardin? — La couche de bonne terre, dans un jardin, doit-elle être profonde? — Si la couche de bonne terre n'est pas profonde, doit-on renoncer à avoir un jardin? — Quelle est la meilleure terre pour les jardins? — Comment remédie-t-on aux inconvénients des terres fortes? — Le sol d'un marais desséché est-il fertile?

345. Quelle est, sur un jardin, l'influence de l'exposition?

346. Quelle préparation doit donner à la terre celui qui veut créer un jardin? — Quelle est l'utilité du défoncement?

347. Qu'est-ce que le terreau? — Comment obtient-on du terreau avec des feuilles?

348. Comment laboure-t-on le sol des jardins? — Quel est l'emploi de la bêche? — Comment se sert-on de la bêche? — Quelle bêche doit-on préférer? — Parlez de la pioche, — du pic, — de la houe. — Comment se sert-on de la houe? — Parlez de la serfouette, — de la binette — Qu'est-ce que biner? — Parlez du râteau, — des ratissoires.

349. Comment sème-t-on? — Qu'est-ce que semer sur place? — Qu'est-ce que repiquer? — Qu'est-ce que planter à demeure? — Qu'est-ce qu'un ados? — Qu'est-ce que semer sur couches? — Qu'est-ce que les couches?

350. Comment préserve-t-on les semis du froid? — Qu'est-ce que les paillassons? — Quel en est l'emploi et comment les fabrique-t-on? — Quel est l'usage des cloches? — Quelles sont les deux espèces de cloches? — Qu'est-ce que les châssis? — Quel en est l'emploi?

351. Pourquoi faut-il arroser? — De quelle eau doit-on se servir pour arroser? — Comment dispose-t-on les tonneaux d'arrosage? — A quel moment de la journée doit-on arroser? — Comment arrose-t-on les jardins dans le midi de la France? — Décrivez le mode d'irrigation.

352. Qu'est-ce que les porte-graines? — Quels soins doit-on donner aux portes-graines? — Combien de temps dure la faculté germinative des graines?

TRENTE-NEUVIÈME LECTURE

Jardin fruitier.

POIRIERS QUI DOIVENT ÊTRE GREFFÉS SUR FRANC OU SUR COGNASSIER.
DISTANCES A RÉSERVER ENTRE LES ARBRES.
VARIÉTÉS DE POIRES ET DE PÊCHES QU'ON PEUT PLANTER LE LONG DES ESPALIERS.
VARIÉTÉS DE POIRES A PLANTER DANS LES SOLS ARGILEUX ET LÉGERS, LORSQUE LES ARBRES DOIVENT ÊTRE DIRIGÉS EN PYRAMIDES.
RÉCOLTE ET CONSERVATION DES FRUITS.

Poiriers greffés sur franc et sur cognassier.—353. Le jardin fruitier proprement dit ne renferme que des arbres fruitiers de diverses formes.

On doit choisir de préférence les poiriers greffés sur cognassier à ceux qui ont été greffés sur franc, à moins que le sol ne soit argileux ou froid, ou calcaire. Généralement, les poiriers greffés sur franc sont plus vigoureux, plus developpés, mais ils sont toujours moins productifs que les poiriers qui ont été greffés sur cognassier.

Il n'y a d'exception, à ces règles générales, que pour les terrains où le cognassier pousse vigoureusement. Ainsi, dans de tels sols, on a intérêt à planter greffées sur franc les variétés suivantes : beurré d'Angleterre, Louise-Bonne, Colmar d'Aremberg, bon-chrétien Williams, beurré Clairgeau et belle Angevine.

Distances à réserver entre les arbres. — 354. Si l'on veut avoir des *poiriers pyramides*, il faut planter des sujets de un à trois ans de greffe, des *poiriers hautes tiges en plein vent*, des arbres de un à deux ans de greffe. Les premiers doivent être espacés de 3 à 4 mètres dans les bons sols, et de 2 à 3 mètres dans les terrains médiocres. On plante les seconds à distance de 8 à 10 mètres.

Les poiriers qu'on veut diriger en *espaliers*, doivent être plantés dans les bons terrains à 5 à 6 mètres de distance et dans les terrains médiocres à 3 à 4 mètres seulement.

On plante les *pommiers pyramides* quand ils ont deux ans au plus de greffe. On espace les *pommiers de plein vent* de 10 à 12 mètres.

Les *pêchers* et les *abricotiers* qu'on se propose de cultiver en espalier, doivent avoir de un à deux ans de greffe. Si les pêchers doivent être dirigés en oblique, on les espace de 1 mètre ; s'ils doivent présenter une *palmette simple,* de 8 à 10 mètres ; une *palmette double,* de 5 à 8 mètres. Quand ils doivent avoir la *forme carrée,* on les éloigne de 8 à 10 mètres dans les bons sols, et de 5 à 8 mètres dans les terres de moyenne qualité.

Les *abricotiers de plein vent* seront éloignés de 6 mètres.

Les *pruniers* et les *cerisiers* qu'on a l'intention de planter en *espalier,* auront de un à deux ans de greffe. Les mêmes arbres de plein vent seront espacés de 6 mètres.

Poiriers et pêchers à planter aux diverses expositions. — 355. Les arbres qu'il faut planter les premiers sont les pêchers, puis les abricotiers, et ensuite les pruniers; le poirier et surtout le pommier sont les arbres que l'on plante en dernier lieu.

Si le sol du jardin fruitier est argileux ou argilo-calcaire, on plantera contre les *espaliers situés au nord* les variétés de *poires* suivantes : duchesse d'Angoulême, Louise-Bonne d'Avranches, bon-chrétien Williams, beurré d'Amanlis, bergamote de Bruxelles. Si la terre est sablonneuse ou silico-argileuse, on plantera de préférence les variétés ci-après: beurré magnifique, beurré Hardy, beurré Amanlis, duchesse d'Angoulême, Louise-Bonne, bon-chrétien Williams, Saint-Michel-archange.

On garnira les *espaliers situés au sud* avec les *pêchers* suivants si le sol est argileux ou argilo-siliceux : grosse mignonne, Madeleine, Chevreuse hâtive, belle de Vitry, Bourdine, belle des vergers, têton de Vénus. Si le sol est sablonneux ou silico-argileux, on plantera les *pêchers* ci-après : grosse mignonne, Madeleine, belle de Malte, galande, admirable jaune et pourprée hâtive, ou les *poires* suivantes : Saint-Germain, Crassane, beurré gris d'hiver, beurré de Rans, passe Colmar, bon-chrétien d'hiver, messire Jean.

Le long des *espaliers situés à l'est et à l'ouest*, on plantera sur le *sol argileux*, les *poiriers* suivants : beurré Hardy, beurré magnifique, beurré d'Aremberg, beurré Clairgeau, beurré Capiaumont, beurré gris doré, doyenné Saint-Michel, doyenné d'hiver, Van Mons, Léon-Leclerc, triomphe de Jodoigne, passe Colmar. Si le *sol est léger*, on choisira de préférence les *poiriers* ci-après : beurré Bretonneau, beurré Amanlis, beurré Capiaumont, doyenné Saint-Michel, délices d'Hardempont, beurré d'Aremberg, Louise-Bonne d'Avranches, beurré magnifique, beurré Napoléon, doyenné d'hiver.

A l'intérieur du *premier terrain*, on plantera les *poiriers pyramides* suivants : beurrés magnifiques, Napoléon, Bretonneau, superfin Amanlis, Capiaumont, bon-chrétien d'été, bonne Louise d'Avranches, doyenné d'hiver et d'Alençon, duchesse d'Angoulême, épargne, Suzette de Bavay, triomphe de Jodoigne, messire Jean, seigneur Esperan, belle de Bruxelles, Colmar d'Aremberg et belle de Berry ou curé. Dans le *second terrain*, on dirigera en pyramides les *poiriers* ci-après : ananas, beurré Hardy et d'Aremberg, doyenné d'hiver, beurré gris doré, belle épine Dumas, belle de Flandre, passe Colmar, belle de Bruxelles, Angleterre, beurré d'Amanlis, bon-chrétien d'été, duchesse d'Angoulême, épargne, Suzette de Bavay, belle Angevine, bergamote, beurré Capiaumont et magnifique, doyenné Saint-Michel, belle de Berry, bonne après Noël.

Pommiers en cordons. — 356. Les bords des plates-bandes pourront être occupés par des *pommiers établis en cordons*. Ces arbres seront greffés sur paradis et plantés à 2 mètres les uns des autres. On les soutient à l'aide du fil de fer bien étendu.

Récolte des fruits. — 357. Les fruits qu'on veut conserver ne doivent être récoltés ni trop tôt, ni trop tard.

Conservation des fruits. — 358. On les conserve dans un local spécial appelé *fruitier*. Ce bâtiment doit être situé au rez-de-chaussée ou au premier; il ne doit pas être humide, parce que l'humidité nuit à la bonne conservation des fruits, et il ne doit avoir qu'une fenêtre exposée au levant, parfaitement close et munie intérieurement d'un volet. Les murs seront garnis de tablettes ayant $0^{m},40$ de largeur, et étagées les unes au-dessus des autres de $0^{m},30$.

C'est sur ces tablettes que l'on range les fruits avec soin. On doit les couvrir d'une feuille de papier pour la préserver de la poussière. Quand toutes les tablettes ont été garnies de fruits, le local doit rester clos et un peu sombre.

QUESTIONNAIRE.

353. Dans quel sol doit-on planter les poiriers greffés sur franc et sur cognassier?

354. Quelle est la distance à réserver dans les bons et mauvais terrains, entre les arbres en espalier, en pyramide et en plein vent?

355. Quelles sont les poires et les pêches qu'on peut planter le long d'un mur exposé au nord, au sud, à l'est et à l'ouest? — Quelles sont les variétés de poires qu'il faut diriger en pyramide.

356. Qu'appelle-t-on pommiers dirigés en cordons?

357. Quand doit-on récolter les fruits?

358. Comment conserve-t-on les fruits? — Qu'est-ce qu'un fruitier?

QUARANTIÈME LECTURE

Jardin potager.

DIVISION DES LÉGUMES.
LÉGUMES CULTIVÉS POUR RACINES CHARNUES,
POUR LEURS RACINES TUBERCULEUSES, — POUR LEURS RACINES BULBEUSES,
POUR LEURS POUSSES.

Division des légumes. — 359. Les *légumes* ou plantes potagères se divisent en cinq classes, selon qu'on mange ou leurs racines, ou leurs tiges et leurs feuilles, ou leurs fleurs, ou leurs fruits, ou leurs graines.

Les légumes dont on mange les racines sont de trois sortes. Quelques racines alimentaires sont *charnues* et fibreuses : ce sont les carottes, les navets, les panais, les salsifis, les radis, les betteraves ; d'autres sont *tuberculeuses*, c'est-à-dire fournissent des renflements charnus, de forme irrégulière : la pomme de terre est la plus importante. Les troisièmes sont *bulbeuses*, c'est-à-dire composées d'écailles placées les unes à côté des autres, ayant une saveur et une odeur âcre, piquante et faisant même pleurer : ce sont l'oignon, l'ail, l'échalote, la ciboule et le poireau.

Parmi les légumes dont on mange *les feuilles et les tiges*, les uns se mangent cuits : ce sont les asperges, le céleri, le cardon, l'oseille et les épinards ; les autres se mangent crus et accommodés à l'huile et au vinaigre ; on les nomme *salades :* ce sont la laitue, la chicorée, la mâche, le cresson et le pourpier. Les troisièmes, qu'on appelle *fournitures*, ne servent qu'à assaisonner les autres aliments ; les principaux sont le persil, le cerfeuil et l'estragon.

Les *végétaux à fleurs* nourrissantes sont les artichauts et les choux-fleurs, auxquels on doit joindre les capucines.

Parmi les plantes potagères qu'on cultive pour *leurs fruits*, les plus importantes sont le melon, le *cornichon*, la citrouille et la tomate.

Les légumes qu'on cultive pour *leurs graines* sont surtout les fèves, les pois, les lentilles et les haricots.

Légumes cultivés pour leurs racines charnues. — 360. La culture de la CAROTTE est facile. On peut semer la *carotte hâtive de Hollande* en septembre et l'abriter, pendant l'hiver, par une légère couche de long fumier ou d'écurie, ou de paille.

On sème la *carotte rouge longue* ou la *carotte rouge demi-longue* (fig. 66) depuis la fin de l'hiver jusqu'en juin. Il est utile que le sol soit profond, ait été bien labouré en automne et au printemps, et ait été fumé trois ou quatre mois à l'avance. Sans ces précautions, il arrive souvent que les carottes fourchent.

Le semis se fait toujours en ligne. Comme les graines sont

très-fines, on les recouvre simplement au râteau. Le semis doit être un peu épais; on éclaircit ensuite, quand les carottes ont la grosseur du doigt, en arrachant les plus rapprochées · elles sont alors très-délicates, et on les mange avec plaisir. La graine de carotte ne se conserve bonne que pendant deux ans.

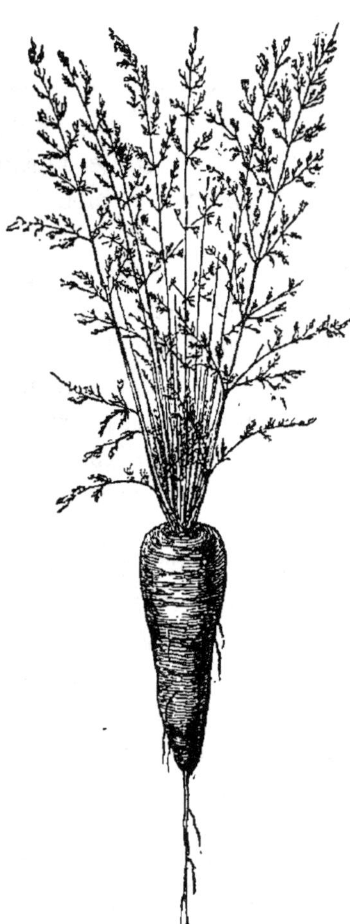

Fig. 66. — Carotte rouge demi-longue.

La récolte des carottes se fait à l'approche des gelées. On conserve ces racines dans du sable sec déposé dans des caves saines.

361. Le NAVET (fig. 67) a l'avantage de croître en très-peu de temps. La qualité de sa racine dépend beaucoup du terrain; le plus sablonneux, le plus frais est celui qui leur convient le mieux. Dans les terres un peu fortes ou substantielles, ils deviennent très-gros, mais ils sont fades, filandreux et n'ont pas une saveur sucrée.

Pour avoir des navets hâtifs, on peut semer en avril et mai, mais avec la précaution de choisir de la vieille graine, pour qu'ils soient moins sujets à monter.

362. On peut semer le PANAIS pendant le mois de mars et d'avril dans toutes sortes de terrains. On répand la graine en rayons éloignés les uns des autres de $0^m,40$. Il est plus rustique que la carotte; mais comme on n'en fait pas une grande consommation, on fera bien de n'en garnir qu'une très-petite planche.

363. Le terrain dans lequel on sème le SALSIFIS doit être meuble, profond et assez frais. On peut semer en mars et avril,

en ayant soin d'arroser jusqu'à l'apparition du jeune plant. Le salsifis n'est point sensible au froid, et il n'est pas nécessaire de le couvrir pendant l'hiver.

La SCORSONÈRE est une sorte de salsifis dont la racine est plus

Fig. 67. — Navet des sablons.

grosse et a une écorce noire : elle demande plus d'engrais et de chaleur. Ce n'est guère que la seconde année que la racine est assez grosse pour être mangée. Les scorsonères montent promptement en graine, mais leur racine n'en est pas moins bonne.

364. Les RADIS ou *petites raves* sont très-hâtifs et fournissent leurs produits en peu de temps. On peut en avoir pendant presque toute l'année. A la fin de l'hiver et au printemps, on

les sème sur couche ; pendant le reste de l'année, on les sème en pleine terre, à l'ombre, dans un sol léger. On a soin de les entretenir dans une douce humidité. Pour n'en jamais manquer, il faut les semer en petite quantité tous les quinze jours.

On appelle ordinairement *radis noir d'hiver* ou *gros radis*, une variété à grosse racine qui se garde aisément tout l'hiver dans le sable frais. On le sème en juin et juillet.

Légumes cultivés pour leurs racines tuberculeuses. — 365. Pour cultiver la BETTERAVE dans un jardin, on sème en mars ou avril, en lignes ; on éclaircit le jeune plant quand il a trois ou quatre feuilles ; on doit choisir les variétés à racines petites et à *chair rouge foncé* et très-sucrée.

La POMME DE TERRE, dans les jardins, se cultive tout à fait comme en plein champ ; mais on n'y plante guère que quelques espèces hâtives, qui mûrissent plus tôt que les autres, et qu'on appelle pour cette raison *pommes de terre précoces*, *pomme de terre de Saint-Jean*, *pomme de terre Marjolin*.

Légumes cultivés pour leurs racines bulbeuses. — 366. Les trois principales variétés d'OIGNON cultivées dans les jardins sont le rouge, le pâle et le blanc. L'*oignon rouge* est le plus agréable au goût. L'*oignon rouge pâle* se conserve le mieux et plus longtemps. L'*oignon blanc* est doux et hâtif ; il ne se conserve pas très-bien.

Le terrain le plus convenable aux oignons est une terre assez forte qui ait été fumée l'année précédente. On peut semer en août et repiquer en octobre ; on peut aussi semer en octobre et repiquer en février ; dans ces deux cas, malgré une bonne couverture de fumier, la gelée est encore à craindre.

Ordinairement, on sème en mars et avril, par planches, 100 grammes par are ; on recouvre le semis d'une légère couche ou on le trépigne : la graine lève trois semaines après, on sarcle ensuite ; en juin, on éclaircit, et on laisse $0^m,10$ de distance entre chaque plant. Lorsque l'oignon a atteint sa grosseur, ce qui a lieu ordinairement en juillet et août, on rabat les fanes avec le dos du râteau afin de le faire mûrir plus complétement.

On conserve les oignons dans un local à l'abri de la gelée.

367. On multiplie l'AIL par ses gousses, qu'on plante au mois de mars, en ayant soin de placer la tête en haut, à environ $0^{m},07$ de profondeur et $0^{m},12$ de distance. Quand les feuilles sont sèches, on arrache les bulbes.

L'ÉCHALOTE se cultive comme l'ail : cependant il faut moins l'enfoncer en terre ; on la déchausse quand les bulbes sont formés pour empêcher qu'ils ne s'échauffent. Comme la croissance de l'échalote est très-rapide, on peut la récolter au commencement de l'été.

Fig. 68. — Poireau long.

368. La CIBOULE est annuelle et croît fort vite ; on peut la semer depuis février jusqu'en mai, pour repiquer deux plantes ensemble jusqu'en juillet.

La CIVETTE ou *appétit* est vivace ; on la cultive ordinairement en bordures ; elle ne produit pas de graine, et se multiplie par ses caïeux, que l'on sépare en éclatant les touffes en automne et au printemps.

Le POIREAU se sème clair, en mars ; on le repique profondément en juin en espaçant les plants de $0^{m},15$. On arrose assez souvent et l'on rogne les feuilles deux ou trois fois pendant l'été.

Le *poireau court* est moins répandu que le *poireau long* (fig. 68).

Légumes cultivés pour leurs pousses. — 369. Quelquefois on sème les ASPERGES sur place ; le plus souvent on prend des *pattes* ou *griffes* (fig. 69) ou racines venant d'un semis de deux ans, et on les plante en automne ou au printemps. Voici comment on procède : on choisit une terre meuble, riche, profonde, et surtout point humide. On la partage en fosses de $0^{m},30$ de profondeur et de 1 mètre à $1^{m},30$ de largeur séparées par des berges de $0^{m},50$. on remplit ces fosses de bonne terre et de fumier, et l'on y place les pattes d'asperges à $0^{m},30$ les unes des autres ; on les recouvre ensuite de $0^{m},08$ à $0^{m},10$ de terre.

Pendant la première année on sarcle et l'on bine. Au com-

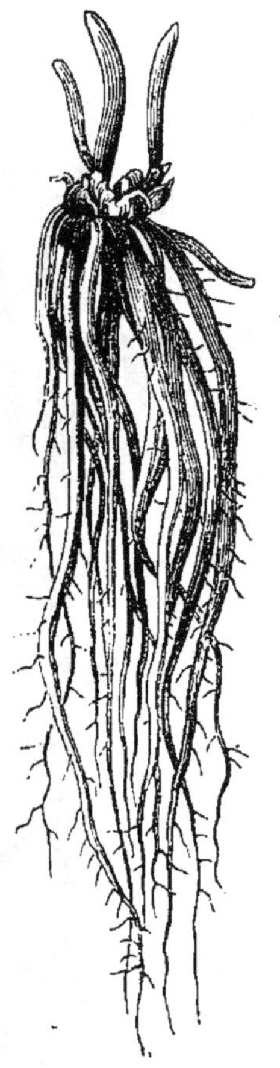

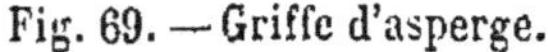

Fig. 69. — Griffe d'asperge.

Fig. 70. — Asperge.

mencement de novembre, on coupe les montants à une hauteur de $0^{m},03$, on recharge les planches de $0^{m},05$ de terre prise sur les berges, et l'on laboure légèrement autour des plants. Au commencement de la deuxième année, on découvre les asperges, on les charge de terreau ou de fumier consommé, et, par-dessus, de la terre qu'on a retirée. On opère au mois de novembre et au printemps de la troisième année, comme précédemment. Au printemps de la quatrième année, après avoir encore donné une couverture de fumier et chargé le terrain, on peut récolter de belles asperges (fig. 70). A la cinquième année, la plantation est en plein rapport. Une aspergerie bien soignée dure très-longtemps.

QUESTIONNAIRE.

359. Comment divise-t-on les légumes ? — Quelles sont les plantes potagères dont on mange les racines ? — Quelles sont celles dont on mange les feuilles et les tiges ? — Quels sont les végétaux à fleurs nourrissantes ? — Quelles sont les plantes potagères qu'on cultive pour leurs fruits ? — Quels sont les légumes qu'on cultive pour leurs graines ? — Les racines alimentaires ne se cultivent-elles que dans les jardins ?

360 à 362. Comment cultive-t-on la carotte dans les jardins ? — Comment cultive-t-on le navet dans les jardins ? — Comment cultive-t-on le panais ?

363 et 364. Comment cultive-t-on le salsifis ? — Qu'est-ce que la scorsonère ? — Comment cultive-t-on les radis ?

365. Comment cultive-t-on la betterave dans les jardins ? — Comment cultive-t-on les pommes de terre dans les jardins ?

366 à 368. Quelles sont les diverses variétés d'oignons cultivées dans les jardins ? — Quel est le terrain le plus convenable aux oignons ? — Comment cultive-t-on les oignons ? — Comment cultive-t-on l'ail ? — Comment cultive-t-on l'échalote ? — Comment cultive-t-on la ciboule ? — Comment cultive-t-on le poireau ?

369. Comment plante-t-on les asperges ? — Comment soigne-t-on les plantations d'asperges ?

QUARANTE ET UNIÈME LECTURE

LÉGUMES (SUITE).

LÉGUMES CULTIVÉS POUR LEURS TIGES ET LEURS FEUILLES, POUR LEURS FLEURS, — POUR LEURS FRUITS.

Légumes cultivés pour leurs tiges et leurs feuilles. — 370. Pour cultiver le CÉLERI, on choisit un bon terrain, un peu frais, et l'on sème au commencement du printemps. Il vaut encore mieux semer sur couche. On prend ensuite les plants d'une belle venue, et on les repique en lignes peu serrées dans une fosse profonde de $0^m,25$. A mesure que le céleri s'élève, on réunit les feuilles en faisceau et l'on amoncelle le terreau : par là on rend la tige et les feuilles plus blanches et plus tendres. On peut laisser le céleri dans cet état pendant l'hiver ; mais il est plus prudent de l'abriter des grands froids avec de la paille.

Fig. 71. — Oseille de Belleville.

Le *céleri rave* ou *céleri boule* doit être butté modérément.

371. On sème le CARDON en avril dans de petits pots qu'on protége par des cloches ou des paillassons ; on repique à 1 mètre

de distance quand les plants ont $0^m,12$ de hauteur, et l'on arrose fréquemment. Au mois de septembre on lie les feuilles et on enterre les pieds à la cave ou dans une serre à légumes.

372. L'OSEILLE (fig. 71) se multiplie de semis, ou par la séparation des touffes; ordinairement on la cultive en bordure autour des carrés, elle est bonne à couper environ trois à quatre mois après qu'elle a levé; plus on la coupe souvent, plus elle devient belle. Il est utile d'en mettre à toutes les expositions, afin d'en avoir continuellement : les feuilles les moins vertes et les moins frappées des rayons du soleil sont les moins acides.

373. Les ÉPINARDS demandent une terre un peu fraîche. Afin de ne pas en manquer, on sème au printemps toutes les trois semaines; les semis exécutés en août et septembre fournissent des produits à la fin de l'automne et de l'hiver et au commencement du printemps. On doit couper les feuilles et non pas les arracher avec la main. Ils en fournissent jusqu'à la formation des graines.

Fig. 72. — Laitue d'hiver.

374. On distingue deux principales espèces de LAITUE : la laitue *pommée* (fig. 72) ou simplement laitue, et la laitue *romaine* ou simplement *romaine*. Chacune de ces espèces comprend un nombre considérable de variétés.

On sème la graine de laitue, et ensuite on met en place le jeune plant. Afin d'en avoir toute la belle saison, on sème de temps en temps, d'abord sur couche, ensuite en pleine terre, jusqu'en juillet. Ceux qui veulent en avoir au commencement du printemps sèment, en août ou septembre, la *laitue de passion* ou la *romaine d'hiver* et la repiquent en octobre ou novembre, dans un lieu bien exposé et bien abrité.

La CHICORÉE FRISÉE (fig. 73) se cultive comme la laitue. Huit jours avant de mettre en place les chicorées, on coupe un peu la fane (en conservant le cœur), pour que le pied se fortifie.

Fig. 73. — Chicorée frisée.

Pour faire blanchir les chicorées et les laitues, on les lie vers le milieu, quand elles sont arrivées à une certaine grosseur; les romaines, qui sont plus allongées que les laitues, doivent être liées vers le milieu et à la partie supérieure. Trois semaines après elles sont bonnes à être coupées ; on ne doit les lier que par un temps sec et ne les arroser ensuite qu'au pied.

La MACHE ou *doucette* est très-rustique et n'exige aucun soin : il suffit d'en répandre des graines dans le jardin, ou de l'y laisser grainer, pour en avoir en abondance. Comme elle monte en graine très-promptement, il faut, si l'on veut en avoir longtemps, en semer tous les quinze jours, depuis le milieu d'août jusqu'à la fin de septembre.

Le CRESSON vient naturellement dans les fontaines et dans les ruisseaux, où l'on peut le cueillir ; les jardiniers ne s'en occupent pas, si ce n'est aux environs des grandes villes, où ils le cultivent dans des bassins alimentés par une eau courante.

Le *cresson alénois* se sème en pleine terre, en place, tous les vingt jours. On l'appelle cresson de terre.

La culture du POURPIER n'exige aucun soin ; seulement, si l'on ne veut pas en manquer, on fait de quinzaine en quinzaine un semis, qu'on recouvre extrêmement peu ; on sème depuis le mois de mai jusqu'à la fin de l'été.

375. Le PERSIL se cultive ordinairement en bordure. Cette petite plante vient à peu près partout ; on sème en mars ou en avril : la graine est assez longtemps à lever. Il faut abriter quelques pieds avec de la litière ou des paillassons, pour conserver leurs feuilles pendant l'hiver.

Tous les sols conviennent au CERFEUIL ; afin de n'en pas manquer, il faut en semer peu à la fois, et fort souvent, ce qui est d'autant plus nécessaire que cette plante monte très-promptement. Dans les mois les plus chauds, on sème à l'ombre ; le grand semis pour l'hiver se fait en septembre et en octobre ; on doit l'abriter pendant les froids.

L'ESTRAGON est vivace, se cultive en bordure et se multiplie par la séparation des pieds. On doit le couper souvent, afin d'obtenir des feuilles tendres.

Légumes cultivés pour leurs fleurs. — 376. On multiplie les ARTICHAUTS au moyen des œilletons que l'on détache des vieux pieds qui ont passé l'hiver.

Pour cultiver l'artichaut (fig. 74), on choisit, autant que possible, une terre franche, substantielle et profonde. On plante à 1 mètre de distance, dans un même trou, un œilleton ou deux jusqu'au cœur seulement ; si les deux œilletons reprennent, on arrache le plus faible ; on sarcle ; on arrose souvent. L'artichaut aime à avoir la tête au soleil et le pied dans l'eau. En cueillant le fruit, on coupe le *montant* aussi bas que l'on peut.

La conservation des artichauts pendant l'hiver est assez difficile, parce qu'ils craignent également le froid et la pourriture. En novembre, on les butte; à l'approche des gelées, on les couvre d'une litière bien sèche. Au printemps, on enlève cette couverture, on bêche, on ôte les feuilles mortes ou pourries, on œilletonne et l'on arrose si cela est nécessaire.

Fig. 74. — Artichaut.

Pour œilletonner les artichauts, on met, à l'aide de la bêche, la souche à découvert ; on éclate, avec le pouce ou avec un couteau, les œilletons qui se trouvent autour du cœur, jusqu'au gros de la souche.

L'artichaut donne de bons produits pendant trois ans; ensuite il faut l'arracher.

377. Les principales espèces de CHOUX sont les choux verts, les choux pommés ou cabus, et les choux-fleurs.

A. Les *choux verts* sont ceux qui s'élèvent beaucoup et ne pomment pas. Il y en a plusieurs variétés, comme le *chou de Bruxelles*, le *chou vert frisé* et le *chou vert à grosses côtes.*

On sème depuis février jusqu'en juillet. Lorsque le plant a quelques feuilles, on le repique à la distance de 0^{m},65. Pendant

Fig. 75. — Chou de Milan.

l'été on sarcle et l'on arrose de temps en temps. A la fin d'août on commence à couper les feuilles les plus rapprochées du sol pour les bestiaux, ce qui fait profiter la tige et croître les rameaux dans l'aisselle des feuilles, puis on coupe les nouvelles pousses pour les manger et les rameaux comestibles se succèdent pendant l'hiver.

Le chou de Bruxelles fournit de petites pommes à l'aisselle des feuilles.

B. Les *choux pommés* sont ceux dont les feuilles très-grandes, se recouvrant les unes les autres, forment une tête arrondie. Cette catégorie comprend les *choux pommés cabus ou à feuilles lisses*; le *chou* d'*York*, le *chou de Bonneuil*, le *chou d'Allemagne* et les *choux Milan* (fig. 75), qu'on appelle aussi *choux pommés à feuilles frisées ou cloquées.*

On sème les choux pommés cabus en avril, sur couche ou en pleine terre, et l'on met en place en mai ou juin ; on peut semer les choux du milieu à la fin de l'été pour les repiquer en octobre et novembre. Les travaux d'entretien sont des sarclages, et, en faisant cette opération, on doit butter légèrement les pieds et arroser. On peut encore semer en automne, couvrir et repiquer au printemps. Alors on obtiendra quelques produits en été.

Les choux qui pomment à la fin de l'été craignent beaucoup la pourriture et un peu la gelée. A l'approche des froids, on arrache les pieds, on les porte dans la serre, ou on les enterre dans un endroit sableux en les couchant les uns à côté des autres en ayant soin de diriger les pommes vers le nord.

On consomme les choux de Bruxelles et les choux plantés en automne à la fin de l'hiver, et les choux plantés en juin vers la fin de l'été et pendant l'automne.

C. Les *choux-fleurs* sont des choux dont les rameaux et les fleurs forment tête par leur réunion.

Les choux-fleurs exigent un sol très-meuble, bien fumé et entretenu dans une douce humidité : il faut souvent sarcler et butter. En semant en automne, on réussit difficilement. Au printemps, on fait des semis successifs, d'abord sur couche, et ensuite en pleine terre; puis on met en place, de manière à obtenir des produits le plus longtemps possible.

Le *brocoli* ressemble au chou-fleur et se cultive de même.

378. La CAPUCINE est une plante grimpante, annuelle, cultivée dans les jardins d'agrément, à cause de ses fleurs nombreuses et fort jolies : ces fleurs peuvent servir à l'assaisonnement des salades. Les capucines se multiplient très-aisément de graines après les gelées.

Légumes cultivés pour leurs fruits.—379. Dans le midi de la France, les MELONS ne demandent que peu de soins; dans les autres parties de notre pays on les cultive sur couche sous châssis ou sous cloche. On peut aussi obtenir, sans l'aide de châssis, des *melons maraîchers*, dans un sol bien préparé, bien fumé, disposé en encaissement, exposé au midi et bien abrité. Pour les melons en pleine terre, il est presque indispensable d'avoir des cloches de verre; sous chaque cloche on sème deux graines, puis on supprime le plant le plus faible.

Il faut tailler les melons; si on ne les taillait pas, ils ne donneraient pas de bons produits. Cette taille consiste à couper avec l'ongle les rameaux surabondants afin de faire mieux profiter les autres, et à pincer ceux qu'on a conservés. Ainsi, on coupe la jeune tige et tous ses rameaux, à l'exception des deux plus beaux : c'est la *première taille*. Ces deux-ci continuent de pousser vigoureusement et se garnissent bientôt de fleurs. A mesure que ces rameaux et les branches qu'ils ont produites s'étendent, on les pince au-dessus du troisième au sixième œil, ou même plus bas si la branche est faible; c'est la *seconde taille*. Quand on juge que le pied est suffisamment chargé de fruits noués, on empêche les autres de se former, et l'on pince l'extrémité des branches, afin de faire refluer la séve dans les fruits.

Les melons exigent des soins assidus. On donne de l'air aux jeunes plants en soulevant les cloches; on les abrite par des paillassons pendant les nuits fraîches du printemps; on arrose souvent, mais très-peu à la fois, et en ayant soin de ne pas mouiller les feuilles : on tient le terrain parfaitement propre et meuble. Lorsque les fruits sont noués, on met une tuile dessous; on les abrite des grands coups de soleil. Les fruits noués parviennent à maturité dans l'espace de deux à trois mois.

380. On cultive les CITROUILLES et les CONCOMBRES à peu près comme les melons, mais avec beaucoup moins de soins et sans cloche. La seconde taille que nous avons indiquée pour les melons, est la seule qui soit nécessaire aux concombres et aux citrouilles.

381. La culture de la TOMATE est très-facile : on sème sur couche et l'on repique, ou l'on sème sur place à une exposition chaude. Pour hâter la maturité des fruits, on pince l'extrémité

des rameaux qui en sont chargés, et on les dégarnit un peu de feuilles.

382. Le **fraisier**, quoiqu'il ne soit qu'une plante herbacée, produit un fruit excellent. On plante ordinairement les fraisiers en bordure ; il est bon de les arroser fréquemment depuis le

Fig. 76. — Fraise princesse royale.

mois de mai jusqu'à la fin d'août. Comme il pousse une grande quantité de *filets* ou tiges latérales, on doit les en débarrasser de temps en temps, et ces filets ou *coulants* qu'on a coupés servent à multiplier les fraisiers. On doit extirper soigneusement les mauvaises herbes, et renouveler les vieux pieds, en sorte qu'ils ne dépassent pas quatre ans.

On plante aussi le fraisier des Alpes en planche. Dans ce dernier cas, il est utile, à la fin de chaque hiver, de couvrir le sol de fumier pailleux très-divisé. Ce *paillis* maintient une certaine fraîcheur dans le sol pendant les sécheresses et il rend les arrosages moins fréquents. Il a, en outre, l'avantage de ne pas permettre aux fraises d'être en contact avec le sol, ce qui empêche les fortes pluies de les couvrir de particules terreuses et de les rendre ainsi moins comestibles, moins agréables.

On cultive de préférence dans les jardins le fraisier des *Alpes*, qu'on appelle aussi fraisier *des quatre saisons* ou fraisier *de tous les mois*. Son fruit est petit, allongé et très-parfumé.

Les variétés dites *Princesse royale* (fig. 76), *Keen's Seedling*, *vicomtesse Héricart de Thury*, *Victoria*, ne donnent des fruits que pendant les mois de mai et de juin, mais ces fruits sont très-remarquables.

Les fraises qui viennent sans culture dans les bois sont petites, mais d'une saveur exquise.

QUESTIONNAIRE.

370 et 371 Comment cultive-t-on le céleri ? — Comment cultive-t-on le cardon ?

372 et 373. Comment cultive-t-on l'oseille ? — Comment cultive-t-on les épinards ?

374. Combien distingue-t-on de sortes de laitues ? — Comment cultive-t-on la laitue ? — Comment cultive-t-on la chicorée ? — Comment fait-on blanchir les chicorées et les laitues ? — Comment cultive-t-on la mâche ou doucette ? — Comment cultive-t-on le cresson de fontaine et le cresson alénois ? — Comment cultive-t-on le pourpier ?

375. Comment cultive-t-on le persil ? — Comment cultive-t-on le cerfeuil ? — Comment cultive-t-on l'estragon ?

376. Comment multiplie-t-on les artichauts ? — Comment cultive-t-on l'artichaut ? — Comment conserve-t-on les plants d'artichauts pendant l'hiver ? — Comment cueille-t-on les artichauts ? — Combien de temps dure un plant d'artichauts ?

377. Quelles sont les principales espèces de choux ? — Qu'est-ce que les choux verts ? — Comment cultive-t-on les choux verts ? — Qu'est-ce que les choux pommés cabus et les choux pommés Milan ? — Comment cultive-t-on les choux pommés ? — Qu'est-ce que les choux-fleurs ? — Comment cultive-t-on les choux-fleurs ?

378. Qu'est-ce que la capucine et comment la cultive-t-on ?

379 à 381. Parlez du melon. — Faut-il tailler les melons ? — Comment cultive-t-on les melons ? — Quels sont les soins d'entretien qu'exigent les melons ? — Comment cultive-t-on les citrouilles et les concombres ? — Comment cultive-t-on la tomate ?

382. Comment cultive-t-on le fraisier ?

QUARANTE-DEUXIÈME LECTURE

Jardin d'agrément.

CULTURE DES FLEURS. — JARDINS FRANÇAIS ET ANGLAIS. MOYEN DE SE PROCURER DES FLEURS. ARBUSTES D'ORNEMENT. — PLANTES VIVACES. — PLANTES ANNUELLES. ARBRISSEAUX A FEUILLES PERSISTANTES.

383. La culture des fleurs est pour l'homme laborieux un délassement plein de charme; c'est en même temps pour les femmes et pour les jeunes filles une occupation aussi innocente qu'agréable.

On peut sans beaucoup de frais cultiver les fleurs dans un jardin potager, en consacrant à cette culture les bandes étroites qui entourent les carrés de légumes et qu'on nomme *plates-bandes*. A la vérité, en agissant ainsi on récolte quelques légumes de moins, mais on en est amplement dédommagé par la beauté et l'éclat des fleurs, qui donnent au jardin l'aspect le plus élégant et le plus gracieux.

Les plates-bandes, du côté de l'allée, seront bordées de fraisiers, qu'il faudra entretenir avec soin, et renouveler tous les trois ans, si l'on veut en obtenir à la fois des fruits et de belles touffes de verdure.

On peut aussi choisir comme bordure le *buis nain* ou le *thym*, plante aromatique vivace, très-aimée des abeilles. On plante ces arbrisseaux en automne, dans un rayon de 0m,10, en laissant dépasser la partie supérieure des tiges de 0m,05 à 0m,10.

384. Les jardins d'agrément proprement dits se divisent en deux classes : les parterres français, les jardins anglais.

Les *parterres français* ne présentent que des plates-bandes droites ou circulaires, bordées de buis et séparées par des allées sablées plus ou moins larges. Ces plates-bandes sont toujours symétriques et on embrasse d'un seul coup d'œil toute l'étendue du jardin qu'elles exigent.

Les *jardins anglais* se composent d'un tapis de gazon traversé par des allées sinueuses et sablées et ornées çà et là de corbeilles de fleurs semées sur place ou transplantées ou de massifs d'arbustes à fleurs, plus ou moins élevés.

Ces jardins ont le grand avantage de dissimuler parfaitement l'exiguïté d'une surface. Le gazon présente tantôt une surface régulière, tantôt une surface naturellement ondulée ou rendue telle par le travail. Le tracé des allées présente des difficultés qui obligent à bien les étudier. Une allée est bien tracée quand elle fuit légèrement, en s'arrondissant, ou qu'elle se déroule ou serpente à la vue.

Les corbeilles qu'on dispose au premier et au second plan, suffisent toujours pour orner le centre des jardins d'une faible étendue. Lorsqu'elles ont été bien disposées et qu'elles alternent de manière à dissimuler l'étendue sans contrarier ni heurter le regard, la vue, en errant sur l'ensemble, contemple un délicieux tableau, où les corbeilles apparaissent comme de riches bordures encadrées dans un beau tapis de verdure.

385. On peut souvent se procurer à peu près sans dépense des graines et des touffes de fleurs, ainsi que des pieds d'arbustes. Tous les ans, les propriétaires qui ont à la campagne un jardin d'agrément, le font nettoyer à la fin de l'hiver, et font arracher tous les rejets qui poussent au pied des arbustes. Ces rejets n'ont aucune valeur comme objet de commerce et les jardiniers se font un plaisir de les donner.

Quant aux graines de fleurs, les propriétaires qui aiment l'horticulture en récoltent toujours beaucoup plus qu'ils n'en emploient ; ils aiment aussi à en donner.

La culture des fleurs établit entre ceux qui les aiment une foule de relations agréables : on fait des échanges, et l'on parvient, avec le temps, à avoir, presque sans frais, une multitude de belles et bonnes plantes.

On cultive comme plants d'ornement : 1° des arbustes ; 2° des plantes vivaces ; 3° des plantes annuelles.

Il est surtout avantageux de cultiver les plantes vivaces ; elles n'exigent presque aucun soin ; la plupart même n'ont pas be-

Mais, en général, la floraison de la plupart des plantes vivaces ne dure qu'une saison ; il est donc indispensable de semer quelques plantes annuelles si l'on veut voir des fleurs depuis le printemps jusqu'en automne.

Arbustes d'ornement. — 386. Le *chèvrefeuille* est un arbuste sarmenteux, qu'on peut laisser monter et s'étendre en palissades, et qui, en mai et juin, et quelquefois plus tard, donne d'assez jolies fleurs. Il se multiplie de rejetons et de marcottes. Le *chèvrefeuille de Chine* conserve ses feuilles toute l'année et et ses fleurs sont odorantes. Il faut le planter le long d'un mur exposé au midi ou au sud-ouest. Multiplication par marcottes.

La *coronille des jardins* se couvre de jolies fleurs jaunes et brunes d'avril en juin. On la multiplie par marcottes et drageons.

Le *genêt d'Espagne*, dont les rameaux, semblables à du jonc, sont peu garnis de feuilles, produit en abondance, dans les mois de juillet et d'août, de belles et grandes fleurs en grappes d'un beau jaune, à odeur suave ; il se reproduit de semis.

Le *jasmin blanc commun* produit, de juillet en octobre, des fleurs blanches d'une odeur agréable; il les donne en abondance, si on a soin de le tondre au printemps et de l'arroser pendant l'été. Il se reproduit de boutures.

Le *lilas* est un arbrisseau dont les fleurs charmantes, d'une odeur suave, s'épanouissent en mai ; une variété a les fleurs blanches. Multiplication par éclats.

La *rose* est véritablement la reine des fleurs par sa beauté et par son parfum. Le rosier est rustique, et s'accommode de tous les terrains et de toutes les expositions. Il y a une variété infinie de rosiers à fleurs roses, rouges, blanches, jaunes et couleur de chair.

Les variétés qu'on appelle *remontantes* ont la propriété de fleurir deux fois chaque année.

Le *rosier de Bengale* n'a point d'odeur, mais a le précieux avantage de fleurir pendant presque toute la belle saison. On peut le couper au pied avant les gelées, et recouvrir ses racines de paille : la floraison de l'été suivant n'en sera pas moins abondante.

Les **rosiers** se multiplient ordinairement de boutures et de rejetons, ou bien on les écussonne sur l'*églantier* ou rosier *sauvage*.

Le *seringat* ou *syringa*, qui forme des buissons de 3 mètres de hauteur, se couvre, en juin, de fleurs blanches d'une odeur agréable, mais forte. Multiplication par éclats.

Les *spirées* sont de charmants arbrisseaux. Celui *à feuilles de prunier* se couvre de fleurs blanches en avril et mai. Multiplication par boutures.

Le *weigélia à fleurs roses* s'élève de 1 à 2 mètres. En avril et mai, il produit de nombreuses fleurs roses très-élégantes. On doit le planter dans une terre légère.

Plantes vivaces.— 387. L'*achillée à fleurs roses* et *l'achillée bouton d'argent* fleurissent de juillet en septembre, et exigent peu d'arrosements. Multiplication de graines et par éclats.

L'*aster œil du Christ*, produit, en août et septembre, des fleurs nombreuses en étoile; le centre est jaune et les rayons sont d'un beau bleu. Division des touffes.

La *campanule des jardins* donne, depuis juin jusqu'en septembre, de grandes fleurs blanches ou bleues. Éclats, ou graines qu'on doit très-peu recouvrir.

Les *cannas* ou *balisiers* ont des feuilles très-larges et d'un grand effet; leurs fleurs, d'un rouge écarlate, apparaissent d'août en septembre. Multiplication par la séparation des racines tuberculeuses, qu'on arrache en novembre et qu'on conserve en cave comme les tubercules du dahlia.

Le *chrysanthème à grandes fleurs* produit en automne des fleurs capitulées de couleur ou de forme très-variables. L'espèce dite *chrysanthème pompon* a des tiges moins élevées et des fleurs plus petites et d'un plus joli effet. Multiplication par éclats ou par boutures.

La *corbeille d'or*, plante très-basse, se couvre en mai de petites fleurs en bouquets, d'un jaune d'or très-éclatant. Semis, marcottes, éclats de pieds.

La *couronne impériale* fleurit en avril. Ses fleurs d'un rouge safrané, renversées et disposées en couronnes sur le haut de la tige, que termine un faisceau de feuilles, sont d'un bel effet. La couronne impériale répand une odeur peu agréable. Elle aime le grand soleil, craint l'humidité et ne veut pas de fumier. Séparation des caïeux.

La *croix de Jérusalem*, simple ou double, donne en juin et en juillet des fleurs d'un rouge éclatant. La double doit être garantie du froid. Graines, boutures, éclats.

Le *dahlia*, fleur magnifique, présentant toutes les nuances, a, comme la pomme de terre, des tubercules à l'aide desquels on le multiplie et le reproduit. Ces tubercules sont vivaces, lorsqu'on a soin, pendant l'hiver, de les mettre à l'abri de la gelée, Les dahlias les plus estimés sont ceux qui ont des fleurs à pétales bien imbriqués et réguliers.

Le *dielytra* ou *diclytra* offre au mois de mai et août d'élégantes grappes pendantes d'un joli rose. Multiplication par éclats.

L'*épilobe à épi* ou *osier fleuri* donne, de juillet en septembre, de nombreuses fleurs purpurines ou blanches. Multiplication par éclats.

La *gesse vivace* produit de très-belles grappes de fleurs pourpre rosé de juillet en septembre. Multiplication par semis exécutés en place au printemps.

L'*hémérocale* donne en juin des fleurs jaunes, semblables à celles du lis, d'une odeur agréable. Séparation des racines.

Le *lis blanc* est une fleur magnifique, très-odorante; il fleurit en juin, ainsi que le *lis orangé*, dont les fleurs d'un rouge safrané, sont parsemées de petites taches noires. Séparation des caïeux tous les trois ans.

Le *muflier*, ou *mufle de veau*, ou *gueule de lion*, donne, depuis mai jusqu'en août, de grandes fleurs en épi, rouges, blanches ou pourprées. Semis, boutures.

Les *muscaris* [1] fleurissent vers la fin d'avril. Le *muscari odorant* a des fleurs à odeur de musc, d'un jaune violâtre obscur ; celles du *muscaris à grappes* sont d'un beau bleu et odorantes. On multiplie en juillet les muscaris de graines et de caïeux, qu'on repique en octobre.

[1] Le muscari, la couronne impériale, le narcisse, le lis, le perce-neige, sont des plantes bulbeuses.

Le *muguet* vient sans culture dans les bois, qu'embaume, au mois de mai, le parfum de ses jolies fleurs blanches. Il réussit difficilement dans les jardins.

Le *narcisse des poëtes* donne, en mai, une fleur blanche, odorante, simple ou double. Graines ou caïeux.

Les *œillets*, si connus par leur odeur douce et suave, se multiplient par graines ou par marcottes. Les plus recherchés sont ceux dont le calice ne crève pas et dont les pétales sont arrondis.

Les épaisses touffes de l'*œillet mignardise* se couvrent, en mai et en juin, d'une abondance de fleurs simples ou doubles, rouges, blanches ou rosées, qui répandent l'odeur la plus agréable. Multiplication de graines ou par éclats en août.

L'*œillet de poëte* ou *bouquet parfait* donne en juin et en juillet des fleurs nombreuses dont les nuances varient sur le même pied. Cette plante ne dure que trois ans. Semis, boutures ou éclats.

Les *phlox*, charmantes plantes très-propres à décorer les plates-bandes. Multiplication par la division des touffes. Les fleurs s'épanouissent vers la fin de l'été; leur coloris est éclatant.

Le *pied d'alouette vivace* produit en juin et juillet des fleurs en épis d'un beau bleu d'azur ayant beaucoup d'éclat. Multiplication en séparant les touffes.

La *pivoine* donne, en avril, mai et juin, de grandes fleurs très-remarquables par la vivacité et la variété de leurs couleurs. Semis et séparation des touffes.

La *primevère* fleurit dès le commencement du printemps; il y en a de plusieurs couleurs, à fleurs simples et à fleurs doubles. Semis et séparation des touffes.

Le *saxifrage de Sibérie* produit, au printemps, des grappes de fleurs d'un beau rose. Séparation des touffes tous les trois ans.

La *valériane grecque* est bleue : elle fleurit de mai en juillet; et la *valériane rouge* (fig. 78) de juin en octobre. Semis ou séparation des touffes.

La *violette*, fleur charmante qui semble vouloir se cacher, et que son parfum fait reconnaître, est l'emblème de la modestie

Elle paraît avec les premiers beaux jours et dure jusqu'en avril. La violette à fleurs doubles est plus odorante que la simple; celle dite *des quatre saisons* fleurit de nouveau pendant l'automne. Multiplication par la séparation des touffes.

Fig. 78. — Valériane rouge.

Plantes annuelles. — 388. Toutes les plantes annuelles se renouvellent par le semis. On peut les semer sur couche, afin d'en jouir plus tôt, et les mettre ensuite en place.

La *balsamine* fait pendant l'été la décoration des jardins par ses fleurs aussi élégantes que variées. La *balsamine-camellia* est la plus remarquable.

Les *coréopsis des teinturiers*, plante élégante à fleurs terminales d'un jaune doré à disque brun, se sème au printemps.

Les *giroflées* sont des fleurs belles et odorantes, dont les espèces sont extrêmement multipliées. Celles qu'on appelle *violier*, *bâton d'or*, *giroflée brune*, se sèment au printemps, se plantent en automne, et fleurissent au printemps suivant.

La giroflée *quarantaine* vient beaucoup plus vite. On la sème soit sur couche, soit en pleine terre; puis on la transplante : on peut faire ces semis de temps en temps jusqu'en juin, et, par ce moyen, avoir des plantes en fleur jusqu'aux gelées.

Le *haricot d'Espagne* est un plante grimpante qui, pendant presque tout l'été, se charge de belles grappes écarlates. Il faut le semer quand les gelées ne sont plus à craindre.

Le *liseron* ou *volubilis* et la *capucine à fleurs pourpres* ont des tiges grimpantes. On les sème en place en avril et mai.

La *mauve de Mauritanie* est remarquable par ses grandes et nombreuses fleurs blanches ou pourprées.

L'*œillet d'Inde nain* produit de charmantes petites fleurs rayées et orange, de juillet à octobre. On le sème en mai. Les plantes sont peu élevées.

Le *pétunia* se couvre de belles fleurs blanches ou violettes, exhalant une odeur douce vers le soir. On le sème en avril et mai pour le repiquer en juin. Il orne très-bien les corbeilles.

Le *pois de senteur* ou *gesse odorante* est une plante grimpante dont les jolies fleurs, d'une odeur très-agréable, durent presque tout l'été. On sème en place depuis mars jusqu'en juin.

La *reine-marguerite* est encore plus précieuse; il y en a de toutes couleurs; ses fleurs charmantes embellissent les jardins depuis juillet jusqu'aux gelées. Les variétés dites *pivoine* et *pyramidale* ont des fleurs pleines et fort belles.

Le *réséda* est très-peu remarquable par ses fleurs verdâtres, mais il exhale une odeur délicieuse, et il embaume le jardin jusqu'au commencement de l'hiver. On doit le semer en place; il supporte difficilement la transplantation.

Le *souci anémone* est très-remarquable. Sa fleur est double et d'une belle nuance jaune. On le sème en mars pour le repiquer à une bonne exposition.

Le *zinnia* donne, de juillet en novembre, de grandes et belles fleurs, à rayons d'un rouge pourpré, à disque d'un pourpre obscur. Variété à fleurs doubles très-belles.

Arbrisseaux à feuilles persistantes. — 389. Dans le but d'avoir toujours de la verdure dans les jardins à fleurs, ou le long des habitations ou des murs, on plante des arbres qui ont la propriété de conserver leurs *feuilles toujours vertes.*

Les espèces les plus répandues sont les suivantes :

Le *troëne du Japon,* qui demande une bonne exposition ; les *nerpruns,* qu'on appelle vulgairement *alaternes ;* l'*aucuba du Japon,* qui doit être planté dans une terre légère à mi-soleil ; le *laurier amande,* qui croît vigoureusement dans un endroit demi-ombragé ; le *mahonia,* qui demande une terre légère et fraîche ; le *jasmin jaune,* qui croît très-bien à une bonne exposition ; le *laurier tin,* qui épanouit ses jolies ombelles à la fin de l'hiver.

On peut garnir promptement les murs d'une verdure perpétuelle avec le lierre d'Irlande.

QUESTIONNAIRE.

383. Quel est l'avantage de la culture des fleurs? — Peut-on, sans frais, cultiver des fleurs dans un jardin ? — Comment doit-on border les plates-bandes? — Parlez du thym.

384. Qu'appelle-t-on parterre français? — Qu'est-ce qu'un jardin anglais ?

385. Comment peut-on se procurer, à peu de frais, des graines, des touffes, des rejetons? — Doit-on être jaloux de ses fleurs? — Quelles sont les trois sortes de plantes que l'on cultive pour les fleurs?

386. Parlez du chèvrefeuille, — de la coronille, — du genêt d'Espagne, — du lilas, — de la rose, — du seringat, — des spirées, — du weigélia

387. Parlez de l'achillée, — de l'aster œil de Christ, — de la campanule — du canna, — des chrysanthèmes, — de la corbeille d'or, — de la couronne impériale, — de la croix de Jérusalem, — du dahlia, — du diélytra, — de l'épilobe, — de la gesse vivace, — de l'hémérocalle, — du lis blanc, — du muflier, — des muscaris, — du muguet, — du narcisse, — de l'œillet, — de l'œillet de poëte, — des phlox, — des pieds d'alouette vivaces, — de la pivoine, — de la primevère, — du saxifrage, — de la valériane, — de la violette.

388. Comment cultive-t-on les plantes annuelles? — Parlez de la balsamine, — du coréopsis, — des giroflées, — du haricot d'Espagne, — du liseron, — de la mauve, — de l'œillet d'Inde, — du pétunia, — des pois de senteur, — de la reine-marguerite, — du réséda, — du souci anémone, — du zinnia.

389. Quels sont les arbustes à feuilles persistantes qu'on peut planter dans un jardin?

QUARANTE-TROISIÈME LECTURE

PLANTES, — ANIMAUX, — INSECTES NUISIBLES A L'HORTICULTURE.

Plantes parasites. — 390. Les rosiers, les poiriers, les fraisiers, etc., ont souvent leurs feuilles couvertes de champignons spéciaux qui leur donnent un aspect blanchâtre. Ces végétaux parasites diminuent la vitalité des plantes sur lesquelles ils se développent, mais ils ne compromettent pas leur existence. On ne connaît aucun moyen de prévenir le développement de ces parasites. Les végétaux qui ont leurs feuilles comme saupoudrées de blanc sont, dit-on, *attaqués par le blanc* ou *par le meunier*.

Animaux nuisibles. — 391. Les *rats*, les *mulots*, les *loirs*, etc., causent de grands dommages dans les jardins fruitiers.

Le meilleur moyen pour détruire ces animaux est, il faut bien en convenir, d'avoir un bon chat. On peut cependant employer les ratières, souricières, quatre-en-chiffre, pots en terre et autres piéges. On peut employer la mort aux rats et d'autres poisons, mais il faut les placer dans des endroits où les chats et surtout les enfants ne puissent les atteindre.

Insectes nuisibles. — 392. La *courtillière* ou *taupe-grillon* vit sous terre, infeste dans les jardins les couches et les carrés et coupe les racines des plantes qui se trouvent sur son passage. Pour la détruire, on remplit ses trous d'eau, et l'on y jette ensuite quelques gouttes d'huile de colza; cet insecte, obligé de fuir, traverse la goutte d'huile, qui remplit ses organes respiratoires et le fait mourir par asphyxie. On peut aussi mettre en terre çà et là des cloches renversées et contenant un peu d'eau. Les courtillières qui circulent la nuit à la surface des carrés y tombent et ne peuvent plus en sortir.

393. Quant aux *fourmis*, si avides de substances sucrées, on les attire et on les prend au moyen de feuilles de papier enduites de miel ; ou bien l'on a soin de tenir des pots renversés près des fourmilières : les fourmis viennent y chercher un abri pour y déposer leurs œufs, et on les détruit; ou bien, quand la colonie est rassemblée, on jette sur le monceau de terre qu'elle habite, ainsi que dans les alentours, de la chaux vive en poudre, que l'on éteint immédiatement après avec de l'eau ; ou bien enfin, on met à leur portée une bouteille en verre blanc contenant de l'eau sucrée ou miellée.

Les *pucerons* détournent à leur profit les sucs destinés à la nutrition des jeunes organes des plantes, qu'ils sucent avec leur trompe. La fumée ou une infusion de tabac, de tannée, la dissolution aqueuse de suie ou de cendre, peuvent servir à délivrer les arbres de la présence des pucerons. L'*altise* ou *puceron noir sauteur* s'attaque aux semis de choux ou de navets. On arrête ses ravages en mouillant les jeunes plantes et en les saupoudrant de cendres tamisées ou de poudre de chaux.

394. Les *limaçons* et les *limaces* doivent être poursuivis un à un, surtout au printemps ; la bave argentée qu'ils laissent derrière eux met suffisamment l'observateur sur leurs traces. Dans les pays méridionaux, on fait la chasse aux plus gros pour les manger, après les avoir fait jeûner pendant une semaine.

Les *perce-oreilles*, dont le corps est terminé par une espèce de pince, dévorent, dans leur jeunesse, les feuilles des arbres, et surtout celles du pêcher, les boutons et les fleurs des œillets, etc. ; à un âge plus avancé, ils se logent dans les fruits, et surtout dans le raisin. Ces insectes craignent le grand jour ; on profite de cette aversion pour leur tendre des piéges; on place près des espaliers des ergots de coq, des têtes de pavot ou œillette, ou des pots très-étroits ; les perce-oreilles s'y réfugient en grand nombre : alors on les ramasse pour les écraser.

395. Les *punaises* attaquent surtout les espaliers et recherchent les fruits les plus mûrs, dans lesquels elles font des

trous de 5 à 6 millimètres de profondeur : on les distingue à leur odeur fétide. Elles périssent dès que les nuits ou les matinées sont fraîches. Elles redoutent le grand jour et les secousses du vent : elles se réfugient entre les murs et les branches, soit tapies sur la surface d'une feuille, soit enfoncées dans les crevasses du crépi de la muraille. Le *tigre* aussi s'attache spécialement aux feuilles, dont il ronge le parenchyme. On fait la guerre à ces insectes en secouant fortement les branches des arbres, surtout à l'approche d'un orage ou d'une forte pluie, et en blanchissant la muraille des espaliers aveo de la chaux.

La *lisette* s'attache avec autant de friandise aux jeunes bourgeons qu'aux feuilles séminales. On en préserve les pêchers, qu'elle attaque spécialement, en secouant les branches et en l'écrasant par terre.

Les *vers de terre*, ou *hachées*, ou *lombrics*, nuisent aux semis en ce qu'ils tirent et entraînent dans leurs trous les feuilles des jeunes plantes, telles que celles de l'oignon, etc. On parvient à les détruire par les moyens suivants : lorsque le temps est humide sans être froid, on leur donne la chasse au moyen d'une lanterne sourde, avant le lever du soleil ou une heure ou deux après son coucher.

La *guêpe commune* s'attaque de préférence aux fruits du pêcher, de l'abricotier et de la vigne. On en détruit beaucoup en suspendant çà et là le long des espaliers des fioles contenant de l'eau sucrée ou miellée.

QUESTIONNAIRE.

390. Quels sont les végétaux parasites nuisibles à l'horticulture ?

391 et 392. Comment détruit-on les rats, les mulots et les loirs, — la courtillière ?

393. Parlez des fourmis et des pucerons.

394 et 395. Parlez des limaçons et des limaces, — des perce-oreilles, — des punaises, — de la lisette, — des lombrics

TABLE DES MATIÈRES

PREMIÈRE PARTIE.

Végétation, terrains et climats.

DEUXIÈME PARTIE.

Procédés culturaux.

TROISIÈME PARTIE.

Végétaux agricoles.

QUATRIÈME PARTIE.

Animaux domestiques.

CINQUIÈME PARTIE.

Économie agricole.

SIXIÈME PARTIE.

Culture des jardins.

PARIS. — IMPRIMERIE DE E. MARTINET, RUE MIGNON, 2

A LA MÊME LIBRAIRIE

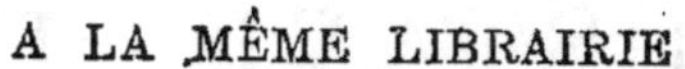

LES

TROIS RÈGNES DE LA NATURE

SIMPLES LECTURES SUR L'HISTOIRE NATURELLE

PAR

E. CORTAMBERT

ET

RICHARD CORTAMBERT

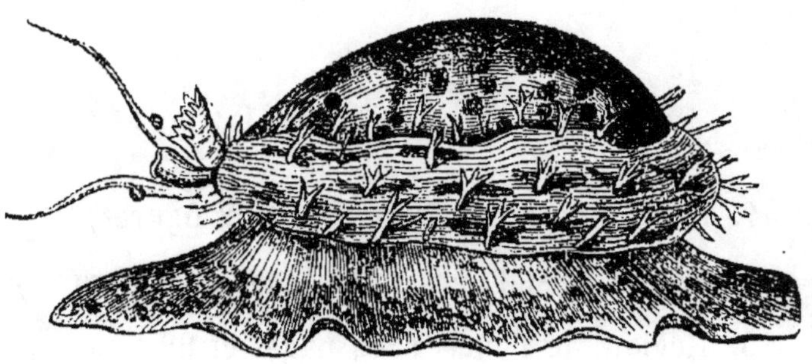

NOUVELLE ÉDITION

contenant 213 figures intercalées dans le texte

1 VOLUME IN-12, CARTONNÉ, 1 FR. 50 C.

OUVRAGES

DE

M. GUSTAVE HEUZÉ

QUI SE TROUVENT A LA MÊME LIBRAIRIE

Carte murale de la France agricole, imprimée en couleur sur quatre feuilles colombier, ayant ensemble 1 mètre 10 centimètres de hauteur sur 1 mètre 45 centimètres de largeur. 6 fr.

Le collage sur toile, avec gorge et rouleau, et le vernissage se payent en sus. .... 7 fr.

La France agricole, notions générales sur le sol, le climat, les engrais, les instruments, les cultures, les plantes, les assolements, les arbres fruitiers, les animaux, les arbres forestiers, les insectes nuisibles, les agriculteurs célèbres, les concours et les fermes-écoles des différentes régions agricoles de la France.

En vente :

1. Région du sud (272 pages et 92 figures).
2. Région du sud-ouest (238 pages et 71 figures).
3. Région de l'ouest (244 pages et 88 figures).

Prix de chaque volume, contenant de nombreuses vignettes et une carte agricole de la France. Cartonné .... 1 fr. 25 c.

PARIS. — IMPRIMERIE DE E. MARTINET, RUE MIGNON, 2

www.ingramcontent.com/pod-product-compliance
Lightning Source LLC
LaVergne TN
LVHW020550230826
846091LV00002B/438